AutoCAD

2022
从入门到精通

龙马高新教育 ◎ 编著

北京大学出版社
PEKING UNIVERSITY PRESS

内 容 提 要

本书通过精选案例系统地介绍了 AutoCAD 2022 的相关知识和应用方法，引导读者深入学习。

全书分为 4 篇，共 13 章。第 1 篇为基础入门篇，主要介绍 AutoCAD 2022 的命令调用与基本设置及图层等；第 2 篇为二维绘图篇，主要介绍绘制和编辑二维图形、绘制和编辑复杂对象、尺寸标注、文字与表格、图块等；第 3 篇为三维绘图篇，主要介绍绘制三维图形及渲染等；第 4 篇为行业应用篇，主要介绍摇杆绘制和别墅式户型设计立面图等。

本书附赠 17 小时与图书内容同步的教学视频及所有案例的配套素材文件和结果文件，此外，还赠送了大量相关内容教学视频及扩展学习电子书等。本书既适合 AutoCAD 2022 初、中级用户学习，也可以作为各类院校相关专业教材和计算机培训班学员的辅导用书。

图书在版编目（C I P）数据

AutoCAD 2022 从入门到精通 / 龙马高新教育 编著 . —北京：北京大学出版社，2022.5

ISBN 978-7-301-31710-5

Ⅰ . ① A… Ⅱ . ①龙… Ⅲ . ① AutoCAD 软件 – 教材 Ⅳ . ① TP391.72

中国版本图书馆 CIP 数据核字 (2022) 第 060527 号

书　　　名	AutoCAD 2022 从入门到精通
	AUTOCAD 2022 CONG RUMEN DAO JINGTONG
著作责任者	龙马高新教育　编著
责 任 编 辑	王继伟　杨　爽
标 准 书 号	ISBN 978-7-301-31710-5
出 版 发 行	北京大学出版社
地　　　址	北京市海淀区成府路 205 号　100871
网　　　址	http://www.pup.cn　　新浪微博：@ 北京大学出版社
电 子 信 箱	pup7@ pup.cn
电　　　话	邮购部 010-62752015　发行部 010-62750672　编辑部 010-62570390
印 刷 者	北京溢漾印刷有限公司
经 销 者	新华书店
	787 毫米 ×1092 毫米　16 开本　21.25 印张　530 千字
	2022 年 5 月第 1 版　2022 年 5 月第 1 次印刷
印　　　数	1–4000 册
定　　　价	79.00 元

前言

AutoCAD 2022 很神秘吗?

不神秘!

学习 AutoCAD 2022 难吗?

不难!

阅读本书能掌握 AutoCAD 2022 的使用方法吗?

能!

为什么要阅读本书

　　AutoCAD 是由美国 Autodesk 公司开发的通用 CAD(Computer Aided Design,计算机辅助设计)软件。随着计算机技术的迅速发展,计算机绘图技术被广泛应用在机械、建筑、家居、纺织和地理信息等行业,并发挥着越来越大的作用。本书从实用的角度出发,结合实际应用案例,模拟了真实的工作环境,介绍 AutoCAD 2022 的使用方法与技巧,旨在帮助读者全面、系统地掌握 AutoCAD 的应用。

选择本书的 N 个理由

　　❶ 简单易学,案例为主

　　以案例为主线,贯穿知识点,实操性强,与读者需求紧密结合,模拟真实的工作学习环境,帮助读者解决在工作中遇到的问题。

　　❷ 高手支招,高效实用

　　本书的"高手支招"版块提供了大量的实用技巧,不仅能满足读者的阅读需求,也能解决工作和学习中常见的问题。

　　❸ 举一反三,巩固提高

　　本书的"举一反三"版块提供了与该章知识点有关或类型相似的综合案例,帮助读者巩固所学知识。

❹ **海量资源，实用至上**

赠送大量实用模板、实用技巧及辅助学习资料等，便于读者结合赠送资料学习。

☢ 超值资源

❶ **17 小时名师视频教程**

教学视频涵盖本书所有知识点，详细讲解每个实例及实战案例的操作过程和关键点。读者可以更轻松地掌握 AutoCAD 2022 软件的使用方法和技巧，且扩展部分可以使读者获得更多的知识。

❷ **超多、超值资源大奉送**

随书增送 AutoCAD 2022 常用命令速查手册、AutoCAD 2022 组合键查询手册、AutoCAD 行业图纸模板、AutoCAD 设计源文件、AutoCAD 图块集模板、AutoCAD 2022 软件安装教学视频、15 小时 Photoshop CC 教学视频、《手机办公 10 招就够》电子书、《微信高手技巧随身查》电子书、《QQ 高手技巧随身查》电子书及《高效能人士效率倍增手册》电子书等超值资源，以方便读者扩展学习。

扫描右侧二维码并输入 77 页资源下载码，可下载本书配套资源。

👥 本书读者对象

1. 没有任何 AutoCAD 基础的初学者。
2. 有一定基础，想精通 AutoCAD 2022 的人员。
3. 有一定基础，没有实战经验的人员。
4. 相关专业院校及培训学校的教师和学生。

✉ 创作者说

本书由龙马高新教育编著，孔长征主编。在本书编写过程中，我们竭尽所能地为您呈现最好、最全的实用功能，但仍难免有疏漏和不妥之处，敬请广大读者批评指正。若在学习过程中产生疑问或有任何建议，可以通过邮箱与我们联系。

读者邮箱：2751801073@qq.com

目 录
CONTENTS

第1篇 基础入门篇

第1章 AutoCAD 2022 简介

AutoCAD 2022 是 Autodesk 公司推出的计算机辅助设计软件，该软件经过不断的完善，现已成为国际上广为流行的绘图工具。本章将讲述 AutoCAD 2022 的工作界面、文件管理、新增功能等基本知识。

第2章 AutoCAD 的命令调用与基本设置

命令调用、坐标的输入方法及 AutoCAD 的基本设置都是在绘图前需要弄清楚的。在 AutoCAD 中辅助绘图设置主要包括草图设置和打印设置等，通过这些设置，用户可以更精确、更方便地绘制图形并将其打印出来。

第3章 图层

图层相当于重叠的透明图纸，每张图纸上面的图形都具备自己的颜色、线宽、线型等特性。将所有图纸上面的图形绘制完成后，根据需要对其进行相应的隐藏或显示操作，将会得到最终的图形结果。为了方便对 AutoCAD 对象进行统一管理和修改，用户可以把类型相同或相似的对象指定给同一图层。

第 2 篇 二维绘图篇

第 4 章 绘制二维图形

二维图形是 AutoCAD 的核心功能，任何复杂的图形，都是由点、线等基本的二维图形组合而成的。本章通过对液压系统图绘制过程的详细讲解，来介绍二维绘图命令的应用。

第 5 章 编辑二维图形

编辑就是对图形的修改，实际上，编辑也是绘图过程的一部分。单纯使用绘图命令，只能创建一些基本的图形对象，如果要绘制复杂的图形，在很多情况下必须借助图形编辑命令。AutoCAD 2022 提供了强大的图形编辑功能，可以帮助用户合理地构造和组织图形，既保证绘图的精确性，又简化了绘图操作步骤，极大地提高了绘图效率。

第 6 章 绘制和编辑复杂对象

AutoCAD 可以满足用户的多种绘图需求，一种图形可以通过多种方式来绘制，如平行线可以用两条直线来绘制，但是用多线绘制会更为快捷准确。

本章以栅栏为例，介绍利用多线、样条曲线、多段线、填充、复制、阵列、修剪等命令来绘制和编辑复杂对象的方法和技巧。

第 7 章　尺寸标注

没有尺寸标注的图形称为哑图，现在在各大行业中已经极少采用了。另外需要注意的是，零件的大小取决于图纸所标注的尺寸，并不以实际绘图尺寸为依据。图纸中的尺寸标注可以看作数字化信息的表达，非常重要。

第 8 章　文字与表格

在制图时，文字是不可缺少的组成部分，经常用文字来书写图纸的技术要求。除了技术要求外，对于装配图，还要创建图纸明细栏加以说明装配图的组成。在 AutoCAD 中创建明细栏最常用的命令就是表格命令。

第 9 章　图块

图块是一组图形实体的总称，在应用过程中，图块将作为一个独立的、完整的对象来操作，用户可以根据需要按指定比例和角度将图块插入指定位置。

第 3 篇　三维绘图篇

第 10 章　绘制三维图形

使用 AutoCAD 不仅可以绘制二维平面图，还可以创建三维实体模型，相对于二维 xy 平面视图，三维视图多了一个维度，不仅有 xy 平面，还有 zx 平面和 yz 平面，因此，三维实体模型具有真实直观的特点。三维实体模型可以通过已有的二维草图来进行创建，也可以直接通过三维建模功能来完成。

第 11 章　渲染

AutoCAD 提供了强大的三维图形的效果显示功能，可以帮助用户对三维图形进行消隐、着色和渲染，从而生成具有真实感的物体。使用 AutoCAD 提供的【渲染】命令可以渲染场景中的三维模型，并且在渲染前可以赋予其材质、设置灯光、添加场景和背景，从而生成具有真实感的物体。另外，还可以将渲染结果保存成位图格式，以便在 Photoshop 或 ACDSee 等软件中进行编辑或查看。

第 4 篇　行业应用篇

第 12 章　摇杆绘制

摇杆属于叉架类零件，一般分为支承部分、工作部分和连接安装部分。

第 13 章　别墅式户型设计立面图

别墅式户型的独特之处在于，户型的结构设计不再采用传统的方式，在视觉上更为奢华，功能更为强大，可以使活动空间与私密空间动静分离。

第 **1** 篇

基础入门篇

第 1 章

AutoCAD 2022 简介

📃 本章导读

　　AutoCAD 2022 是 Autodesk 公司推出的计算机辅助设计软件，该软件经过不断的完善，现已成为国际上广为流行的绘图工具。本章将讲述 AutoCAD 2022 的工作界面、文件管理、新增功能等基本知识。

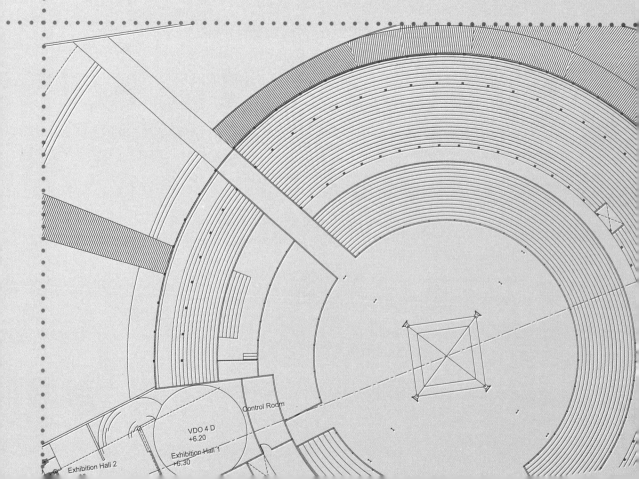

1.1 AutoCAD 2022 的基础知识

本节将对 AutoCAD 2022 的启动与退出、工作界面等内容进行介绍。

1.1.1 AutoCAD 2022 的启动与退出

AutoCAD 2022 的启动方法通常有两种，一种是通过【开始】菜单的应用程序或双击 AutoCAD 桌面图标启动，另一种是通过双击已有的 AutoCAD 文件启动。

退出 AutoCAD 分为退出当前文件和退出 AutoCAD 应用程序两种，前者只关闭当前的 AutoCAD 文件，后者则是退出整个 AutoCAD 应用程序。

1. 通过【开始】菜单的应用程序或双击桌面图标启动

在【开始】菜单中依次单击【AutoCAD 2022- 简体中文（Simplified Chinese）】→【AutoCAD 2022- 简体中文（Simplified Chinese）】选项，或者双击桌面上的快捷图标**A**，均可启动 AutoCAD 软件。

第1步 启动 AutoCAD 2022 后会弹出【开始】选项卡，如下图所示。

第2步 单击界面中的【新建】按钮，选择相应模板，即可进入 AutoCAD 2022 工作界面，如下图所示。

2. 通过双击已有的 AutoCAD 文件启动

第1步 找到已有的 AutoCAD 文件，如下图所示。

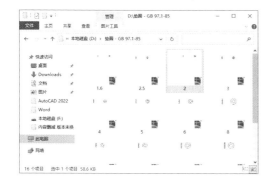

第2步 双击 AutoCAD 文件，即可进入 AutoCAD 2022 工作界面，如下图所示。

3. 退出 AutoCAD 2022

退出 AutoCAD 2022 分为退出当前文件和退出 AutoCAD 应用程序两种。

（1）退出当前文件

方法一：单击标题栏中的【关闭】按钮×，如下图所示。

方法二：在命令行中输入"CLOSE"命令，按【Enter】键确定，也可退出当前文件。

（2）退出 AutoCAD 程序

方法一：单击标题栏中的【关闭】按钮×，如下图所示。

方法二：在标题栏空白位置右击，在弹出的快捷菜单中选择【关闭】命令，如下图所示。

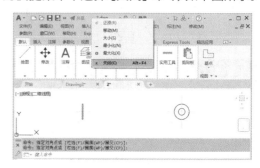

方法三：使用【Alt+F4】组合键也可以退出 AutoCAD 2022 应用程序。

方法四：在命令行中输入"QUIT"命令，按【Enter】键确定。

- 双击【应用程序菜单】按钮 A ▾。
- 单击【应用程序菜单】按钮，在弹出的菜单中单击【退出 Autodesk AutoCAD 2022】按钮 退出 Autodesk AutoCAD 2022，如下图所示。

1.1.2 应用程序菜单

在应用程序菜单中，可以搜索命令、访问常用工具并浏览文件。在 AutoCAD 2022 界面左上方，单击【应用程序菜单】按钮 A ▾，弹出应用程序菜单，在应用程序菜单上方的搜索框中输入搜索字段，下方将显示搜索到的命令，如下图所示。

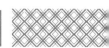

在应用程序菜中可以快速创建、打开、
保存、核查、修复和清除文件，打印或发布图
形，还可以单击【选项】按钮，打开【选项】
对话框或退出 AutoCAD。

在【最近使用的文档】窗口可以查看最近
使用的文件，可以按已排序列表、访问日期、
大小、类型来排列最近使用的文档，还可以查
看图形文件的缩略图，如下图所示。

1.1.3 标题栏

标题栏位于应用程序窗口的最上方，用于显示当前正在运行的程序名及文件名等信息。如
果是 AutoCAD 默认的图形文件，其名称为 DrawingN.dwg（N 为 1、2、3……）。

标题栏中的程序功能具体如下。

- ：单击相应的选项，可以快速进行新建、打开、保存 AutoCAD
  文件等操作。
- ：单击下拉按钮，可以快速切换图层，还可以快速开 / 关、冻结 /
  解冻、锁定 / 解锁图层。
- ：单击下拉按钮，可以切换工作空间。
- 单击 🔍 按钮，在文本框中输入需要帮助的问题，然后单击【搜索】按钮，就可以获取
  相关的帮助。
- 单击【保持连接】按钮 ，可以查看并下载更新后的软件；单击【帮助】按钮 ⑦ ▾，
  可以查看帮助信息。
- 单击标题栏右端的 ▬ ☐ ✕ 按钮，可以最小化、最大化或关闭应用程序窗口。

> **提示**
>
> 可以通过【自定义快速访问工具栏】对新建、打开、保存文件及切换工作空间和图层等功能是否
> 在标题栏显示进行设置，具体设置方法参见 1.1.4 节。

1.1.4 菜单栏

单击快速访问工具栏右侧的下拉按钮，在弹出的下拉列表中选择【显示菜单栏】选项，即
可在快速访问工具栏下方显示菜单栏，重复执行此操作并选择【隐藏菜单栏】选项，则可以隐
藏菜单栏，如下图所示。

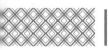

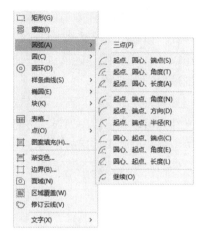

菜单栏是 AutoCAD 2022 的主菜单栏，主要由【文件】【编辑】【视图】和【插入】等菜单组成，几乎包括了 AutoCAD 中全部的功能和命令。单击菜单栏中的某一项，可打开对应的下拉菜单。AutoCAD 2022 的【绘图】下拉菜单，如下图所示，该菜单主要用于绘制各种图形，如直线、圆等。

提示

下拉菜单具有以下特点。

1. 右侧有"▸"的菜单项，表示它还有子菜单。

2. 右侧有"…"的菜单项，单击后将弹出一个对话框。例如，单击【格式】菜单中的【点样式】选项，会弹出如下图所示的【点样式】对话框，通过该对话框可以进行点样式设置。

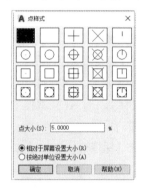

3. 单击右侧没有任何标识的菜单项，会执行对应的 AutoCAD 命令。

1.1.5 选项卡与面板

AutoCAD 2022 根据任务标记将许多面板集中到某个选项卡中，面板包含的很多工具和控件与工具栏和对话框中的相应工具或控件相同，如【默认】选项卡中的【绘图】面板，如下图所示。

在面板的空白区域单击鼠标右键，然后将鼠标指针放到【显示选项卡】选项上，在弹出的子菜单中单击相应选项，可以将该选项添加或删除，如下图所示。

将鼠标指针放置到【显示面板】选项上，将弹出该选项卡下面板的相应内容，单击可以

添加或删除面板选项的内容，如下图所示。

> **｜提示｜**
>
> 在选项卡中的任一面板上按住鼠标左键，然后将其拖动到绘图区域，则该面板将在绘图区域浮动。浮动面板一直处于打开状态，直到被放回选项卡中。

1.1.6 绘图窗口

在 AutoCAD 中，绘图窗口是绘图的工作区域，所有的绘图结果都反映在这个窗口。可以根据需要关闭其周围和里面的各个工具栏，以增大绘图空间。如果图纸比较大，需要查看未显示的图纸部分时，可以单击窗口右侧与下方滚动条上的箭头，或拖动滚动条上的滑块来移动图纸。

> **｜提示｜**
>
> 单击状态栏的"🔲"按钮，可以控制是否全屏显示，如下图所示。
>
>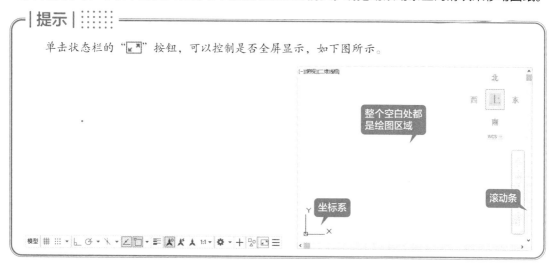

1.1.7 命令行

【命令行】窗口位于绘图窗口的底部，用于接收输入的命令，并显示 AutoCAD 提供的信息。在 AutoCAD 2022 中，【命令行】窗口可以拖放为浮动窗口，如下图所示。

AutoCAD 文本窗口是记录 AutoCAD 命令的窗口，是放大的【命令行】窗口，它记录了已执行的命令，也可以用来输入新命令，如下图所示。在 AutoCAD 2022 中，可以通过执行【视图】→【显示】→【文本窗口】菜单命令打开。

| 提示 |

在命令行中输入"Textscr"命令，或按【F2】组合键，也可以打开 AutoCAD 文本窗口。

在 AutoCAD 2022 中，用户可以根据需要隐藏命令窗口，隐藏的方法为单击命令行的【关闭】按钮✕或执行【工具】→【命令行】命令，AutoCAD 会弹出【命令行 - 关闭窗口】对话框，如下图所示。

单击对话框中的【是】按钮，即可隐藏命令窗口。隐藏命令窗口后，可以通过执行【工具】→【命令行】命令再次显示命令窗口。

| 提示 |

利用【Ctrl+9】组合键，可以快速实现隐藏或显示命令窗口的切换。

1.1.8 状态栏

状态栏用来显示 AutoCAD 的当前状态，如当前十字光标的坐标、命令和按钮的说明等，位于 AutoCAD 界面的底部，如下图所示。

单击状态栏最右侧的【自定义】☰按钮，如下图所示，可以选择显示或关闭状态栏的选项，前面有 ✓ 的，表示显示的选项。

1.1.9 坐标系

在 AutoCAD 中有两个坐标系，一个是世界坐标系（WCS），另一个是用户坐标系（UCS）。掌握这两种坐标系的使用方法对于精确绘图十分重要。

1. 世界坐标系

启动 AutoCAD 2022 后，在绘图区的左下角会看到一个坐标，即默认的世界坐标系，包含 x 轴和 y 轴。如果是在三维空间中则还有一个 z 轴，x 轴、y 轴、z 轴延伸的方向规定为正方向。

通常在二维视图中，世界坐标系的 x 轴水平，y 轴垂直，原点为 x 轴和 y 轴的交点（0，0）。

二维世界的世界坐标与三维世界的世界坐标系如下图所示。

2. 用户坐标系

有时为了更方便地使用 AutoCAD 进行辅助设计，需要对坐标系的原点和方向进行相关设置和修改，即将世界坐标系更改为用户坐标系。更改为用户坐标系后的 x 轴、y 轴、z 轴仍然互相垂直，但是其方向和位置可以任意指定，有了很大的灵活性。

单击【视图】选项卡【坐标】面板中的【UCS】按钮，命令行提示如下。

```
指定 UCS 的原点或 [面(F)/命名(NA)/对象(OB)/上一个(P)/视图(V)/世界(W)/X/Y/Z/Z 轴(ZA)] <世界>：
```

┌─┤提示├┈┈┈┈┈┈┈┈┈

【指定 UCS 的原点】：重新指定用户坐标系的原点以确定新的用户坐标系。

【面】：将用户坐标系与三维实体的选定面对齐。

【命名】：按名称保存、恢复或删除常用的用户坐标系方向。

【对象】：指定一个实体以定义新的坐标系。

【上一个】：恢复上一个用户坐标系。

【视图】：将新的用户坐标系的 xy 平面设置在与当前视图平行的平面上。

【世界】：将当前的用户坐标系设置为世界坐标系。

【X/Y/Z】：将当前的用户坐标系绕 x 轴、y 轴和 z 轴中的某一轴旋转一定的角度以形成新的用户坐标系。

【Z 轴】：将当前用户坐标系沿 z 轴的正方向移动一定的距离。

1.1.10　切换工作空间

AutoCAD 2022 提供了【草图与注释】【三维基础】和【三维建模】3 种工作空间模式。默认为【草图与注释】模式，在该空间中可以使用【默认】【插入】【注释】【参数化】【视图】【管理】【输出】【附加模块】【协作】【Express Tools】和【精选应用】等选项卡方便地绘制和编辑二维图形。

AutoCAD 中切换工作空间的常用方法有以下三种。

方法 1

单击状态栏中的【切换工作空间】按钮✿，在弹出的菜单中选择相应的命令即可。

方法 2

单击标题栏中的【切换工作空间】下拉按钮▾，在弹出的菜单中选择相应的命令即可。

方法 3

执行【工具】→【工作空间】菜单命令，然后选择需要的工作空间即可，如下图所示。

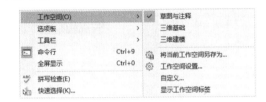

> **提示**
>
> 切换工作空间后程序默认会隐藏菜单栏，重新显示菜单栏的方法前文已经介绍。

1.2　AutoCAD 图形文件管理

在 AutoCAD 中，图形文件管理一般包括创建新文件、打开图形文件及保存图形文件等。以下分别介绍各种图形文件的管理操作。

1.2.1　新建图形文件

AutoCAD 2022 中的【新建】功能用于创建新的图形文件。

【新建】命令的几种常用调用方法如下。

- 执行【文件】→【新建】菜单命令。
- 单击快速访问工具栏中的【新建】按钮▢。
- 在命令行中输入"NEW"命令并按空格键或【Enter】键确认。
- 单击【应用程序菜单】按钮▲▾，然后执行【新建】→【图形】菜单命令。
- 使用【Ctrl+N】组合键。

在【菜单栏】中执行【文件】→【新建】菜单命令，弹出【选择样板】对话框，如下图所示。

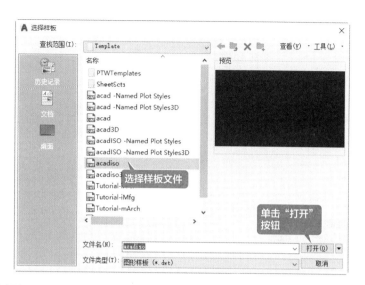

选择对应的样板后（初学者一般选择 acadiso 文件即可），单击【打开】按钮，就会以对应的样板为模板创建新图形。

1.2.2 打开图形文件

AutoCAD 2022 中的【打开】功能用于打开现有的图形文件。

【打开】命令的几种常用调用方法如下。

- 执行【文件】→【打开】命令。
- 单击快速访问工具栏中的【打开】按钮 ▷。
- 在命令行中输入"OPEN"命令并按空格键或【Enter】键确认。
- 单击【应用程序菜单】按钮 A▾，然后执行【打开】→【图形】命令。
- 使用【Ctrl+O】组合键。

在菜单栏中执行【文件】→【打开】命令，弹出【选择文件】对话框，如下图所示。选择要打开的图形文件，单击【打开】按钮即可打开该图形文件。

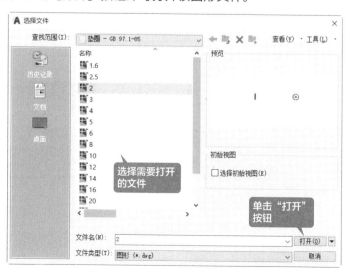

┌─┤ 提示 ├ ::::::::
│
│   利用【打开】命令可以打开和加载局部图形，包括特定视图或图层中的几何图形。在【选择文件】对话框中单击【打开】旁边的下拉按钮，然后选择【局部打开】或【以只读方式局部打开】选项，打开【局部打开】对话框，如右图所示。

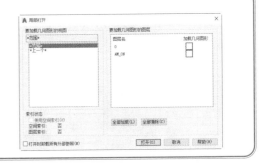

1.2.3 保存图形文件

AutoCAD 2022 中的【保存】功能用于使用指定的文件格式保存当前图形。

【保存】命令的几种常用调用方法如下。

- 执行【文件】→【保存】菜单命令。
- 单击快速访问工具栏中的【保存】按钮 🖫。
- 在命令行中输入 "QSAVE" 命令并按空格键或【Enter】键确认。
- 单击【应用程序菜单】按钮，然后选择【保存】命令。
- 使用【Ctrl+S】组合键保存。

在菜单栏中执行【文件】→【保存】命令，在图形第一次被保存时会弹出【图形另存为】对话框，如下图所示，需要用户确定文件的保存位置及文件名。如果图形已经保存过，只是在原有图形基础上重新对图形进行保存，则直接保存而不弹出【图形另存为】对话框。

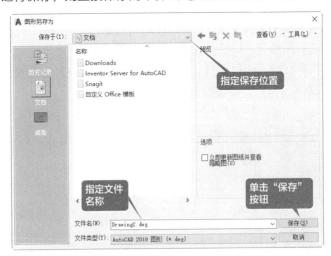

┌─┤ 提示 ├ ::::::::
│
│   如果需要将已经命名的图形以新名称或新位置进行保存时，可以执行【另存为】命令，系统会弹出【图形另存为】对话框，根据需要进行命名保存即可。
│   另外可以在【选项】对话框的【打开和保存】选项卡中指定默认文件格式，如下图所示。

指定默认文件格式

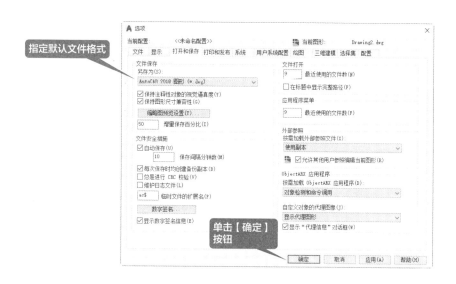

单击【确定】
按钮

1.3 AutoCAD 2022 的新增功能

AutoCAD 2022 对许多功能进行了改进，如浮动窗口和计数等。

1.3.1 浮动窗口

在 AutoCAD 2022 中可以根据需要将绘图窗口设置为浮动状态，下面将利用浮动窗口功能对两个绘图窗口中的内容进行对比。设置浮动窗口的具体操作步骤如下。

第1步 打开随书配套资源中的"素材 \CH01\ 图形对比 -1.dwg"文件，如下图所示。

第2步 打开随书配套资源中的"素材 \CH01\ 图形对比 -2.dwg"文件，如下图所示。

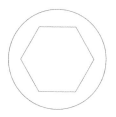

第3步 用鼠标左键按住"图形对比 -1.dwg"，将其拖放为浮动窗口，如下图所示。

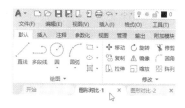

第4步 将"图形对比 -1.dwg"浮动窗口调整为适当大小，如下图所示。

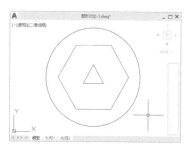

第5步 将"图形对比 -2.dwg"拖放为浮动窗口并适当调整其大小，通过对"图形对比 -1.dwg"和"图形对比 -2.dwg"两个浮动窗口进行对比，可以发现，"图形对比 -1.dwg"比"图形对比 -2.dwg"多了一个三角形，如下图所示。

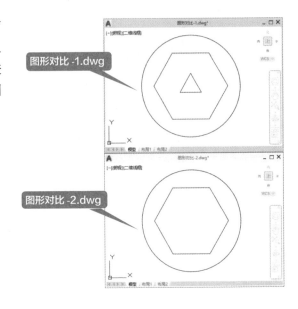

1.3.2　计数

AutoCAD 2022的计数功能可用于快速统计图块数量并生成可编辑表格，下面利用"COUNT"命令统计图块数量，具体操作步骤如下。

第1步 打开随书配套资源中的"素材 \CH01\ 计数 .dwg"文件，如下图所示。

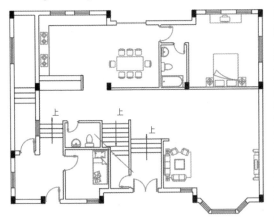

第2步 在命令行输入"COUNT"并按空格键，在绘图区域单击选择坐式马桶对象，如下图所示。

第3步 按空格键确认，坐式马桶对象会突出显示，如下图所示。

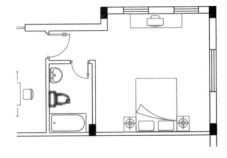

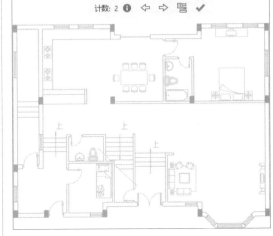

第4步 单击 ⓘ 按钮，在【计数】选项板中显示坐式马桶的统计信息，如下图所示。

第5步 单击 按钮，在绘图区域插入字段，如下图所示。

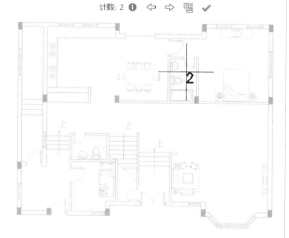

第6步 结果如下图所示。

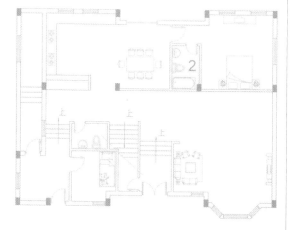

第7步 在【计数】选项板中单击【返回列表】按钮，结果如下图所示。

第8步 单击 按钮，任意选择部分选项，如下图所示。

第9步 单击【插入】按钮，在绘图区域的任意位置单击，指定表格的插入位置，会生成如下图所示的表格。

项目	计数
餐桌	1
床	1
单开门	7
单人床	1
箭头	3
沙发	1
双开门	1
洗脸盆.	2
灶具	2

第10步 在命令行输入"FIELDDISPLAY"并按空格键，将其新值设置为"0"，可以将数字的背景颜色去掉，最终结果如下图所示。

项目	计数
餐桌	1
床	1
单开门	7
单人床	1
箭头	3
沙发	1
双开门	1
洗脸盆	2
灶具	2

举一反三

将图形输出为 PDF 格式

AutoCAD 2022 除了可以将图形文件保存为 DWG 格式外，还可以通过【输出】功能，将图形保存为 DWF、DWFx、PDF、DGN、BMP 等格式。下面就以将"宿舍楼立面图 .dwg"输出为 PDF 格式为例，来介绍输出功能的应用，具体操作步骤如表 1-1 所示。

表 1-1 将图形输出为 PDF 格式的步骤

步骤	创建方法	结果	备 注
1	打开随书配套资源中的素材文件"素材\CH01\宿舍楼立面图 .dwg"		

续表

步骤	创建方法	结果	备 注
2	单击【应用程序菜单】按钮，选择【输出】→【PDF】选项	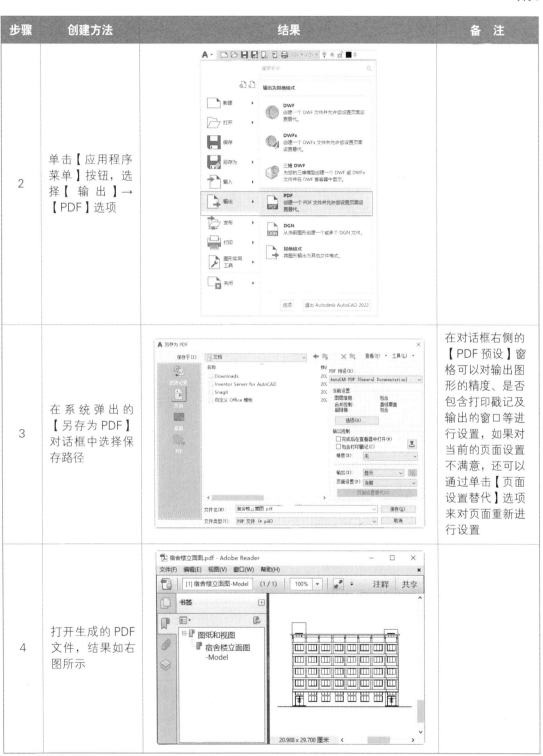	
3	在系统弹出的【另存为 PDF】对话框中选择保存路径		在对话框右侧的【PDF 预设】窗格可以对输出图形的精度、是否包含打印戳记及输出的窗口等进行设置，如果对当前的页面设置不满意，还可以通过单击【页面设置替代】选项来对页面重新进行设置
4	打开生成的 PDF 文件，结果如右图所示		

1. 如何打开备份文件和临时文件

AutoCAD 中备份文件的扩展名为 ".bak"，将文件的扩展名改为 ".dwg"，即可打开备份文件。

AutoCAD 中临时文件的扩展名为 ".ac$"，找到临时文件后将它复制到其他位置，然后将扩展名改为 ".dwg"，即可打开临时文件。

2. 为什么我的命令行不能浮动?

AutoCAD 2022 的命令行、选项卡、面板是可以浮动的，但如果将其锁定，那么命令行、选项卡、面板将不能浮动。解决命令行等无法浮动的具体步骤如下。

第1步 启动 AutoCAD 2022 并新建一个文件，如下图所示。

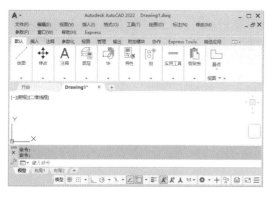

第2步 按住鼠标左键拖动命令行，如下图所示。

第3步 将命令行拖动到合适位置后松开鼠标，然后单击【窗口】菜单命令，在弹出的下拉菜

单中依次选择【锁定位置】→【全部】→【锁定】选项，如下图所示。

第4步 再次按住鼠标左键拖动命令窗口时，发现鼠标指针变成了 "🚫"，无法拖动命令窗口。

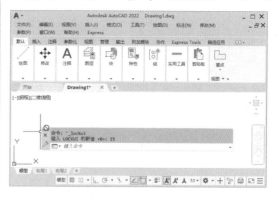

| 提示 |

取消【锁定】后，命令行又可以被拖动了。

第 2 章
AutoCAD 的命令调用与基本设置

📄 **本章导读**

　　命令调用、坐标的输入方法及 AutoCAD 的基本设置都是在绘图前需要弄清楚的。在 AutoCAD 中辅助绘图设置主要包括草图设置和打印设置等，通过这些设置，用户可以更精确、更方便地绘制图形并将其打印出来。

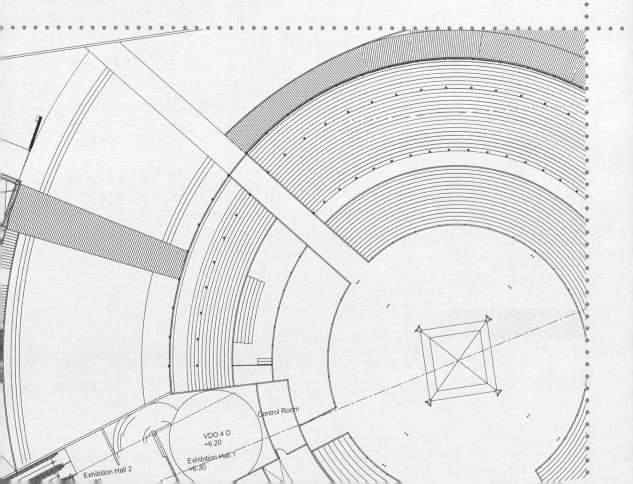

2.1 AutoCAD 命令的基本调用方法

通常命令的调用方法可分为三种，即通过菜单栏调用，通过功能区选项板调用，通过命令行调用。前两种的调用方法基本相同，找到相应按钮或选项后单击即可；利用命令行调用命令，则需要在命令行输入相应命令，并配合空格键（或【Enter】键）执行。本节我们就来具体讲解 AutoCAD 中命令的调用、退出及重复执行命令的方法。

2.1.1 通过菜单栏调用

菜单栏几乎包含 AutoCAD 所有的命令，菜单栏调用命令是最常见的命令调用方法，它适合 AutoCAD 的所有版本。例如，要通过菜单栏调用【三点】命令绘制圆弧时，执行【绘图】→【圆弧】→【三点】命令即可，如右图所示。

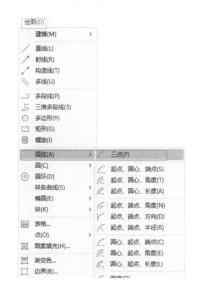

2.1.2 通过功能区选项板调用

对于 AutoCAD 2009 之后的版本，可以通过功能区选项板来调用命令，通过功能区选项板调用命令更直接快捷。例如，要在功能区选项板调用【圆心，半径】命令绘制圆时，单击【默认】→【绘图】→【圆】→【圆心，半径】按钮即可，如右图所示。

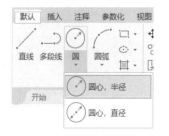

2.1.3 输入命令

在命令行中输入命令，即输入相关图形的指令，如直线的指令为"LINE（或 L）"，圆弧的指令为"ARC（或 A）"等。输入相应指令后按空格键或【Enter】键即可执行。部分较为常用的图形命令及其缩写如表 2-1 所示，供用户参考。

表 2-1 常用命令及其缩写

命令全名	简写	对应操作	命令全名	简写	对应操作
POINT	PO	绘制点	LINE	L	绘制直线
XLINE	XL	绘制射线	PLINE	PL	绘制多段线
MLINE	ML	绘制多线	SPLINE	SPL	绘制样条曲线
POLYGON	POL	绘制正多边形	RECTANGLE	REC	绘制矩形
CIRCLE	C	绘制圆	ARC	A	绘制圆弧
DONUT	DO	绘制圆环	ELLIPSE	EL	绘制椭圆
REGION	REG	面域	MTEXT	MT/T	多行文本
BLOCK	B	块定义	INSERT	I	插入块
WBLOCK	W	定义块文件	DIVIDE	DIV	定数等分
BHATCH	H	填充	COPY	CO/CP	复制
MIRROR	MI	镜像	ARRAY	AR	阵列
OFFSET	O	偏移	ROTATE	RO	旋转
MOVE	M	移动	EXPLODE	X	分解
TRIM	TR	修剪	EXTEND	EX	延伸
STRETCH	S	拉伸	SCALE	SC	比例缩放
BREAK	BR	打断	CHAMFER	CHA	倒角
PEDIT	PE	编辑多段线	DDEDIT	ED	修改文本
PAN	P	平移	ZOOM	Z	视图缩放

2.1.4 命令行提示

无论采用哪一种方法调用 AutoCAD 命令,结果都是相同的。执行相关命令后,命令行都会自动出现相关提示及选项供用户操作。下面以执行多线命令为例进行详细介绍。

第 1 步 在命令行输入"ML"后按空格键确认,命令行提示如下。

```
命令: ML
MLINE
当前设置: 对正 = 上,比例 = 20.00,样式 = STANDARD
指定起点或 [对正(J)/比例(S)/样式(ST)]:
```

第 2 步 命令行提示指定多线起点,并附有相应选项"对正(J)/比例(S)/样式(ST)"。指定相应坐标点,即可指定多线起点。在命令行中输入相应选项代码,如对正选项代码"J"后按

【Enter】键确认，即可执行对正命令。

　　刚结束的命令可以重复执行，直接按空格键或【Enter】键即可完成此操作。还有一种经常会用到的方法是单击鼠标右键，在弹出的快捷菜单中单击【重复】或【最近的输入】选项来实现，如下图所示。

　　退出命令通常分为两种情况，一种是命令执行完成后退出命令，另一种是调用命令后不执行（即直接退出命令）。对于第一种情况，可通过按空格键、【Enter】键或【Esc】键来完成退出命令操作；第二种情况通常通过按【Esc】键来完成。用户需根据实际情况选择命令的退出方式即可。

2.2　草图设置

　　在 AutoCAD 中绘制图形时，可以使用系统提供的极轴追踪、对象捕捉和正交等功能，使用户在不知道坐标的情况下也可以精确定位和绘制图形。这些设置是在【草图设置】对话框中进行。

　　AutoCAD 2022 中调用【草图设置】对话框的方法有以下 2 种。

- 执行【工具】→【绘图设置】菜单命令。
- 在命令行中输入【DSETTINGS/DS/SE/OS】命令。

　　在绘图过程中，经常要指定一些已有对象上的点，如端点、圆心和两个对象的交点等。对象捕捉功能可以迅速、准确地捕捉到某些特殊的点，从而精确地绘制图形。

　　在【草图设置】对话框中，单击【对象捕捉】选项卡，如下图所示。

【对象捕捉】各选项含义如下。

【端点】：捕捉圆弧、椭圆弧、直线、多线、多段线、样条曲线等的端点。

【中点】：捕捉圆弧、椭圆、椭圆弧、直线、多线、多段线、面域、实体、样条曲线或参照线的中点。

【圆心】：捕捉圆心。

【几何中心】：选中该捕捉模式后，在绘图时即可对闭合多边形的中心点进行捕捉。

【节点】：捕捉点对象、标注定义点或标注文字起点。

【象限点】：捕捉圆弧、圆、椭圆或椭圆弧的象限点。

【交点】：捕捉圆弧、圆、椭圆、椭圆弧、直线、多线、多段线、射线、面域、样条曲线或参照线的交点。

【延长线】：当光标经过对象的端点时，显示临时延长线或圆弧，以便用户在延长线或圆弧上指定点。

【插入点】：捕捉属性、块、图形或文字的插入点。

【垂足】：捕捉圆弧、圆、椭圆、椭圆弧、直线、多线、多段线、射线、面域、实体、样条曲线或参照线的垂足。

【切点】：捕捉圆弧、圆、椭圆、椭圆弧或样条曲线的切点。

【最近点】：捕捉圆弧、圆、椭圆、椭圆弧、直线、多线、点、多段线、射线、样条曲线或参照线的最近点。

【外观交点】：捕捉不在同一平面，但可能看起来在当前视图中相交的两个对象的外观交点。

【平行线】：将直线段、多段线、射线或构造线限制为与其他线性对象平行。

> **| 提示 |** ┈┈┈┈
>
> 1. 只有勾选【启用对象捕捉】和【启用对象捕捉追踪】复选框后，设置的捕捉点才可以捕捉和追踪对象。
>
> 2. 如果多个对象捕捉都处于活动状态，则使用距离靶框中心最近的选定对象捕捉。如果有多个对象捕捉可用，则可以按【Tab】键在它们之间切换。

2.2.2　三维对象捕捉设置

使用三维对象捕捉功能可以控制三维对象的设置，在【草图设置】对话框中单击【三维对象捕捉】选项卡，如下图所示。

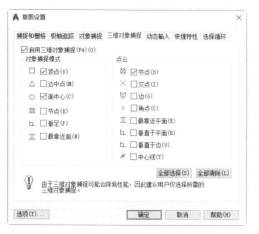

【三维对象捕捉】各选项含义如下。

【顶点】：捕捉三维对象的最近顶点。

【边中点】：捕捉边的中点。

【面中心】：捕捉面的中心点。

【节点】：捕捉样条曲线上的节点。

【垂足】：捕捉垂直于面的点。

【最靠近面】：捕捉最靠近三维对象面的点。

【点云】各选项的含义如下。

【节点】：无论点云上的点是否包含来自 ReCap 处理期间的分段数据，都可以捕捉到它。

【交点】：捕捉使用截面平面对象剖切的点云的推断截面的交点。放大可增加交点的

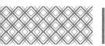

精度。

【边】：捕捉两个平面线段之间的边上的点。当检测到边时，AutoCAD 沿该边进行追踪，而不会查找新的边，直到用户将光标从该边移开。如果在检测到边时长按【Ctrl】键，则 AutoCAD 将沿该边进行追踪，即使将光标从该边移开也不会发生变化。

【角点】：捕捉检测到的三条平面线段之间的交点（角点）。

【最靠近平面】：捕捉平面线段上最近的

点。如果线段亮显处于启用状态，在用户获取点时，将显示平面线段。

【垂直于平面】：捕捉垂直于平面线段的点。如果线段亮显处于启用状态，在用户获取点时，将显示平面线段。

【垂直于边】：捕捉垂直于两条平面线段之间的相交线的点。

【中心线】：捕捉点云中检测到的圆柱体的中心线。

2.2.3 极轴追踪设置

在【草图设置】对话框中单击【极轴追踪】选项卡，可以设置极轴追踪的角度，如下图所示。

【极轴追踪】选项卡中各选项的功能和含义如下。

【启用极轴追踪】：只有勾选前面的复选框，下面的设置才起作用。除此之外，增量角和附加角也可以控制是否启用极轴追踪。

【增量角】下拉列表框：用于设置极轴追踪对齐路径的极轴角度增量，可以直接输入角

度值，也可以在下拉列表中选择 90°、45°、30°或 22.5°等常用角度。启用极轴追踪功能之后，系统将自动追踪该角度整数倍的方向。

【附加角】复选框：勾选此复选框，然后单击【新建】按钮，可以在左侧窗格中设置增量角之外的附加角度。附加的角度系统只追踪该角度，不追踪该角度的整数倍的角度。

【极轴角测量】选项区域：用于选择极轴追踪对齐角度的测量基准，若选中【绝对】单选按钮，将以当前用户坐标系（UCS）的 x 轴正方向为基准确定极轴追踪的角度；若选中【相对上一段】单选按钮，将以上一次绘制线段的方向为基准确定极轴追踪的角度。

┃ 提示 ┃ ⋮⋮⋮⋮⋮

按【F10】键可以使极轴追踪在启用和关闭之间切换。

极轴追踪和正交模式不能同时启用，当启用极轴追踪后，系统将自动关闭正交模式；同理，当启用正交模式后，系统将自动关闭极轴追踪。在绘制水平或竖直直线时常将正交模式打开，在绘制其他直线时常将极轴追踪打开。

2.2.4　动态输入设置

按【F12】键可以打开或关闭动态输入功能。打开动态输入功能，在输入文字时就能看到光标附近的动态输入提示框。动态输入适用于输入命令、对提示进行响应及输入坐标值。

1.　动态输入的设置

在【草图设置】对话框中选择【动态输入】选项卡，如下图所示。

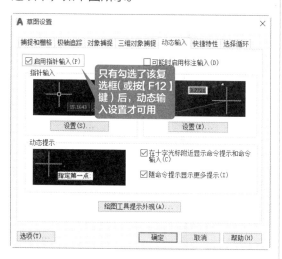

【指针输入】设置：单击【指针输入】选项栏中的【设置】按钮，打开如下图所示的【指针输入设置】对话框，在这里可以设置第二个点或后续的点的默认格式。

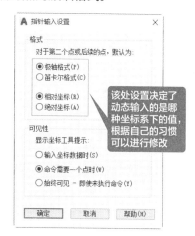

2.　改变动态输入设置

默认的动态输入设置能确保把工具栏提示中输入的信息解释为相对极轴坐标。但是，有时需要为单个坐标改变此设置。在输入时可以在 X 坐标前加上一个符号来改变此设置。

AutoCAD 提供了 3 种方法来改变此设置。

绝对坐标：键入"#"，可以将默认的相对坐标改为输入绝对坐标。例如，输入"#10,10"，那么所指定的就是绝对坐标点（10,10）。

相对坐标：键入"@"，可以将事先设置的绝对坐标改变为相对坐标，例如，输入"@4,5"。

世界坐标系：如果在创建一个自定义坐标系之后，又想输入一个世界坐标系的坐标值，可以在 x 轴坐标值之前加入一个"*"。

| 提示 | ::::::::

在【草图设置】对话框的【动态输入】选项卡勾选【动态提示】选项区域中的【在十字光标附近显示命令提示和命令输入】复选框，可以在光标附近显示命令提示。对于【标注输入】，输入值并按【Tab】键后，该字段将显示一个锁定图标，并且光标会受输入的值的约束。

2.3 坐标的几种输入方法

在 AutoCAD 中，坐标有多种输入方式，如绝对直角坐标、绝对极坐标、相对直角坐标和相对极坐标等。下面结合实例介绍坐标的各种输入方式。

2.3.1 绝对直角坐标的输入

绝对直角坐标是从原点出发的位移，其表示方式为 (x, y)，其中 x、y 分别对应坐标轴上的数值。输入绝对直角坐标的具体操作步骤如下。

第1步 在命令行输入 "L" 并按空格键调用【直线】命令，在命令行输入 "300, 400"，命令行提示如下。

```
命令: _LINE
指定第一个点: 300,400
```

第2步 按空格键确认，结果如下图所示。

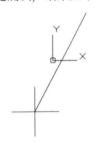

第3步 在命令行输入 "-300,-500"，命令行提示如下。

```
指定下一点或 [放弃(U)]: -300,-500
```

第4步 连续按两次空格键确认后，结果如下图所示。

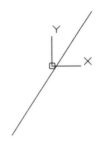

2.3.2 绝对极坐标的输入

绝对极坐标也是从原点出发的位移，但绝对极坐标的参数是距离和角度，其中距离和角度之间用 "<" 分开，角度值是从原点出发的位移和 x 轴正方向之间的夹角。其具体操作步骤如下。

第1步 在命令行输入 "L" 并按空格键调用【直线】命令，在命令行输入 "0,0"，即原点位置。命令行提示如下。

```
命令: _LINE
```

```
指定第一个点: 0,0
```

第2步 按空格键确认，结果如下图所示。

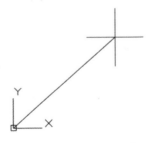

第3步 在命令行输入 "700<135"，其中 700

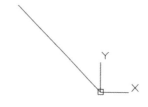

是确定直线的长度，135 确定直线和 x 轴正方向的角度。命令行提示如下。

指定下一点或 [放弃(U)]: 700<135

第4步 连续按两次空格键确认后，结果如下图所示。

2.3.3　相对直角坐标的输入

相对直角坐标是指相对于某一点的 x 轴和 y 轴的距离，具体表示方式是在绝对坐标表达式的前面加上"@"符号。输入相对直角坐标的具体操作步骤如下。

第1步 在命令行输入【L】并按空格键调用【直线】命令，在绘图区域任意单击一点作为直线的起点，如图所示。

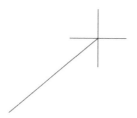

第2步 在命令行输入"@0,500"，命令行提示如下。

指定下一点或 [放弃(U)]: @0,500

第3步 连续按两次空格键确认后，结果如下图所示。

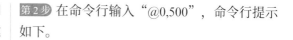

2.3.4　相对极坐标的输入

相对极坐标是指相对于某一点的距离和角度，具体表示方式是在绝对极坐标表达式的前面加上"@"符号。输入相对极坐标的具体操作步骤如下。

第1步 在命令行输入【L】并按空格键调用【直线】命令，在绘图区域任意单击一点作为直线的起点，如下图所示。

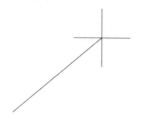

第2步 在命令行输入"@300<45"，命令行提示如下。

指定下一点或 [放弃(U)]: @300<45

第3步 连续按两次空格键确认后，结果如下图所示。

2.4 打印人行悬索桥楼梯布置图

用户在使用 AutoCAD 创建图形以后，通常要将其打印到图纸上。打印的图形可以是包含图形的单一视图，也可以是更为复杂的视图排列，可根据不同的需要来设置打印选项。

AutoCAD 2022 中调用【打印 - 模型】对话框进行打印设置的方法通常有以下 6 种。

- 单击【快速访问工具栏】中的【打印】按钮 🖶。
- 执行【文件】→【打印】菜单命令。
- 单击【输出】选项卡【打印】面板的【打印】按钮 🖶。
- 单击【应用程序菜单】按钮 **A·** →【打印】→【打印】选项。
- 在命令行中输入【PRINT/PLOT】命令。
- 按【Ctrl+P】组合键。

2.4.1 选择打印机

打印图形时选择打印机的具体操作步骤如下。

第1步 打开随书配套资源中的素材文件"素材\CH02\人行悬索桥楼梯布置图.dwg"，如下图所示。

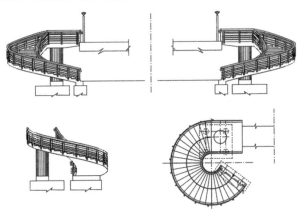

第2步 按【Ctrl+P】组合键，弹出【打印 - 模型】对话框，如下图所示。

第3步 在【打印机 / 绘图仪】下面的【名称】下拉列表中单击【AutoCAD PDF（General Documentation）.pc3】。

> **|提示|**
>
> 本节任意选择一种 AutoCAD 自带的虚拟打印机来介绍打印时的设置，实际打印时要选择真实已安装的打印机。

2.4.2　设置打印区域

设置打印区域的具体操作步骤如下。

第1步 在【打印区域】中设置【打印范围】的类型为"窗口"，如下图所示。

第2步 在绘图区域单击指定打印区域的第一点，如下图所示。

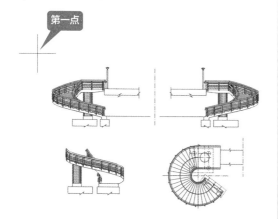

第3步 拖动鼠标并单击以指定打印区域的第二点，如下图所示。

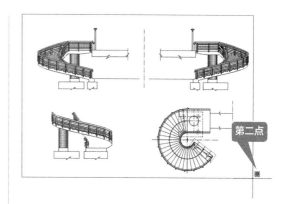

第4步 在【打印偏移】中勾选【居中打印】复选框，如下图所示。

第5步 设置完毕后如下图所示。

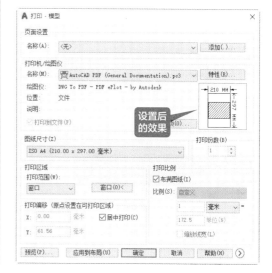

2.4.3 设置图纸尺寸和打印比例

根据打印机所使用的纸张大小，选择合适的图纸尺寸，然后再根据需要设置打印比例。如果需要最大程度地显示图纸内容，则勾选【布满图纸】，其具体操作步骤如下。

第1步 在【打印 - 模型】对话框的【图纸尺寸】区域单击下拉按钮，选择打印机所使用的纸张尺寸，如下图所示。

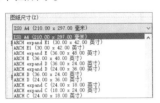

第2步 勾选【打印比例】区域的【布满图纸】复选框，如下图所示。

勾选了该复选框后，下面的比例设置将变为不可用

2.4.4 更改图形方向

如果图形的方向与图纸的方向不统一，则不能充分利用图纸，这时候可以更改图形方向以适应图纸，其具体操作步骤如下。

第1步 单击【打印 - 模型】对话框右下角"更多选项"按钮，展开如下图所示的对话框。

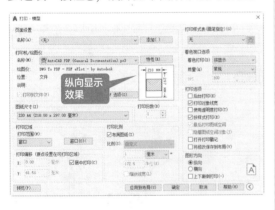

第2步 在【图形方向】区域选择【横向】单选按钮，如下图所示。

第3步 改变方向后结果如下图所示。

2.4.5 切换打印样式表

根据需要可以设置切换打印样式表，其具体操作步骤如下。

第1步 在展开更多选项的【打印 - 模型】对话框的【打印样式表（画笔指定）】区域选择需要的打印样式表，如下图所示。

第2步 选择相应的打印样式表后弹出【问题】对话框，如下图所示，单击【是】按钮，将打印样式表指定给所有布局。

第3步 选择打印样式表后，其文本框右侧的【编辑】按钮由原来的不可用状态变为可用状态，单击此按钮，打开【打印样式表编辑器】对话框，在对话框中可以编辑打印样式，如下图所示。

| 提示 |

如果是黑白打印机，则选择【monochrome.ctb】，选择之后不需要进行任何改动，因为 AutoCAD 默认该打印样式下所有对象颜色均为黑色。

2.4.6 打印预览

在打印之前进行预览，可以进行最后的检查。其具体操作步骤如下。

第1步 接上节操作，设置完成后单击【预览】按钮，可以预览打印效果，如下图所示。

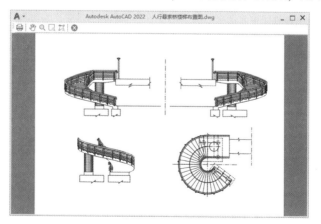

第2步 如果预览后没问题，单击【打印】按钮 🖨 即可打印；如果对打印设置不满意，则单击【关闭预览窗口】按钮 ❌，回到【打印-模型】对话框重新设置。

| 提示 |

按住鼠标中键，可以拖动预览图形，上下滚动鼠标中键，可以放大/缩小预览图形。

创建样板文件

用户可以根据绘图习惯进行绘图环境的设置，然后将设置完成的文件保存为".dwt"文件，即可创建样板文件。

第1步 新建一个图形文件，在命令行输入【OP】并按空格键，在弹出的【选项】对话框中选择【显示】选项卡，如下图所示。

第2步 单击【颜色】按钮，在弹出的【图形窗口颜色】对话框中，将二维模型空间的统一背景改为白色，如下图所示。

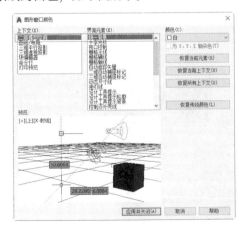

第3步 单击【应用并关闭】按钮，回到【选项】对话框，单击【确定】按钮，回到绘图界面后，按【F7】键将栅格关闭，结果如下图所示。

第4步 在命令行输入【SE】并按空格键，在弹出的【草图设置】对话框中选择【对象捕捉】选项卡，进行如下图所示的设置。

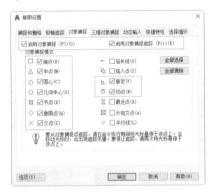

第5步 单击【动态输入】选项卡，对动态输入进行如下图所示的设置。

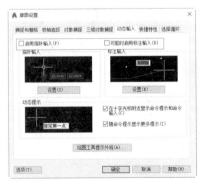

第6步 单击【确定】按钮，返回绘图界面后执行【文件】→【打印】菜单命令，在弹出的【打印 - 模型】对话框中进行如下图所示的设置。

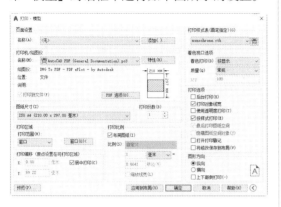

第7步 单击【应用到布局】按钮，然后单击【确定】按钮，关闭【打印-模型】对话框。按【Ctrl+S】组合键，在弹出的【图形另存为】对话框中选择文件类型为【AutoCAD 图形样板（*.dwt）】，然后输入样板的名字，如下图所示。

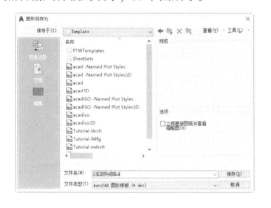

第8步 单击【保存】按钮，在弹出的【样板选项】对话框中设置测量单位，然后单击【确定】按钮，如下图所示。

第9步 创建完成后，单击【新建】按钮 ，在弹出的【选择样板】对话框中选择刚创建的样板文件，建立一个新的 CAD 文件，如下图所示。

1. 利用备份文件恢复丢失文件

如果 AutoCAD 意外关闭，可以利用系统自动生成的 *.bak 文件进行相关文件的恢复操作，具体操作步骤如下。

第1步 找到随书配套资源中的"素材 \CH02\ 椅子 .bak"文件，双击弹出如下图所示的提示框。

第2步 在提示框之外的任意空白位置单击，可以将该提示框关闭，然后选择"沙发.bak"，并单击鼠标右键，在弹出的快捷菜单中选择【重命名】选项，如下图所示。

第3步 将"沙发"文件的扩展名".bak"改为".dwg"，此时弹出【重命名】询问对话框，如下图所示。

第4步 单击【是】按钮，然后双击修改后的文件，即可打开沙发文件，如下图所示。

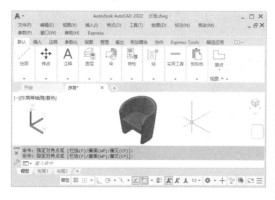

> **│ 提示 │** ┈┈┈┈┈
>
> 假如在【选项】对话框中将【打开和保存】选项卡下的【每次保存时均创建备份副本】复选框取消，如下图所示，系统则不保存备份文件。
>
>

2. 临时捕捉

当需要临时捕捉某点时，可以按下【Shift】键或【Ctrl】键并右击，弹出对象捕捉快捷菜单，如下图所示。从中选择需要的命令，再把光标移到要捕捉的对象的特征点附近，即可捕捉到相应的点。

【对象捕捉】的部分选项具体介绍如下。

- 【临时追踪点】：创建对象捕捉所使用的临时点。
- 【自】：从临时参考点偏移。
- 【无】：关闭对象捕捉模式。
- 【对象捕捉设置】：设置自动捕捉模式。

> **│ 提示 │** ┈┈┈┈┈
>
> 其余对象捕捉点的解释前文已有介绍，不再赘述。

第 3 章

图层

本章导读

图层相当于重叠的透明图纸，每张图纸上面的图形都具备自己的颜色、线宽、线型等特性。将所有图纸上面的图形绘制完成后，根据需要对其进行相应的隐藏或显示操作，将会得到最终的图形结果。为了方便对 AutoCAD 对象进行统一管理和修改，用户可以把类型相同或相似的对象指定给同一图层。

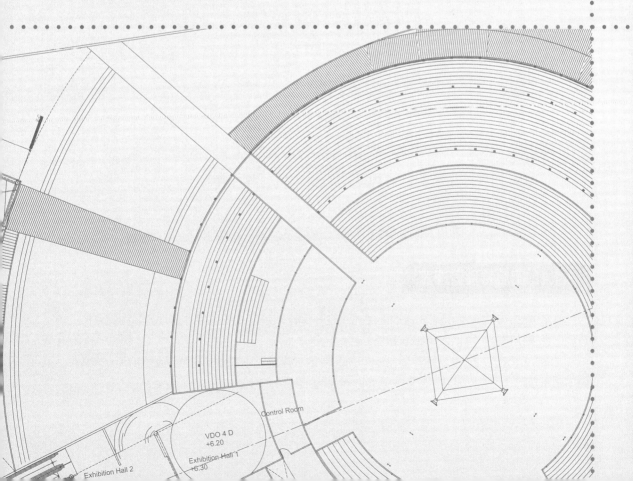

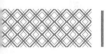

3.1 创建减速器装配图图层

图层是为了让图形更加清晰，更有层次感，但很多初学者往往只盯着绘图命令和编辑命令，而忽视了图层的存在。下面两幅图分别是减速器装配图所有对象都放在同一个图层和将对象分类放置于几个图层上的效果，差别一目了然。上图线型虚实不分，线宽粗细难辨，颜色单调；下图则是不同类型对象的线型、线宽、颜色各异，层次分明。

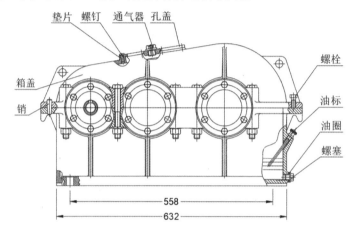

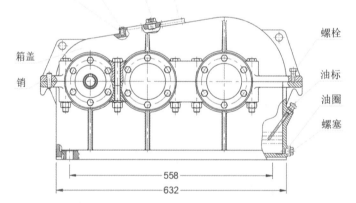

这一节我们就以减速器装配图为例，来介绍图层的创建、管理及状态的控制等。

3.1.1 图层特性管理器

在 AutoCAD 中创建图层和修改图层的特性等操作都是在【图层特性管理器】中完成的，本节我们就来认识一下【图层特性管理器】。

启动 AutoCAD 2022，打开随书配套资源中的"素材 \CH03\ 减速器装配图 .dwg"文件，如下图所示。

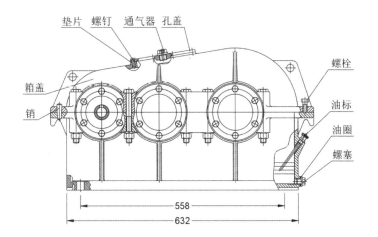

垫片　螺钉　通气器　孔盖

箱盖

销

螺栓

油标

油圈

螺塞

558

632

1. 通过选项卡调用图层特性管理器

第1步 单击【默认】选项卡【图层】面板的【图层特性】按钮，如下图所示。

第2步 弹出【图层特性管理器】，如下图所示。

2. 通过命令调用图层特性管理器

第1步 在命令行输入【LAYER/LA】命令并按空格键。

命令：LAYER　　　✓

第2步 弹出【图层特性管理器】。

3. 通过菜单命令调用图层特性管理器

第1步 执行【格式】→【图层】菜单命令，如下图所示。

第2步 也可弹出【图层特性管理器】。

> |提示|:::::::::::
>
> 　　AutoCAD 中的新建图形均包含一个名称为"0"的图层，该图层无法进行删除或重命名操作。图层"0"尽量用于放置图块，可以根据需要多创建几个图层，然后在其他的相应图层上进行图形的绘制。
>
> 　　DEFPOINTS 是自动创建的第一个标注图形中的图层。由于此图层包含相关的尺寸标注，所以不应删除该图层，否则该尺寸标注图形中的数据可能会受到影响。
>
> 　　DEFPOINTS 图层上的对象能显示，但不能打印。

3.1.2 新建图层

单击【图层特性管理器】的【新建图层】按钮，即可创建新的图层，新图层将继承图层列表中当前选定图层的特性。

新建图层的具体操作步骤如下。

第1步 在【图层特性管理器】上单击【新建图层】按钮，AutoCAD 自动创建一个名称为"图层 1"的图层，如下图所示。

第2步 连续单击新建图层按钮，继续创建图层，结果如下图所示。

> **提示**
>
> 除了单击【新建图层】按钮创建图层外，选中要作为参考的图层，然后按【Enter】键也可以创建新图层。

3.1.3 更改图层名称

在 AutoCAD 中，创建的新图层默认名称为"图层 1""图层 2"……单击图层的名称，即可对图层名称进行修改，名称修改完毕后关闭【图层特性管理器】即可。

更改图层名称的具体操作步骤如下。

第1步 选中"图层 1"并单击其名称，使名称处于编辑状态，然后输入新的名称"轮廓线"，结果如下图所示。

第2步 重复上一步操作，继续修改其他图层的名称，结果如下图所示。

3.1.4 更改图层颜色

AutoCAD 系统中提供了 256 种颜色，在设置图层的颜色时，通常会采用 7 种标准颜色：红

色、黄色、绿色、青色、蓝色、紫色及白/黑色。这 7 种颜色区别较大，又有名称，可以很方便地识别和调用。

更改图层颜色的具体操作步骤如下。

第1步 选中"标注"图层并单击其【颜色】按钮，弹出【选择颜色】对话框，如下图所示。

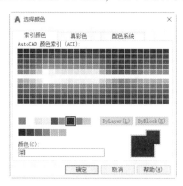

第2步 单击选择蓝色，如下图所示。

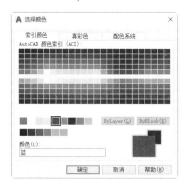

第3步 单击【确定】按钮，回到【图层特性管理器】窗口后，标注层的颜色变成了蓝色，如下图所示。

第4步 重复上述两步操作，更改其他图层的颜色，结果如下图所示。

> **| 提示 |** :::::::::
>
> 颜色的清晰程度与选择的界面背景色有关，如果背景色为白色，红色、蓝色、黑色显示得比较清晰，这些颜色常用作轮廓线、中心线、标注或剖面线图层的颜色。相反，如果背景色为黑色，则红色、黄色、白色显示得比较清晰。

3.1.5 更改图层线型

图层的线型用来表示图层中图形线条的特性，通过设置图层的线型，可以区分不同对象所代表的含义和作用，默认的线型为"Continuous（连续）"。AutoCAD 2022 提供了实线、虚线及点划线等 45 种线型，可以满足用户的不同需求。

更改图层线型的具体操作步骤如下。

第1步 选中"中心线"图层并单击其线型按钮 Continu...，弹出【选择线型】对话框，如下图所示。

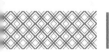
第2步 如果【已加载的线型】中有需要的线型，直接选择即可；如果【已加载的线型】中没有需要的线型，单击【加载】按钮，在弹出的【加载或重载线型】对话框中向下拖动滚动条，选择"CENTER"线型，如下图所示。

第3步 单击【确定】按钮，返回【选择线型】对话框，选择"CENTER"线型，如下图所示。

第4步 单击【确定】按钮，回到【图层特性管理器】窗口后，【中心线】图层的线型变成了"CENTER"，如下图所示。

第5步 重复上述两步操作，将【虚线】图层的线型改为"ACAD_ISO02W100"，如下图所示。

3.1.6 更改图层线宽

　　线宽是指定给图层对象和某些类型的文字的宽度值。使用线宽，可以用粗线和细线清楚地表现出截面的剖切方式、标高的深度、尺寸线和小标记，以及细节上的不同。

　　AutoCAD 中有 20 多种线宽可供选择，其中 TrueType 字体、光栅图像、点和实体填充（二维实体）无法显示线宽。

　　更改图层线宽的具体操作步骤如下。

第1步 选中"细实线"图层并单击其线宽按钮，弹出【线宽】对话框，设置线宽为 0.13mm，如下图所示。

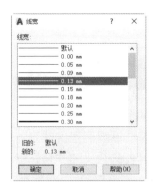

第2步 单击【确定】按钮，回到【图层特性管理器】窗口后，细实线图层的线宽变成了0.13mm，如下图所示。

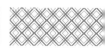

状	名称	▲	开	冻	锁	打	颜色		线型		线宽
✓	0		♀	☀	⬚	🖨	■	白	Continu...	—	默认
⬚	DEFPOIN...		♀	☀	⬚	🖨	■	白	Continu...	—	默认
⬚	标注		♀	☀	⬚	🖨	■	蓝	Continu...	—	默认
⬚	轮廓线		♀	☀	⬚	🖨	■	白	Continu...	—	默认
⬚	剖面线		♀	☀	⬚	🖨	■	蓝	Continu...	—	默认
⬚	图层8		♀	☀	⬚	🖨	■	白	Continu...	—	默认
⬚	文字		♀	☀	⬚	🖨	■	白	Continu...	—	默认
⬚	细实线		♀	☀	⬚	🖨	□	绿	Continu...	—	0.13...
⬚	虚线		♀	☀	⬚	🖨	■	洋红	ACAD_I...	—	默认
⬚	中心线		♀	☀	⬚	🖨	■	红	CENTER	—	默认

第3步 重复第 1 步，将剖面线图层、中心线图层的线宽也改为 0.13mm，结果如下图所示。

状	名称	▲	开	冻	锁	打	颜色		线型		线宽
✓	0		♀	☀	⬚	🖨	■	白	Continu...	—	默认
⬚	DEFPOIN...		♀	☀	⬚	🖨	■	白	Continu...	—	默认
⬚	标注		♀	☀	⬚	🖨	■	蓝	Continu...	—	默认
⬚	轮廓线		♀	☀	⬚	🖨	■	白	Continu...	—	默认
⬚	剖面线		♀	☀	⬚	🖨	■	蓝	Continu...	—	0.13...
⬚	图层8		♀	☀	⬚	🖨	■	白	Continu...	—	默认
⬚	文字		♀	☀	⬚	🖨	■	白	Continu...	—	默认
⬚	细实线		♀	☀	⬚	🖨	□	绿	Continu...	—	0.13...
⬚	虚线		♀	☀	⬚	🖨	■	洋红	ACAD_I...	—	默认
⬚	中心线		♀	☀	⬚	🖨	■	红	CENTER	—	0.13...

提示

AutoCAD 默认的线宽为 0.01 英寸（即 0.25 mm），当线宽小于 0.25mm 时，在 AutoCAD 中显示不出线宽的差别，但是在打印时可以明显区分出线宽差别。

另外，当线宽大于 0.25mm 时，且在状态栏将线宽▬打开时，才可以区分宽度差别。对于简单图形，为了区别粗线和细线，可以采用宽度大于 0.25mm 的线宽；但对于复杂图形，不建议采用大于 0.25mm 的线宽，因为那样将使得图形细节拥挤在一起，反而显示不清，影响效果。

3.2　管理图层

通过对图层的有效管理，不仅可以提高绘图效率，保证绘图质量，还可以及时将无用图层删除，节约磁盘空间。

这一节我们就以减速器装配图为例，来介绍切换图层、删除图层及改变图形对象所在图层等操作方法。

3.2.1　切换当前图层

只有当图层处于当前状态时，才可以在该图层上绘图。根据绘图需要，可能会经常切换当前图层。切换当前图层的方法很多，例如，可以利用【图层工具】菜单命令切换，可以利用【图层】选项卡中的相应选项切换，可以利用【快速访问工具栏】切换，也可以利用【图层特性管理器】窗口切换。

1. 通过图层特性管理器切换当前图层

第1步 减速器装配图的图层创建完成后，"0" 层为当前图层。

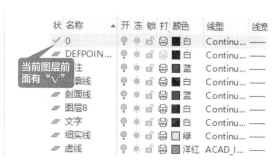

第2步 选中"轮廓线"图层，然后单击【置为当前】按钮✍，即可将该层切换为当前图层，如下图所示。

|提示|::::::::::

在状态图标✍前双击，也可以将该图层切换为当前图层，例如，双击剖面线图层前的◇图标，即可将该图层切换为当前图层，如下图所示。

2. 通过【图层】选项卡切换当前图层

第1步 单击【图层特性管理器】面板上的关闭按钮✕，将【图层特性管理器】关掉。

第2步 单击【默认】选项卡【图层】面板中的图层选项下拉按钮，如下图所示。

4. 通过【图层工具】菜单命令切换当前图层

第1步 执行【格式】选项卡【图层工具】中的【将对象的图层置为当前】菜单命令，如下图所示。

第3步 选择"标注"图层，即可将该图层置为当前图层，如下图所示。

3. 通过快速访问工具栏切换当前图层

第1步 单击【快速访问工具栏】下拉按钮，选择"文字"图层，如下图所示。

第2步 即可将该图层置为当前图层，如下图所示。

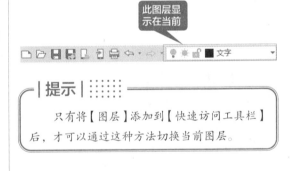

|提示|::::::::::

只有将【图层】添加到【快速访问工具栏】后，才可以通过这种方法切换当前图层。

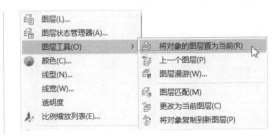

第2步 当鼠标指针变成□（选择对象状态）时，在"减速器装配图"上单击选择对象，如下图所示。

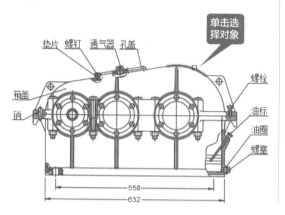

第3步 选择后，AutoCAD 自动将该对象的图层置为当前图层，如下图所示。

3.2.2 删除图层

当一个图层上没有对象时，可以将该图层删除。删除图层的常用方法有 3 种：利用【图层特性管理器】删除图层，利用【删除图层对象并清理图层】命令删除图层，利用【图层漫游】菜单命令删除图层。

1. 通过图层特性管理器删除图层

第1步 单击【默认】选项卡的【图层】面板中的【图层特性】按钮，如下图所示。

第2步 弹出【图层特性管理器】，如下图所示。

第3步 选择"图层 8"，然后单击【删除】按钮，即可将该图层删除，删除后如下图所示。

> **提示**
>
> 该方法只能删除除"0"层、"DEFPOINTS"、除当前图层外的没有对象的图层。

2. 通过【删除图层对象并清理图层】命令删除图层

第1步 单击【默认】选项卡【图层】面板的展开按钮，如下图所示。

第2步 在弹出的展开面板中单击【删除】按钮，命令提示如下。

命令： _LAYDEL
选择要删除的图层上的对象或 [名称(N)]：

第3步 在命令行单击【名称（N）】，弹出如下图所示的【删除图层】对话框。

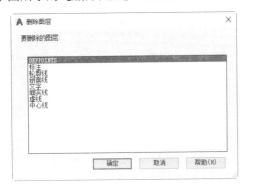

第4步 选中"DEFPOINTS"图层，单击【确定】按钮，弹出【删除图层】对话框，如下图所示。

第5步 单击【是】按钮，即可将"DEFPOINTS"图层删除，删除图层后，单击快速访问工具栏【图层】的下拉按钮，可以看到"DEFPOINTS"图层已经被删除。

| 提示 |

　　该方法可以删除除"0"层和当前图层外的所有图层。

3. 通过【图层漫游】菜单命令删除图层

第1步 单击【默认】选项卡【图层】面板的展开按钮，在弹出的面板中单击【图层漫游】按钮，如下图所示。

第2步 在弹出的对话框中选择需要删除的图层，单击【清除】按钮即可将该图层删除，如下图所示。

| 提示 |

　　该方法不可以删除"0"层、当前图层和有对象的图层。

3.2.3 改变图形对象所在图层

　　对于复杂的图形，在绘制过程中经常切换图层是一件颇为麻烦的事情，很多绘图者为了绘图方便，经常在某个或某几个图层上完成图形的绘制，然后再将图形的对象移动到相应的图层上。改变图形对象所在图层的方法有4种：通过图层下拉列表更改对象图层；通过图层匹配更改对象图层；通过【特性匹配】命令更改对象图层，通过【特性】选项板改变对象的图层。

1. 通过图层下拉列表更改对象所在图层

第1步 选择图形中的某个对象，如选择竖直中心线，如下图所示。

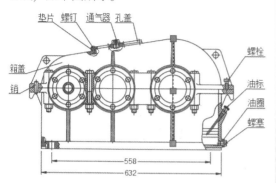

第2步 单击【默认】选项卡【图层】面板中的【图层】下拉按钮，在弹出的下拉列表中选择"中心线"图层，如下图所示。

第3步 按【Esc】键退出选择后，结果如下图所示。

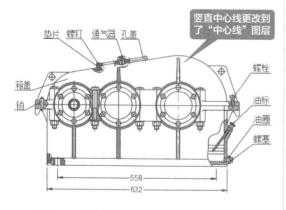

| 提示 |

也可以通过快速访问工具栏中的【图层】下拉列表来改变对象所在图层。

2. 通过图层匹配更改对象所在图层

第1步 单击【默认】选项卡【图层】面板的【匹配图层】按钮，如下图所示。

第2步 选择如下图所示的竖直线段作为要更改的对象。

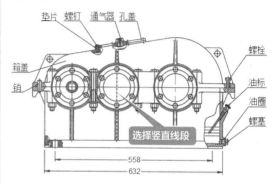

第3步 按空格键（或【Enter】键）结束更改对象的选择，然后选择目标图层上的对象，如下图所示。

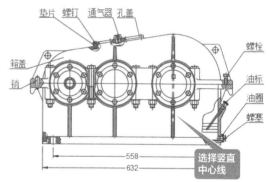

第4步 结果如下图所示。

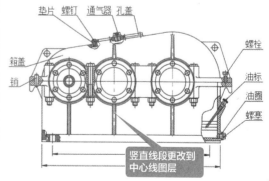

| 提示 |

使用该方法更改对象所在图层时，目标图层上必须有对象才可以。

3. 通过【特性匹配】命令更改对象所在图层

第1步 单击【默认】选项卡【特性】面板的【特性匹配】按钮，如下图所示。

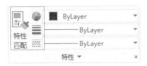

第2步 当命令行提示选择源对象时，选择竖直中心线，如下图所示。

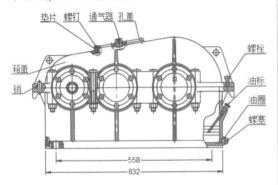

第3步 当鼠标指针变成笔状时，选择要更改图层的目标对象，如下图所示。

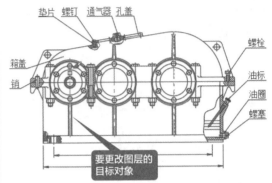

第4步 继续选择目标对象，然后按空格键（或【Enter】键）退出命令，结果如下图所示。

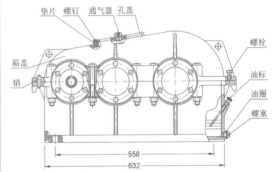

4. 通过【特性】选项板更改对象所在图层

第1步 选择其余的中心线，如下图所示。

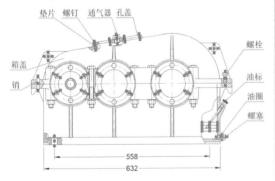

第2步 单击【默认】选项卡【特性】面板右下角的 ↘（或按【Ctrl+1】组合键），调用【特性】面板，如下图所示。

第3步 单击【图层】下拉按钮，在弹出的下拉列表中选择"中心线"图层，如下图所示。

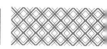

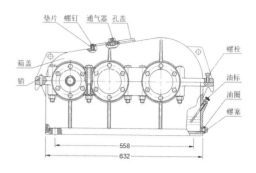

除上述的几种方法外，还可以通过合并图层的方式改变对象所在图层，即将某个图层上的所有对象都合并到另一个图层上，同时删除原图层。合并图层的具体应用参见本章"高手支招"模块。

第4步 按【Esc】键退出选择后，结果如下图所示。

3.3 控制图层的状态

图层可通过图层状态进行控制，以便于对图形进行管理和编辑。在绘图过程中，常用到的图层状态有打开 / 关闭、冻结 / 解冻、锁定 / 解锁等，下面将分别对图层状态的设置进行详细介绍。

3.3.1 打开 / 关闭图层

当图层打开时，该图层前面的灯泡图标呈黄色，该图层上的对象可见且可以打印；当图层关闭时，该图层前面的灯泡图标呈蓝色，该图层上的对象不可见且不能打印。

1. 打开 / 关闭图层的方法

打开和关闭图层的方法通常有 3 种：通过图层特性管理器关闭 / 打开图层，通过图层下拉列表关闭 / 打开图层，通过关闭 / 打开图层命令关闭 / 打开图层。

（1）通过【图层特性管理器】关闭图层

第1步 单击【默认】选项卡【图层】面板的【图层特性】按钮，如下图所示。

第2步 弹出【图层特性管理器】窗口，如下图所示。

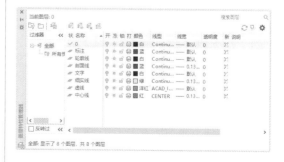

第3步 单击"中心线"图层前的"灯泡"将它关闭，关闭后"灯泡"变成蓝色，如下图所示。

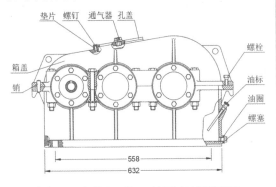

第4步 单击【关闭】按钮 ✖，中心线将不再显示，如下图所示。

（2）通过【图层】下拉列表关闭图层

第1步 单击【默认】选项卡【图层】面板的【图层】下拉按钮，在弹出的下拉列表中单击"中心线"图层前的灯泡，使其变成蓝色，如下图所示。

第2步 中心线图层即可被关闭。

（3）通过【关闭图层】命令关闭图层

第1步 单击【默认】选项卡【图层】面板的【关】按钮，如下图所示。

第2步 选择中心线图层，即可将中心线图层关闭。

┤ 提示 ├ ::::::::

把第1步和第2步反向操作，即可打开关闭的图层。单击【默认】选项卡【图层】面板的【打开所有图层】按钮，即可将所有关闭的图层打开。

2. 打开/关闭图层的应用

当图层很多时，为了更准确地修改或查看图形的某一部分，经常将不需要修改或查看的对象所在的图层关闭。例如，本例可以将"中心线"图层关闭，然后再选择所有的标注尺寸，将它切换到"标注"图层，具体操作步骤如下。

第1步 将"中心线"图层关闭后选择所有的标注尺寸，如下图所示。

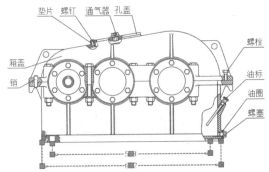

第2步 单击【默认】选项卡【图层】面板的【图层】下拉按钮，在弹出的下拉列表中选择"标注"图层，如下图所示。

第3步 单击"标注"图层前的灯泡，关闭标注图层，结果如下图所示。

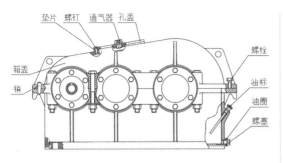

第4步 选中图中所有的剖面线，如下图所示。

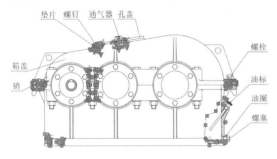

第5步 单击【默认】选项卡【图层】面板的【图层】下拉按钮，在弹出的下拉列表中选择"剖面线"图层，然后按【Esc】键，结果如下图所示。

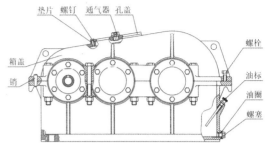

第6步 单击【默认】选项卡【图层】面板的【图层】下拉按钮，在弹出的下拉列表中单击"中心线"图层和"标注"图层前的灯泡，打开中心线图层和标注图层，结果如下图所示。

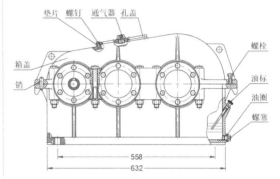

3.3.2 冻结/解冻图层

图层冻结时图层中的内容会被隐藏，且该图层上的内容不能进行编辑和打印。通过冻结操作可以冻结图层，来提高 ZOOM、PAN 或其他若干操作的运行速度，提高对象选择性能并减少复杂图形的重生成时间。图层冻结时将以灰色的雪花图标显示，图层解冻时将以明亮的太阳图标显示。

1. 冻结/解冻图层的方法

冻结/解冻图层的方法与打开/关闭图层的方法相同，通常有 3 种：通过图层特性管理器冻结/解冻图层，通过图层下拉列表冻结/解冻图层，通过冻结/解冻图层命令冻结/解冻图层。

（1）通过【图层特性管理器】冻结图层

第1步 单击【默认】选项卡【图层】面板的【图层特性】按钮，如下图所示。

第2步 弹出【图层特性管理器】，如下图所示。

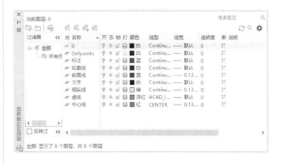

第3步 单击"中心线"图层前的太阳图标将该图层冻结，冻结后太阳图标变成雪花图标，如下图所示。

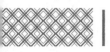

第4步 单击【关闭】按钮，返回绘图区域可以看见中心线已经被冻结，如下图所示。

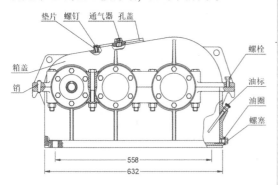

（2）通过【图层】下拉列表冻结图层

第1步 单击【默认】选项卡【图层】面板的【图层】下拉按钮，如下图所示。

第2步 在弹出的下拉列表中单击"标注"图层前的太阳图标，使其变为雪花图标，如下图所示。

第3步 "标注"图层也被冻结，绘图区域效果如下图所示。

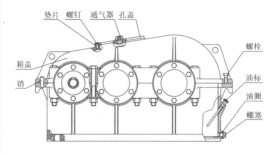

（3）通过【冻结图层】命令冻结图层

第1步 单击【默认】选项卡【图层】面板的【冻结】按钮，如下图所示。

第2步 选择剖面线，即可将剖面线图层冻结，绘图区域效果如下图所示。

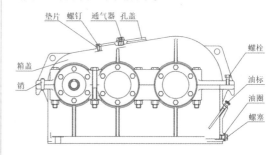

> **提示**
>
> 把第1步和第2步反向操作，即可解冻冻结的图层。单击【默认】选项卡【图层】面板的【解冻所有图层】按钮，即可将所有冻结的图层解冻。

2. 冻结/解冻图层的应用

冻结/解冻图层和打开/关闭图层的作用差不多，区别在于，冻结图层可以减少重新生成图形时的计算时间，图层越复杂，越能体现出冻结图层的优越性。解冻一个图层会使整个图形重新生成，而打开一个图层则只是重画这个图层上的对象，因此如果用户需要频繁地改

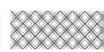

变图层的可见性，应使用关闭图层，而不是冻结图层。冻结和解冻图层的具体操作如下。

第1步 将"中心线"图层、"标注"图层和"剖面线"图层冻结后，选择如下图所示的对象。

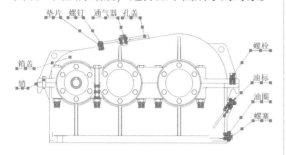

第2步 单击【默认】选项卡【图层】面板的【图层】下拉按钮，在弹出的下拉列表中选择"细实线"图层，如下图所示。

第3步 按【Esc】键退出选择，结果如下图所示。

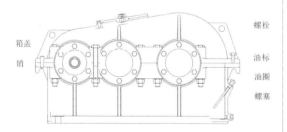

第4步 选择如下图所示的对象。

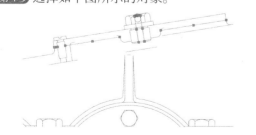

第5步 单击【默认】选项卡【图层】面板的【图层】下拉按钮，在弹出的下拉列表中选择"虚线"图层，如下图所示。

第6步 单击【默认】选项卡【特性】面板右下角的 ➘ 按钮（或按【Ctrl+1】组合键），在弹出的【特性】面板上将【线型比例】改为 0.3，如下图所示。

第7步 按【Esc】键退出选择，结果如下图所示。

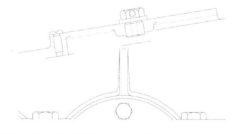

第8步 单击【默认】选项卡【图层】面板的【图层】下拉按钮，在弹出的下拉列表中单击"细实线"图层和"虚线"图层前的太阳图标，使其变为雪花图标，如下图所示。

第9步 "细实线"图层和"虚线"图层冻结后，结果如下图所示。

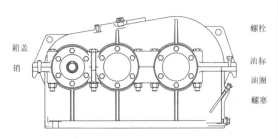

第10步 选择除文字外的所有对象，如下图所示。

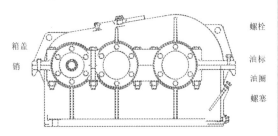

第11步 单击【默认】选项卡【图层】面板的【图

层】下拉按钮，在弹出的下拉列表中选择"轮廓线"图层，如下图所示。

第12步 按【Esc】键退出选择，然后单击【默认】选项卡【图层】面板的【解冻所有图层】按钮，结果如下图所示。

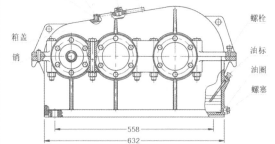

3.3.3 锁定/解锁图层

图层锁定后图层上的内容依然可见，但是不能被编辑。

1. 锁定/解锁图层的方法

图层锁定/解锁的方法通常有3种：通过图层特性管理器锁定/解锁图层，通过图层下拉列表锁定/解锁图层，通过锁定/解锁图层命令锁定/解锁图层。

（1）通过【图层特性管理器】锁定图层

第1步 单击【默认】选项卡【图层】面板的【图层特性】按钮，如下图所示。

第2步 弹出【图层特性管理器】窗口，如下图

所示。

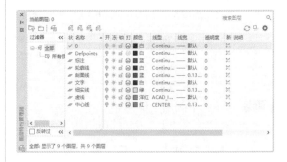

第3步 单击"中心线"图层中的锁图标，将该图层锁定，如下图所示。

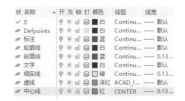

第4步 单击【关闭】按钮，返回绘图区域，可以发现中心线仍可见，但被锁定，将鼠标指针放到中心线上，出现锁的图标，如下图所示。

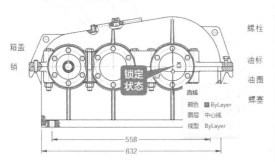

（2）通过【图层】下拉列表锁定图层

第1步 单击【默认】选项卡【图层】面板的【图层】下拉按钮，如下图所示。

第2步 在弹出的下拉列表中单击"标注"图层前的锁图标，使"标注"图层锁定，如下图所示。

第3步 标注图层被锁定，如下图所示。

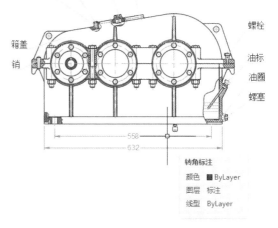

（3）通过【锁定】命令锁定图层

第1步 单击【默认】选项卡【图层】面板的【锁定】按钮，如下图所示。

第2步 选择"轮廓线"图层，即可将该图层锁定，结果如下图所示。

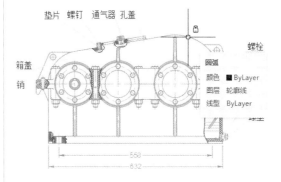

> **提示**
>
> 把第1步和第2步反向操作，即可解锁锁定的图层。单击【默认】选项卡【图层】面板的【解锁】按钮，然后选择需要解锁的图层上的对象，即可将该层解锁。

2. 锁定/解锁图层的应用

因为锁定的图层不能被编辑，所以对于复杂图形，可以将不需要编辑的对象所在的图层

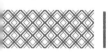

锁定，这样就可以放心大胆地选择对象了，被锁定的对象虽然能被选中，但不能被编辑。

第1步 将除"0"图层和"文字"图层外的所有图层都锁定，如下图所示。

第2步 用窗交方式从右至左选择文字对象，如下图所示。

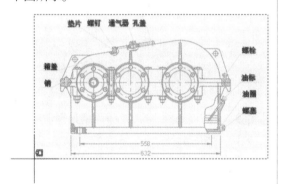

第3步 选择完成后，效果如下图所示。

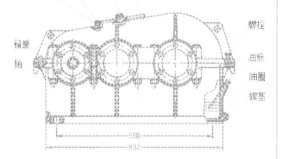

第4步 单击【默认】选项卡【图层】面板的【图层】下拉按钮，在弹出的下拉列表中选择"文字"图层，如下图所示。

第5步 弹出锁定对象无法编辑的提示框，如下图所示。

第6步 单击【关闭】按钮，将锁定图层的对象从选择集中删除，并对未锁定图层上的对象执行操作（即将对象放置到"文字"图层）。按【Esc】键退出选择后，将鼠标指针放置到文字上，在弹出的标签上可以看到文字已经放置到了"文字"图层，如下图所示。

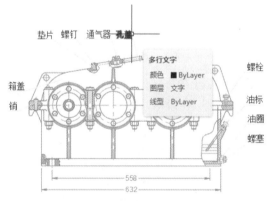

第7步 单击【默认】选项卡【图层】面板的【图层】下拉按钮，在弹出的下拉列表中将所有的锁定图层解锁，如下图所示。

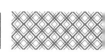

第8步 所有图层解锁后，结果如下图所示。

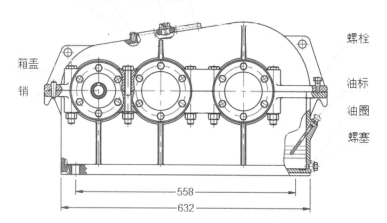

3.4 设置线型比例

线型比例主要用来显示图形中点划线（或虚线）的点和线的比例，线型比例设置不当会导致点划线看起来像一条直线。

3.4.1 全局比例

全局比例对图形中所有的点划线和虚线的显示比例统一进行缩放，下面就来介绍如何修改全局比例。

第1步 单击【默认】选项卡【图层】面板的【图层】下拉按钮，将除"虚线"图层和"中心线"图层外的所有图层都关闭，如下图所示。

第2步 图层关闭后只显示中心线和虚线，如下图所示。

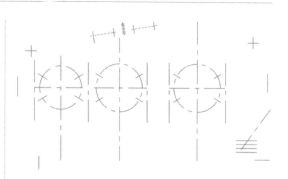

第3步 单击【默认】选项卡【特性】面板的【线型】下拉按钮，如下图所示。

第4步 在弹出的下拉列表中选择【其他】，在弹出的【线型管理器】中将全局比例因子改为 0.7，如下图所示。

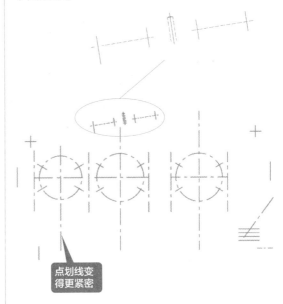

┌─ |提示| ∷∷∷∷∷

【当前对象缩放比例】只对设置完成后再绘制的对象起作用，如果【当前对象缩放比例】不为 0，则之后绘制的点划线或虚线对象的比例＝全局比例因子 × 当前对象缩放比例。

3.4.2 修改局部线型比例

当点划线或虚线的长度差不多时，只需要修改全局比例因子即可；但当点划线或虚线之间差别较大时，还需要对局部线型比例进行调整，具体操作步骤如下。

第1步 单击【默认】选项卡【图层】面板的【图层】下拉按钮，将"虚线"图层锁定，如下图所示。

第2步 拖动鼠标选择图中部分中心线，如下图所示。

第5步 修改完成后单击【确定】按钮，结果如下图所示。

点划线变得更紧密

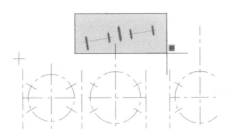

第3步 继续对中心线进行选择，如下图所示。

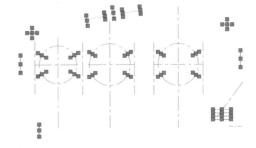

第4步 单击【默认】选项卡【特性】面板右下角的 ↘ 按钮（或按【Ctrl+1】组合键），调用【特性】面板。

第5步 在【特性】面板中，将线型比例改为"0.3"，如下图所示。

第6步 系统弹出锁定图层上的对象无法更新提示框，并显示从选择集中删除的对象数，如下图所示。

第7步 单击【关闭】按钮，将锁定图层的对象从选择集中删除后，结果如下图所示。

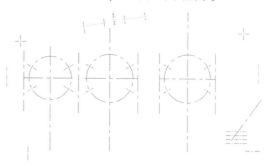

第8步 将所有的图层打开和解锁后，结果如下图所示。

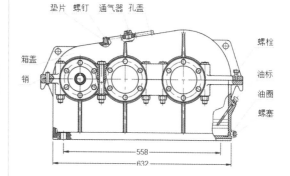

创建电路设计图图层

创建电路设计图图层的方法和创建减速器装配图图层的方法类似，具体操作步骤如表 3-1 所示。

表 3-1 创建电路设计图图层

步骤	创建方法	结　　果	备　注
1	打开【图层特性管理器】，单击【图层特性管理器】上的【新建图层】按钮，新建 4 个图层		

续表

步骤	创建方法	结　　果	备　注
2	修改图层的名称	（图层列表：状 名称 开 冻 锁 打 颜色 线型 线宽；0、布局、数字逻辑元件、文字、元器件，均为白色，Continu...，默认）	图层的名称尽量和该图层所要绘制的对象相近，这样便于查找或切换图层
3	修改图层的颜色	（图层列表：0白、布局白、数字逻辑元件洋红、文字白、元器件蓝，Continu...，默认）	应根据绘图背景来设定颜色，这里是白色背景下设置的颜色，如果是黑色背景，蓝色将显示得非常不清晰，建议将蓝色修改为黄色
4	设置完成后双击将要在该图层上绘图的图层前的 ✎ 图标，即可将该图层置为当前图层，例如，将"元器件"图层置为当前图层	（图层列表：0白、布局白、数字逻辑元件洋红、文字白、元器件蓝，元器件被选为当前图层，Continu...，默认）	

1. 合并图层

合并图层即将选定图层合并为一个目标图层，从而将以前的图层从图形中删除。通过合并图层可以减少图形中的图层数。

AutoCAD 2022 中调用【图层合并】对话框合并图层的方法有以下 3 种。

- 单击【格式】选项卡【图层工具】的【图层合并】菜单命令。
- 单击【默认】选项卡【图层】面板的【合并】按钮 ✎。
- 在命令行中输入【LAYMRG】命令。

合并图层的具体操作步骤如下。

第1步 打开随书配套资源中的"素材 \CH03\ 合并图层 .dwg"文件，如下图所示。

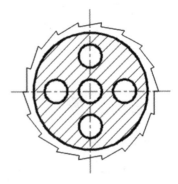

第2步 单击图层下拉列表，可以看到有 5 个图层，如下图所示。

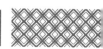

第3步 单击【默认】选项卡【图层】面板的【合并】按钮，如下图所示。

第4步 选择要合并的图层上的对象，并按空格键，然后继续选择目标图层上的对象，如下图所示。

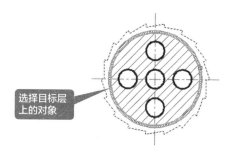

选择目标层上的对象

第5步 当命令行提示是否继续时，输入【Y】，并按空格键，合并后效果如下图所示。

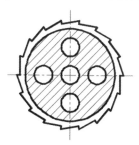

第6步 合并后单击图层下拉列表，显示有 4 个图层，如下图所示。

2. 将对象复制到新图层

将对象复制到新图层，是指将一个或多个对象在指定的图层上创建副本。

AutoCAD 2022 中调用【将对象复制到新图层】对话框的方法有以下 3 种。

- 单击【格式】选项卡【图层工具】的【将对象复制到新图层】菜单命令。
- 单击【默认】选项卡【图层】面板的【将对象复制到新图层】按钮。
- 在命令行中输入【COPYTOLAYER】命令。

将对象复制到新图层的具体操作步骤如下。

第1步 打开随书配套资源中的"素材 \CH03\ 将对象复制到新图层 .dwg"文件，如下图所示。

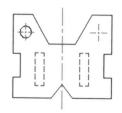

第2步 单击【默认】选项卡【图层】面板的【将对象复制到新图层】按钮，如下图所示。

第3步 选择要复制的对象，如下图所示，并按空格键。

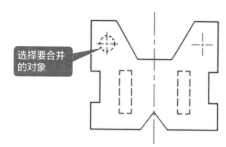

选择要合并的对象

第4步 选择目标图层上的对象，如下图所示。

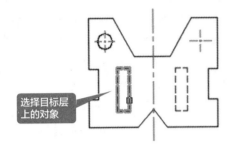

选择目标层上的对象

第5步 选择圆心为复制的基点，如下图所示。

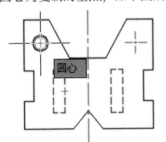

圆心

第6步 捕捉中点为第二点，如下图所示。

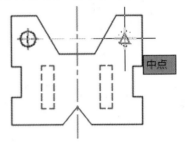

中点

第7步 对象复制到新图层后，结果如下图所示。

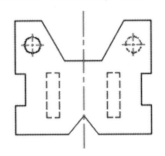

第
2
篇

二维绘图篇

第 4 章
绘制二维图形

本章导读

二维图形是 AutoCAD 的核心功能，任何复杂的图形，都是由点、线等基本的二维图形组合而成的。本章通过对液压系统图绘制过程的详细讲解，来介绍二维绘图命令的应用。

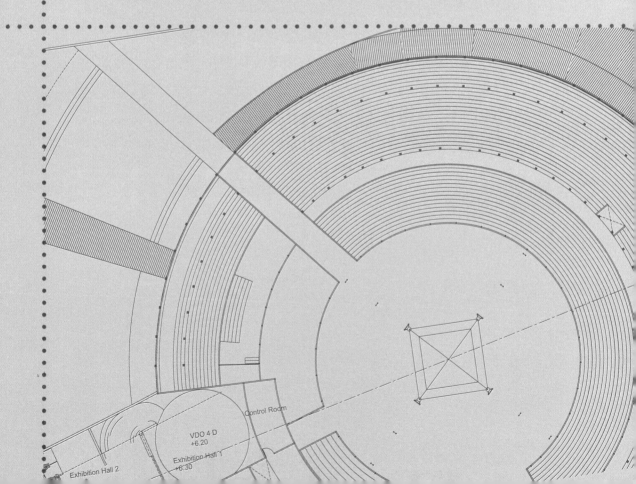

4.1 液压系统图概述

　　液压系统图是用连线把液压元件的图形符号连接起来的一张简图，用来描述液压系统的组成及工作原理。一个完整的液压系统由五部分组成，即动力元器件、执行元器件、控制元器件、辅助元器件和液压油。

　　动力元器件的作用是将原动机的机械能转换成液体的压力能，是指液压系统中的油泵，它为整个液压系统提供动力。

　　执行元器件（如液压缸和液压马达）的作用是将液体的压力能转换为机械能，驱动负载做直线往复运动或回转运动。

　　控制元器件（即各种液压阀）在液压系统中控制和调节液体的压力、流量和方向。

　　辅助元器件包括油箱、滤油器、油管及管接头、密封圈、压力表、油位油温计等。

　　液压油是液压系统中传递能量的工作介质，有矿物油、乳化液和合成型液压油等几大类。

　　本节我们以绘制某机床液压系统图为例，来介绍直线、矩形、圆弧、圆、多段线等二维绘图命令的应用。液压系统图绘制完成后如下图所示。

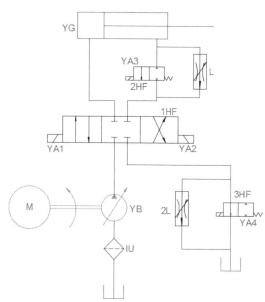

　　在绘图之前，首先要创建如下图所示的几个图层，并将"执行元件"图层置为当前图层。

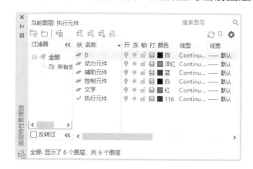

4.2 绘制执行元器件

　　液压系统中的执行元器件主要是液压缸和活塞，液压缸和活塞的绘制主要会用到矩形命令和直线命令。

4.2.1 绘制液压缸

液压缸的轮廓可以通过矩形命令绘制，也可以通过直线命令绘制，下面对使用这两种方法进行绘制的步骤进行详细介绍。

1. 通过矩形命令绘制液压缸轮廓

第1步 单击【默认】选项卡【绘图】面板的【矩形】按钮 ⬜，如下图所示。

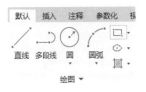

第2步 在绘图窗口任意单击一点作为矩形的第一个角点，然后在命令行输入"@35,10"指定矩形的另一个角点，结果如下图所示。

AutoCAD 中矩形的绘制方法有很多种，默认是通过指定矩形的两个角点来绘制，下面我们就来通过矩形的其他绘制方法来完成液压缸轮廓的绘制，具体操作步骤如表 4-1 所示。

表 4-1 通过矩形的其他绘制方法绘制液压缸轮廓

绘制方法	绘制步骤	结果图形	相应命令行显示
面积绘制法	1. 指定第一个角点 2. 输入"A"选择面积绘制法 3. 输入矩形的面积值 4. 指定矩形的长或宽	35 10	命令：_RECTANG 指定第一个角点或 [倒角(C)/标高(E)/圆角(F)/厚度(T)/宽度(W)]： //单击指定第一个角点 指定另一个角点或 [面积(A)/尺寸(D)/旋转(R)]：A 输入以当前单位计算的矩形面积<100.0000>:350 计算矩形标注时依据 [长度(L)/宽度(W)] <长度>： ↙ 输入矩形长度 <10.0000>： 35

尺寸绘制法	1. 指定第一个角点
	2. 输入"D"选择尺寸绘制法
	3. 指定矩形的长度和宽度
	4. 拖动鼠标指定矩形的放置位置
		35
		10
			命令：_RECTANG
			指定第一个角点或 [倒角(C)/标高(E)/圆角(F)/厚度(T)/宽度(W)]：
			//单击指定第一个角点
			指定另一个角点或 [面积(A)/尺寸(D)/旋转(R)]：D
			指定矩形的长度 <35.0000>：↙
			指定矩形的宽度 <10.0000>：↙
			指定另一个角点或 [面积(A)/尺寸(D)/旋转(R)]：
			//拖动鼠标指定矩形的放置位置

| 提示 | ::::::::

　　除了通过面板调用矩形命令外，还可以通过以下方法调用矩形命令。
　　·执行【绘图】选项卡的【矩形】菜单命令。
　　·在命令行输入【RECTANG/REC】命令并按空格键。

2. 通过直线命令绘制液压缸轮廓

第1步 单击【默认】选项卡【绘图】面板的【直线】按钮 /，如下图所示。

| 提示 | ::::::::

　　除了通过面板调用直线命令外，还可以通过以下方法调用直线命令。
　　·执行【绘图】选项卡的【直线】菜单命令。
　　·在命令行输入【LINE/L】命令并按空格键。

第2步 在绘图区域任意单击一点作为直线的起点，然后水平向左拖动鼠标，效果如下图所示。

第3步 输入直线的长度35，然后竖直向上拖动鼠标，效果如下图所示。

第4步 输入竖直线的长度10，然后水平向左拖动鼠标，效果如下图所示。

第5步 输入直线的长度35，然后输入"C"，让所绘制的直线闭合，结果如下图所示。

| 提示 | ::::::::

　　在绘图前按F8键，或单击状态栏的 按钮，将正交模式打开，便于绘制竖直或水平直线段。

　　AutoCAD 中直线的绘制方法有很多种，除上面介绍的方法外，还可以通过绝对坐标输入、相对坐标输入和极坐标输入等方法绘制直线，具体操作步骤如表 4-2 所示。

表 4-2　通过直线的其他绘制方法绘制液压缸轮廓

绘制方法	绘制步骤	结果图形	相应命令行显示
通过输入绝对坐标绘制直线	1. 指定第一个点（或输入绝对坐标确定第一个点） 2. 依次输入第二点、第三点、第四点的绝对坐标	(500,510)　(535,510) (500,500)　(535,500)	命令：_LINE 指定第一个点：500,500 指定下一点或 [放弃(U)]：535,500 指定下一点或 [放弃(U)]：535,510 指定下一点或 [放弃(U)]：500,510 指定下一点或 [闭合(C)/放弃(U)]：C //闭合图形

续表

绘制方法	绘制步骤	结果图形	相应命令行显示

通过输入相对直角坐标绘制直线	1. 指定第一个点（或输入绝对坐标确定第一个点）
	2. 依次输入第二点、第三点、第四点相对前一点的直角坐标
		④ ③
		
		① ②
			命令：_LINE
			指定第一个点：
			//任意单击一点作为第一个点
			指定下一点或 [放弃(U)]：@35,0
			指定下一点或 [放弃(U)]：@0,10
			指定下一点或 [放弃(U)]：@-35,0
			指定下一点或 [闭合(C)/放弃(U)]：C
			//闭合图形

通过输入相对极坐标绘制直线	1. 指定第一个点（或输入绝对坐标确定第一个点）
	2. 依次输入第二点、第三点、第四点相对前一点的极坐标
		④ ③
		
		① ②
			命令：_LINE
			指定第一个点：
			//任意单击一点作为第一点
			指定下一点或 [放弃(U)]：@35<0
			指定下一点或 [放弃(U)]：@10<90
			指定下一点或 [放弃(U)]：@-35<0
			指定下一点或 [闭合(C)/放弃(U)]：C
			//闭合图形

4.2.2 绘制活塞和活塞杆

在液压系统图中，液压缸的活塞和活塞杆都用直线表示，因此液压缸的活塞和活塞杆可以通过直线命令来完成。

第1步 在命令行输入【SE】并按空格键，在弹出的【草图设置】对话框中对【对象捕捉】进行如下图所示的设置。

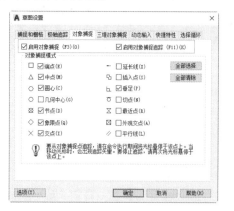

第2步 单击【确定】按钮，然后单击【默认】

选项卡【绘图】面板的【直线】按钮，如下图所示。

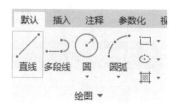

第3步 当命令行提示指定第一个点时，输入"fro"，如下图所示。

命令：_LINE
指定第一个点：fro 基点：

第4步 捕捉如下图所示的端点为基点。

第5步 根据命令行提示输入"偏移"距离和下一点坐标，命令如下，然后按【Enter】键结束命令。

```
<偏移>: @10,0
指定下一点或 [放弃(U)]: @0,-10
指定下一点或 [放弃(U)]:        ↙
```

第6步 活塞示意图绘制完成后，效果如下图所示。

第7步 按空格键或【Enter】键继续调用直线命令，当命令行提示指定直线的第一点时，捕捉上面绘制的活塞的中点，如下图所示。

第8步 水平向右拖动鼠标，在合适的位置单击，然后按空格键或【Enter】键结束活塞杆的绘制，如下图所示。

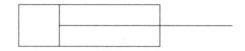

| 提示 |

除了通过【草图设置】对话框设置对象捕捉外，还可以直接单击状态栏【对象捕捉】下拉按钮，在弹出的快捷菜单中对对象捕捉进行设置，如下图所示。

单击【对象捕捉设置】选项，将弹出【草图设置】对话框。

4.3 绘制控制元器件

控制元器件（即各种液压阀）在液压系统中可以控制和调节液体的压力、流量和方向。本液压系统图主要用到二位二通电磁阀、三位四通电磁阀和调节阀。

4.3.1 绘制二位二通电磁阀

二位二通电磁阀的绘制主要用到矩形、直线、定数等分和多段线命令，其中二位二通电磁阀的外轮廓既可以用矩形绘制，也可以用直线绘制。如果用矩形绘制，则需要将矩形分解成独立的直线后才可以进行定数等分。

二位二通电磁阀的绘制过程如下。

第1步 单击快速访问工具栏【图层】下拉按钮，

将"控制元件"图层置为当前图层。

第2步 调用矩形命令，在合适的位置绘制一个12×5（单位为毫米，后文若无特殊说明，则单位都为毫米）的矩形，如下图所示。

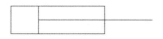

第3步 调用直线命令，捕捉矩形的左下角点为直线的第一点，绘制如下图所示长度的三条直线。

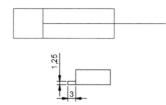

第4步 单击【默认】选项卡【修改】面板的【分解】按钮，如下图所示。

> **| 提示 |** ::::::::::
>
> 除了通过面板调用分解命令外，还可以通过以下方法调用分解命令。
> ·执行【修改】→【分解】菜单命令。
> ·在命令行输入【EXPLODE/X】命令并按空格键。

第5步 选择刚绘制的矩形，按空格键将其分解，如下图所示。

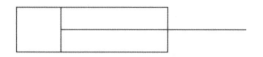

第6步 分解后再选择刚绘制的矩形，可以看到原来是一个整体的矩形现在变成了几条独立的

直线，如下图所示。

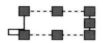

第7步 单击【默认】选项卡【实用工具】面板的下拉按钮，选择【点样式】选项，如下图所示。

第8步 在弹出的【点样式】对话框中选择新的点样式并设置点样式的大小，如下图所示。

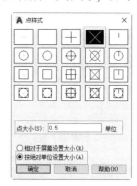

> **| 提示 |** ::::::::::
>
> 除了通过菜单调用点样式命令外，还可以通过以下方法调用点样式命令。
> ·执行【格式】→【点样式】菜单命令。
> ·在命令行输入【DDPTYPE】命令并按空格键。

第9步 单击【默认】选项卡【绘图】面板的展开按钮，单击【定数等分】按钮，如下图所示。

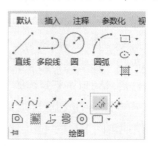

除了通过面板调用定数等分命令外，还可以通过以下方法调用定数等分命令。

·执行【绘图】→【点】→【定数等分】菜单命令。

·在命令行中输入【DIVIDE/DIV】命令并按空格键。

第 10 步 单击选择矩形的上侧边，然后输入等分段数 4，结果如下图所示。

| 提示 |

在进行定数等分时，对于开放型对象来说，等分的段数为 N，则等分的点数为 N-1；对于闭合型对象来说，等分的段数和点数相等。

第 11 步 重复第 9 步～第 10 步，将矩形的底边也进行 4 等分，左侧的水平短直线进行 3 等分，结果如下图所示。

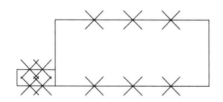

第 12 步 单击【确定】按钮，然后单击【默认】选项卡【绘图】面板的【直线】按钮，捕捉如下图所示的节点绘制直线。

| 提示 |

直线 3 和直线 4 的长度不做具体要求，适当即可。

第 13 步 重复第 12 步，继续绘制直线。绘制直线时先捕捉上步绘制的直线 3 的端点（只捕捉不选中），然后向左拖动鼠标（会出现虚线指引线），在合适的位置单击作为直线的起点，如下图所示。

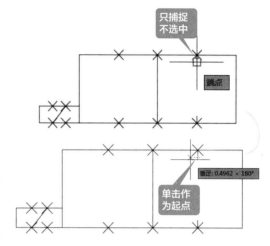

第 14 步 向右拖动鼠标，在合适的位置单击作为直线的终点，然后按空格键结束直线的绘制，效果如下图所示。

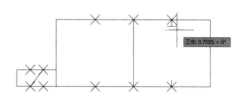

第 15 步 重复第 13 步～第 14 步，继续绘制另一端的直线，效果如下图所示。

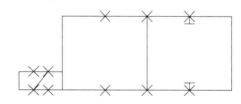

第 16 步 单击【确定】按钮，然后单击【默认】选项卡【绘图】面板的【多段线】按钮，如下图所示。

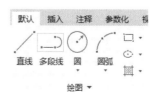

除了通过面板调用多段线命令外，还可以通过以下方法调用多段线命令。

· 执行【绘图】→【多段线】菜单命令。

· 在命令行中输入【PLINE/PL】命令并按空格键。

第17步 根据命令行提示进行如下操作。

```
命令：_PLINE
指定起点：
//捕捉节点A
当前线宽为 0.0000
指定下一个点或 [圆弧(A)/半宽(H)/长度
(L)/放弃(U)/宽度(W)]：@0,-4
指定下一点或 [圆弧(A)/闭合(C)/半宽
(H)/长度(L)/放弃(U)/宽度(W)]：W
指定起点宽度 <0.0000>：0.25
指定端点宽度 <0.2500>：0
指定下一点或 [圆弧(A)/闭合(C)/半宽
(H)/长度(L)/放弃(U)/宽度(W)]：
//捕捉节点B
指定下一点或 [圆弧(A)/闭合(C)/半宽
(H)/长度(L)/放弃(U)/宽度(W)]：
```

第18步 多段线绘制完成后，结果如下图所示。

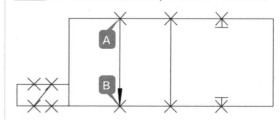

第19步 选中图中所有的节点，按【Delete】键，将所选节点删除，效果如下图所示。

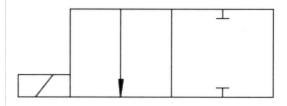

多段线是作为单个对象创建的相互连接的序列直线段。可以创建直线段、圆弧段或两者的组合线段。各种多段线的绘制步骤如表4-3所示。

表4-3 各种多段线的绘制步骤

类型	绘制步骤	示例
等宽且只有直线段的多段线	1.调用多段线命令 2.指定多段线的起点 3.指定第一条线段的下一点 4.根据需要继续指定线段下一点 5.按空格键（或【Enter】键）结束，或者输入 C 使多段线闭合	
宽度不同的多段线	1.调用多段线命令 2.指定多段线的起点 3.输入 W（宽度）并输入线段的起点宽度 4.使用以下方法之一指定线段的端点宽度 　·要创建等宽的线段，请按【Enter】键 　·要创建一个宽度渐窄或渐宽的线段，请输入不同的宽度值 5.指定线段的下一点 6.根据需要继续指定线段下一点 7.按【Enter】键结束，或者输入 C 使多段线闭合	

续表

类型	绘制步骤	示例
包含直线段和曲线段的多段线	1. 调用多段线命令 2. 指定多段线的起点 3. 指定第一条线段的下一点 4. 在命令提示下输入 A（圆弧），切换到"圆弧"模式 5. 圆弧绘制完成后输入 L（直线），返回"直线"模式 6. 根据需要指定其他线段 7. 按【Enter】键结束，或者输入 C 使多段线闭合	

4.3.2 绘制二位二通阀的弹簧

绘制二位二通阀的弹簧主要用到直线命令，具体操作步骤如下。

第1步 单击【默认】选项卡【绘图】面板的【直线】按钮，按住【Shift】键并右击，在弹出的临时捕捉快捷菜单中选择【自】，如下图所示。

第2步 捕捉如下图所示的端点为基点。

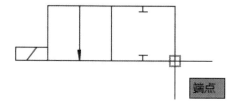

第3步 在命令行输入偏移距离"@0,1.5"，当命令行提示指定下一点时输入"<-60"。

```
<偏移>: @0,1.5
指定下一点或 [放弃(U)]: <-60
角度替代: 300
```

第4步 捕捉第2步捕捉的端点（只捕捉不选中），捕捉后向右移动鼠标，当鼠标和"-60°"线相交时单击确定直线第二点，如下图所示。

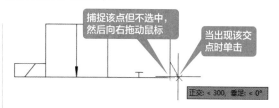

第5步 继续输入下一点"<60"。

```
指定下一点或 [放弃(U)]: <60
角度替代: 60
```

第6步 重复第4步，捕捉直线的起点但不选中，向右拖动鼠标，当鼠标和"<60"线相交时单击确定直线的下一点。

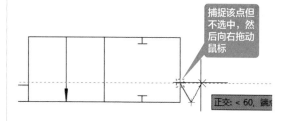

第7步 输入下一点"<-60"。

```
指定下一点或 [放弃(U)]: <-60
角度替代: 300
```

第8步 捕捉如下图所示的端点（只捕捉不选中），捕捉后向右移动鼠标，当鼠标和"-60°"线相交时单击确定直线的下一点，如下图所示。

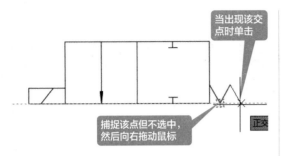

第9步 输入下一点"<60"。

```
指定下一点或 [放弃(U)]: <60
角度替代: 60
```

第10步 重复第8步,捕捉直线的端点但不选中,向右拖动鼠标,当鼠标和"<60"线相交时单击确定直线的下一点,如下图所示。

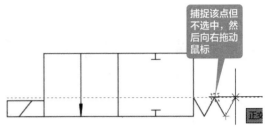

第11步 确定最后一点后按空格键或【Enter】键结束直线命令,结果如下图所示。

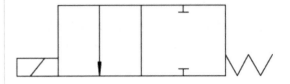

4.3.3 绘制调节阀

调节阀主要由外轮廓、阀瓣和阀的方向箭头组成,其中用矩形绘制外轮廓,用圆弧绘制阀瓣,用多段线命令绘制阀的方向箭头,在用圆弧绘制阀瓣时,对圆弧的端点位置没有明确的要求,差不多即可。

绘制调节阀的具体操作步骤如下。

第1步 调用矩形命令,在合适的位置绘制一个5×13的矩形,如下图所示。

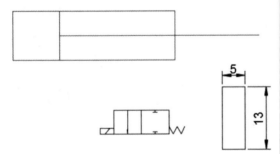

第2步 单击【默认】选项卡【绘图】面板的【圆弧】选项中的【起点,端点,半径】选项,如下图所示。

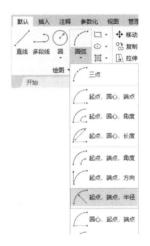

第3步 在矩形内部合适的位置单击指定圆弧的起点,如下图所示。

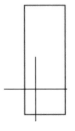

第4步 拖动鼠标在第一点的竖直方向合适的位置单击,指定圆弧的端点,如下图所示。

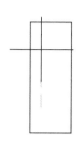

第5步 输入圆弧的半径 9，结果如下图所示。

| 提示 |::::::::

　　AutoCAD 中默认逆时针为绘制圆弧的正方向，在指定第二点后，输入半径前，如果出现的预览圆弧方向和自己想要的方向不一致，可以按住【Ctrl】键拖动鼠标，当圆弧的方向改变后再输入半径值。

第6步 单击【默认】选项卡【绘图】面板的【圆弧】选项中的【起点，端点，半径】选项，捕捉图中圆弧的端点（只捕捉不选取），如下图所示。

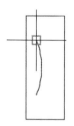

第7步 水平向右拖动鼠标，在合适的位置单击确定圆弧起点，如下图所示。

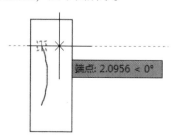

第8步 捕捉圆弧的下端点（只捕捉不选取），向右拖动鼠标，在合适的位置单击，确定圆弧的端点，如下图所示。

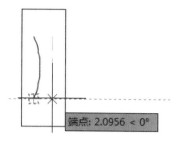

第9步 输入圆弧的半径 9，结果如下图所示。

第10步 单击【默认】选项卡【绘图】面板的【多段线】按钮，根据命令行提示进行如下操作。

```
命令：PLINE
指定起点：fro 基点：
//捕捉下图中A点
<偏移>：@0,3
当前线宽为 0.0000
指定下一个点或 [圆弧(A)/半宽(H)/长度
(L)/放弃(U)/宽度(W)]：<55
角度替代：55
指定下一个点或 [圆弧(A)/半宽(H)/长度
(L)/放弃(U)/宽度(W)]：
//在合适的位置单击
指定下一点或 [圆弧(A)/闭合(C)/半宽
(H)/长度(L)/放弃(U)/宽度(W)]：W
指定起点宽度 <0.0000>：0.25
指定端点宽度 <0.2500>：0
指定下一点或 [圆弧(A)/闭合(C)/半宽
(H)/长度(L)/放弃(U)/宽度(W)]：
//在箭头和竖直边相交的地方单击
指定下一点或 [圆弧(A)/闭合(C)/半宽
(H)/长度(L)/放弃(U)/宽度(W)]：
↙
```

┌─ | 提示 | ::::::::
│
│   在绘制多段线箭头时，为了避免正交和对
│ 象捕捉干扰，可以按【F8】键和【F3】键将正
│ 交模式和对象捕捉模式关闭。
└─

第11步 绘制完毕后，结果如下图所示。

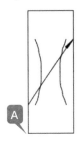

第12步 重复第10步，继续调用多段线命令绘
制调节阀的指向，命令如下。

```
命令：_PLINE
指定起点：  //捕捉矩形上底边的中点
当前线宽为 0.0000
指定下一个点或 [圆弧(A)/半宽(H)/长度
(L)/放弃(U)/宽度(W)]：@0,-10
指定下一点或 [圆弧(A)/闭合(C)/半宽
(H)/长度(L)/放弃(U)/宽度(W)]：W
指定起点宽度 <0.0000>：0.5
指定端点宽度 <0.5000>：0
```

```
指定下一点或 [圆弧(A)/闭合(C)/半宽
(H)/长度(L)/放弃(U)/宽度(W)]：
//捕捉矩形的下底边
指定下一点或 [圆弧(A)/闭合(C)/半宽
(H)/长度(L)/放弃(U)/宽度(W)]：↙
```

┌─ | 提示 | ::::::::
│
│   在绘制多段线箭头时，为了方便捕捉，可
│ 以按【F8】键和【F3】键将正交模式和对象捕
│ 捉模式打开。
└─

第13步 绘制完毕后，结果如下图所示。

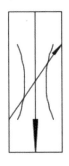

　　绘制圆弧的默认方法是通过确定三点来绘
制。此外，圆弧还可以通过设置起点、方向、
中点、角度和弦长等参数来绘制。各种圆弧的
绘制方法如表4-4所示。

表4-4　圆弧的绘制方法

绘制方法	绘制步骤	结果图形	相应命令行显示
三点	1. 调用三点画弧命令 2. 指定三个不在同一条直线上的点，即可完成圆弧的绘制		命令：_ARC 指定圆弧的起点或 [圆心(C)]： 指定圆弧的第二个点或 [圆心(C)/端点(E)]： 指定圆弧的端点：
起点、圆心、端点	1. 调用"起点、圆心、端点"画弧命令 2. 指定圆弧的起点 3. 指定圆弧的圆心 4. 指定圆弧的端点		命令：_ARC 指定圆弧的起点或 [圆心(C)]： 指定圆弧的第二个点或 [圆心(C)/端点(E)]：_C 指定圆弧的圆心： 指定圆弧的端点或 [角度(A)/弦长(L)]：

续表

绘制方法	绘制步骤	结果图形	相应命令行显示
起点、圆心、角度	1. 调用"起点、圆心、角度"画弧命令 2. 指定圆弧的起点 3. 指定圆弧的圆心 4. 指定圆弧的角度 提示：当输入的角度为正值时，圆弧沿起点方向逆时针生成；当角度为负值时，圆弧沿起点方向顺时针生成	120度	命令：_ARC 指定圆弧的起点或 [圆心(C)]： 指定圆弧的第二个点或 [圆心(C)/端点(E)]：_C 指定圆弧的圆心： 指定圆弧的端点或 [角度(A)/弦长(L)]：_A 指定包含角：120
起点、圆心、长度	1. 调用"起点、圆心、长度"画弧命令 2. 指定圆弧的起点 3. 指定圆弧的圆心 4. 指定圆弧的弦长 提示：弦长为正值时得到的弧为"劣弧（小于180°）"，当弦长为负值时，得到的弧为"优弧（大于180°）"	30	命令：_ARC 指定圆弧的起点或 [圆心(C)]： 指定圆弧的第二个点或 [圆心(C)/端点(E)]：_C 指定圆弧的圆心： 指定圆弧的端点或 [角度(A)/弦长(L)]：_L 指定弦长：30
起点、端点，角度	1. 调用"起点、端点、角度"画弧命令 2. 指定圆弧的起点 3. 指定圆弧的端点 4. 指定圆弧的角度 提示：当输入的角度为正值时，起点和端点沿圆弧成逆时针关系；当角度为负值时，起点和端点沿圆弧成顺时针关系	137° 指定包含角	命令：_ARC 指定圆弧的起点或 [圆心(C)]： 指定圆弧的第二个点或 [圆心(C)/端点(E)]：_E 指定圆弧的端点： 指定圆弧的圆心或 [角度(A)/方向(D)/半径(R)]：_A 指定包含角：137
起点、端点、方向	1. 调用"起点、端点、方向"画弧命令 2. 指定圆弧的起点 3. 指定圆弧的端点 4. 指定圆弧的起点切向	18° 指定圆弧的起点切向	命令：_ARC 指定圆弧的起点或 [圆心(C)]： 指定圆弧的第二个点或 [圆心(C)/端点(E)]：_E 指定圆弧的端点： 指定圆弧的圆心或 [角度(A)/方向(D)/半径(R)]：_D 指定圆弧的起点切向：

绘制方法	绘制步骤	结果图形	相应命令行显示
起点、端点、半径	1. 调用"起点、端点、半径"画弧命令 2. 指定圆弧的起点 3. 指定圆弧的端点 4. 指定圆弧的半径 提示：当输入的半径值为正值时，得到的圆弧是"劣弧"；当输入的半径值为负值时，得到的弧为"优弧"		命令：_ARC 指定圆弧的起点或 [圆心(C)]： 指定圆弧的第二个点或 [圆心(C)/端点(E)]：_E 指定圆弧的端点： 指定圆弧的圆心或 [角度(A)/方向(D)/半径(R)]：_R 指定圆弧的半径：140
圆心、起点、端点	1. 调用"圆心、起点、端点"画弧命令 2. 指定圆弧的圆心 3. 指定圆弧的起点 4. 指定圆弧的端点		命令：_ARC 指定圆弧的起点或 [圆心(C)]：_C 指定圆弧的圆心： 指定圆弧的起点： 指定圆弧的端点或 [角度(A)/弦长(L)]：
圆心、起点、角度	1. 调用"圆心、起点、角度"画弧命令 2. 指定圆弧的圆心 3. 指定圆弧的起点 4. 指定圆弧的角度		命令：_ARC 指定圆弧的起点或 [圆心(C)]：_C 指定圆弧的圆心： 指定圆弧的起点： 指定圆弧的端点或 [角度(A)/弦长(L)]：_A 指定包含角：170
圆心、起点、长度	1. 调用"圆心、起点、长度"画弧命令 2. 指定圆弧的圆心 3. 指定圆弧的起点 4. 指定圆弧的弦长 提示：弦长为正值时得到的弧为"劣弧"，当弦长为负值时，得到的弧为"优弧"		命令：_ARC 指定圆弧的起点或 [圆心(C)]：_C 指定圆弧的圆心： 指定圆弧的起点： 指定圆弧的端点或 [角度(A)/弦长(L)]：_L 指定弦长：60

| 提示 |

绘制圆弧时，输入的半径值和圆心角有正负之分。对于半径，当输入的半径值为正时，生成的圆弧是劣弧；反之，生成的是优弧。对于圆心角，当角度为正值时，系统沿逆时针方向绘制圆弧，反之，则沿顺时针方向绘制圆弧。

4.3.4 绘制三位四通电磁阀

三位四通电磁阀的绘制和二位二通电磁阀的绘制相似,主要用到矩形、直线、定数等分和多段线命令。

三位四通电磁阀的绘制过程如下。

第1步 调用矩形命令,在合适的位置绘制一个 45×10 的矩形,如下图所示。

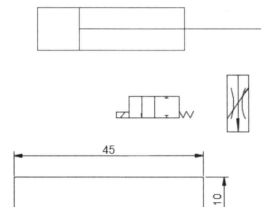

第2步 调用直线命令,然后绘制如下图所示长度的几条直线。

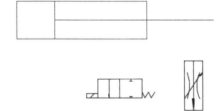

第3步 单击【默认】选项卡【修改】面板的【分解】按钮 ,单击选择第 1 步绘制的矩形,然后按空格键将其分解,如下图所示。

第4步 矩形分解后,调用【点样式】命令,在弹出的【点样式】对话框中选择新的点样式并设置点样式的大小,如下图所示。

第5步 单击【默认】选项卡【绘图】面板的展开按钮的【定数等分】按钮,选择矩形的上底边,输入等分段数 9,结果如下图所示。

第6步 重复第 5 步,将矩形的下底边也进行 9 等分,左侧的水平短直线进行 3 等分,结果如下图所示。

第7步 单击【默认】选项卡【绘图】面板的【直线】按钮,捕捉图中的节点绘制直线,如下图所示。

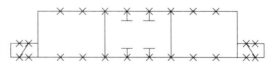

第8步 单击【默认】选项卡【绘图】面板的【多段线】按钮,根据命令行提示进行如下操作。

```
命令: _PLINE
指定起点:
//捕捉A节点
当前线宽为 0.0000
```

指定下一个点或 [圆弧(A)/半宽(H)/长度(L)/放弃(U)/宽度(W)]: @0,8
指定下一点或 [圆弧(A)/闭合(C)/半宽(H)/长度(L)/放弃(U)/宽度(W)]: W
指定起点宽度 <0.0000>: 0.5
指定端点宽度 <0.5000>: 0
指定下一点或 [圆弧(A)/闭合(C)/半宽(H)/长度(L)/放弃(U)/宽度(W)]:
//捕捉B节点
指定下一点或 [圆弧(A)/闭合(C)/半宽(H)/长度(L)/放弃(U)/宽度(W)]:
↙
命令: _PLINE
指定起点:
//捕捉C节点
当前线宽为 0.0000
指定下一个点或 [圆弧(A)/半宽(H)/长度(L)/放弃(U)/宽度(W)]: @0,-8
指定下一点或 [圆弧(A)/闭合(C)/半宽(H)/长度(L)/放弃(U)/宽度(W)]: W
指定起点宽度 <0.0000>: 0.5
指定端点宽度 <0.5000>: 0
指定下一点或 [圆弧(A)/闭合(C)/半宽(H)/长度(L)/放弃(U)/宽度(W)]:
//捕捉D节点
指定下一点或 [圆弧(A)/闭合(C)/半宽(H)/长度(L)/放弃(U)/宽度(W)]: ↙

第9步 多段线绘制完成后，结果如下图所示。

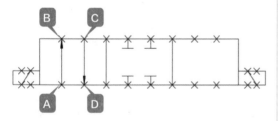

第10步 重复第8步，继续绘制多段线，捕捉下图中的E节点为多段线的起点。当命令行提示指定多段线的下一点时，捕捉F节点（只捕捉不选中），如下图所示。

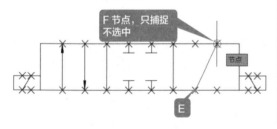

第11步 捕捉住F节点确定多段线方向后，输入多段线长度9，如下图所示。

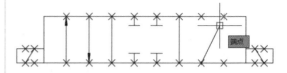

第12步 当命令行提示指定下一点时，进行如下操作。

指定下一点或 [圆弧(A)/闭合(C)/半宽(H)/长度(L)/放弃(U)/宽度(W)]: W
指定起点宽度 <0.0000>: 0.5
指定端点宽度 <0.5000>: 0
指定下一点或 [圆弧(A)/闭合(C)/半宽(H)/长度(L)/放弃(U)/宽度(W)]:
//捕捉F节点并单击选中
指定下一点或 [圆弧(A)/闭合(C)/半宽(H)/长度(L)/放弃(U)/宽度(W)]:
↙

第13步 多段线绘制完成后，结果如下图所示。

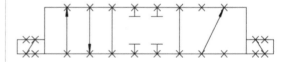

第14步 重复第10步~第12步，绘制另一条多段线，如下图所示。

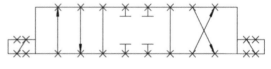

第15步 选中所有节点，按【Delete】键删除所选节点，结果如下图所示。

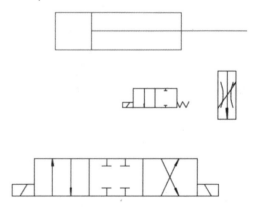

4.4 绘制动力元器件

动力元器件的作用是为整个液压系统提供动力，本液压系统图中的动力元器件是电机和油泵。

4.4.1 绘制电机和油泵

电机和油泵的绘制主要用到圆、构造线和修剪命令。电机和油泵的绘制过程如下。

第1步 单击快速访问工具栏中的【图层】下拉按钮，并选择"动力元件"图层，将其置为当前图层，如下图所示。

第2步 单击【默认】选项卡【绘图】面板中【圆】选项的【圆心，半径】按钮，如下图所示。

> **提示**
>
> 除了通过面板调用圆命令外，还可以通过以下方法调用圆命令。
> · 执行【绘图】→【圆】菜单命令，选择圆的某种绘制方法。
> · 在命令行输入【CIRCLE/C】命令并按空格键。

第3步 在合适的位置单击指定圆心，然后输入圆的半径值 8，结果如下图所示。

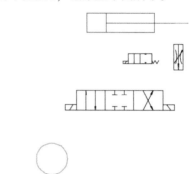

第4步 重复第 2 步，当命令行提示指定圆心时，捕捉上步绘制的圆的圆心（只捕捉不选取），如下图所示。

第5步 捕捉三位四通电磁阀的阀口端点（只捕捉不选中），如下图所示。

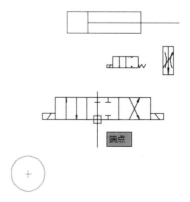

第6步 向下拖动鼠标，当通过端点的指引线和通过圆心的指引线相交时，在相交点单击，指定圆心，如下图所示。

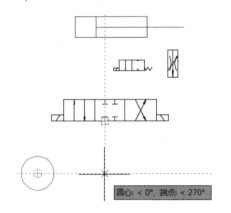

第7步 输入圆心半径值5，结果如下图所示。

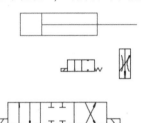

第8步 单击【默认】选项卡【绘图】面板的【构造线】按钮，如下图所示。

┌─ | 提示 | ∷∷∷∷∷∷∷

　　除了通过面板调用构造线命令外，还可以通过以下方法调用构造线命令。

　　·执行【绘图】→【构造线】菜单命令。

　　·在命令行输入【XLINE/XL】命令并按空格键。

第9步 当提示指定点时，在命令行输入"H"，然后在两圆之间合适的位置单击，指定水平构造线的位置，如下图所示。

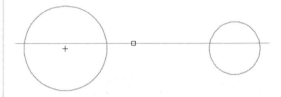

第10步 继续在两圆之间合适的位置单击，指定另一条构造线的位置，然后按空格键退出构造线命令，结果如下图所示。

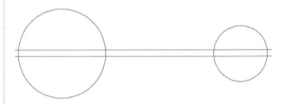

第11步 单击【默认】选项卡【修改】面板的【修剪】按钮，如下图所示。

第12步 在需要修剪的构造线上按住鼠标左键滑动，对其进行修剪，结果如下图所示。

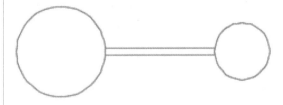

┌─ | 提示 | ∷∷∷∷∷∷∷

　　关于【修剪】命令的介绍参见第5章。

　　绘制圆的默认方法是通过确定圆心和半径来进行绘制。此外，圆还可以通过设置直径、两点、三点和切点等参数来绘制。各种圆的绘制步骤如表4-5所示。

表 4-5　圆的各种绘制方法

绘制方法	绘制步骤	结果图形	相应命令行显示
圆心、半径 / 直径	1. 指定圆心 2. 输入圆的半径 / 直径值		命令：_CIRCLE 指定圆的圆心或 [三点(3P)/两点(2P)/切点、切点、半径(T)]： 指定圆的半径或 [直径(D)]：45

两点绘圆	1. 调用两点绘圆命令
	2. 指定直径上的第一个端点
	3. 指定直径上的第二个端点或输入直径长度
			命令：_CIRCLE
			指定圆的圆心或 [三点(3P)/两点(2P)/切点、切点、半径(T)]：_2P
			指定圆直径的第一个端点：
			//指定第一点
			指定圆直径的第二个端点：80
			//输入直径长度或指定第二点

三点绘圆	1. 调用三点绘圆命令 2. 指定圆周上第一个点 3. 指定圆周上第二个点 4. 指定圆周上第三个点		命令：_CIRCLE 指定圆的圆心或 [三点(3P)/两点(2P)/切点、切点、半径(T)]：_3P 指定圆上的第一个点： 指定圆上的第二个点： 指定圆上的第三个点：
相切、相切、半径	1. 调用"相切、相切、半径"绘圆命令 2. 选择与圆相切的两个对象 3. 输入圆的半径长度		命令：_CIRCLE 指定圆的圆心或 [三点(3P)/两点(2P)/切点、切点、半径(T)]：_TTR 指定对象与圆的第一个切点： 指定对象与圆的第二个切点： 指定圆的半径<35.0000>：45
相切、相切、相切	1. 调用"相切、相切、相切"绘圆命令 2. 选择与圆相切的三个对象		命令：_CIRCLE 指定圆的圆心或 [三点(3P)/两点(2P)/切点、切点、半径(T)]：_3P 指定圆上的第一个点：_TAN 到 指定圆上的第二个点：_TAN 到 指定圆上的第三个点：_TAN 到

构造线是两端无限延伸的直线，可以作为创建其他对象时的参考线，执行一次【构造线】命令，可以连续绘制多条通过一个公共点的构造线。

调用构造线命令后，命令行提示如下。

```
命令：_XLINE
指定点或 [水平(H)/垂直(V)/角度(A)/二等分(B)/偏移(O)]：
```

命令行中各选项含义如下。

水平（H）：创建一条通过选定点且平行于 x 轴的参照线。

垂直（V）：创建一条通过选定点且平行于 y 轴的参照线。

角度（A）：以指定的角度创建一条参照线。

二等分（B）：创建一条参照线，此参照线位于由三个点确定的平面中，它经过选定的角顶点，并且将选定的两条线之间的夹角平分。

偏移（O）：创建平行于另一个对象的参照线。

构造线的各种绘制方法如表 4-6 所示。

表 4-6 构造线的各种绘制方法

绘制方法	绘制步骤	结果图形	相应命令行显示

水平	1. 指定第一个点
	2. 在水平方向单击指定通过点
			命令：_XLINE
			指定点或 [水平(H)/垂直(V)/角度(A)/二等分(B)/偏移(O)]：
			//单击指定第一点
			指定通过点：
			 //在水平方向上单击指定通过点
			指定通过点：
			//按空格键退出命令

垂直	1. 指定第一个点
	2. 在竖直方向单击指定通过点
			命令：_XLINE
			指定点或 [水平(H)/垂直(V)/角度(A)/二等分(B)/偏移(O)]：
			//单击指定第一点
			指定通过点：
			 //在竖直方向上单击指定通过点
			指定通过点：
			//按空格键退出命令

角度	1. 输入角度命令
	2. 输入构造线的角度
	3. 指定构造线通过点
		交点	命令：_XLINE
			指定点或 [水平(H)/垂直(V)/角度(A)/二等分(B)/偏移(O)]：A
			输入构造线的角度 (0) 或 [参照(R)]：30
			指定通过点：
			//捕捉交点
			指定通过点：
			//按空格键退出命令

续表

绘制方法	绘制步骤	结果图形	相应命令行显示

二等分	1. 输入二等分命令
	2. 指定角度的顶点
	3. 指定角度的起点
	4. 指定角度的端点
		起点 顶点 端点 58° 29°	命令：_XLINE
			指定点或 [水平(H)/垂直(V)/角度(A)/二等分(B)/偏移(O)]：B
			指定角的顶点：
			//捕捉角度的顶点
			指定角的起点：
			//捕捉角度的起点
			指定角的端点：
			//捕捉角度的端点
			指定角的端点：
			//按空格键退出命令

偏移	1. 输入偏移命令
	2. 输入偏移距离
	3. 选择偏移对象
	4. 指定偏移方向
		底边 50	命令：_XLINE
			指定点或 [水平(H)/垂直(V)/角度(A)/二等分(B)/偏移(O)]：O
			指定偏移距离或 [通过(T)]<0.0000>:50
			选择直线对象：
			//选择底边
			指定向哪侧偏移：
			//在底边的右侧单击
			选择直线对象：
			//按空格键退出命令

4.4.2 绘制电机单向旋转符号和油泵流向及变排量符号

本液压系统中的电机是单向旋转电机，因此需要绘制电机的单向旋转符号。本液压系统的油泵是单流向变排量泵，因此也需要绘制变排量符号和流向符号。

第1步 单击【默认】选项卡【绘图】面板的【多段线】按钮，在电机和油泵两圆之间的合适位置单击，确定多段线的起点，如下图所示。

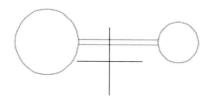

第2步 确定起点后在命令行输入"A"，然后输入"R"，绘制半径为 10 的圆弧，命令行提示如下。

指定下一个点或 [圆弧(A)/半宽(H)/长度(L)/放弃(U)/宽度(W)]:A
指定圆弧的端点(按住 Ctrl 键以切换方向)或[角度(A)/圆心(CE)/方向(D)/半宽(H)/直线(L)/半径(R)/第二个点(S)/放弃(U)/宽度(W)]: R
指定圆弧的半径: 10

第3步 拖动鼠标在竖直方向合适位置单击，确定圆弧端点，如下图所示。

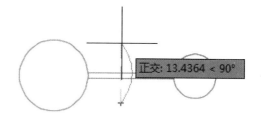

第4步 在命令行输入"W"，指定起点和端点

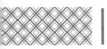
的宽度后再输入"R"，并指定下一段圆弧的半径5，命令行提示如下。

```
指定圆弧的端点(按住 Ctrl 键以切换方向)
或[角度(A)/圆心(CE)/闭合(CL)/方向
(D)/半宽(H)/直线(L)/半径(R)/第二个
点(S)/放弃(U)/宽度(W)]: W
指定起点宽度 <0.0000>: 0.5
指定端点宽度 <0.5000>: 0
指定圆弧的端点(按住 Ctrl 键以切换方向)
或[角度(A)/圆心(CE)/闭合(CL)/方向
(D)/半宽(H)/直线(L)/半径(R)/第二个
点(S)/放弃(U)/宽度(W)]: R
指定圆弧的半径: 5
```

第5步 拖动鼠标确定下一段圆弧（箭头）的端点，然后按空格键或【Enter】键结束多段线的绘制，结果如下图所示。

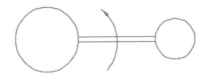

┌─┤ 提示 ├┄┄┄┄┄┄

　　为了避免正交模式干扰箭头的绘制，在绘制圆弧箭头时可以将正交模式关闭。

第6步 重复第1步或直接按空格键调用多段线命令，在油泵左下角合适位置单击，确定多段

线起点，如下图所示。

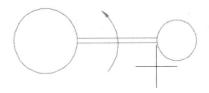

第7步 拖动鼠标绘制一条过圆心的多段线，如下图所示。

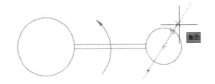

第8步 在命令行输入"W"，然后指定起点和端点的宽度，命令行提示如下。

```
指定下一点或 [圆弧(A)/闭合(C)/半宽
(H)/长度(L)/放弃(U)/宽度(W)]: W
指定起点宽度 <0.0000>: 0.5
指定端点宽度 <0.5000>: 0
```

第9步 拖动鼠标确定下一段多段线（箭头）的端点，然后按空格键或【Enter】键结束多段线的绘制，如下图所示。

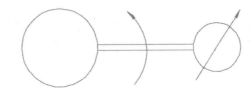

4.4.3 绘制油泵流向符号

　　绘制油泵流向符号的方法有两种，一种是通过多边形和填充命令进行绘制，另一种是直接通过实体填充命令进行绘制。下面对两种方法分别进行介绍。

1. "多边形+填充"绘制流向符号

第1步 单击【默认】选项卡【绘图】面板的【多边形】按钮，如下图所示。

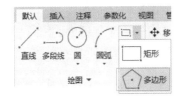

┌─┤ 提示 ├┄┄┄┄┄┄

　　除了通过面板调用多边形命令外，还可以通过以下方法调用多边形命令。

　　·执行【绘图】→【多边形】菜单命令。

　　·在命令行输入【POLYGON/POL】命令并按空格键。

第2步 在命令行输入3，确定绘制的多边形的

边数，然后输入"E"，通过边长来确定绘制的多边形的大小，命令如下。

```
命令： POLYGON
输入侧面数 <4>： 3
指定正多边形的中心点或 [边(E)]： E
```

第3步 当命令行提示指定第一个端点时，捕捉圆的象限点，如下图所示。

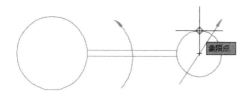

第4步 当命令行提示指定第二个端点时，输入"<60"指定第二点与第一点连线的角度，命令如下。

```
指定边的第二个端点： <60
角度替代： 60
```

第5步 拖动鼠标在合适的位置单击，确定第二点的位置，如下图所示。

第6步 多边形绘制完成后，结果如下图所示。

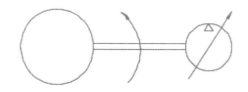

第7步 单击【默认】选项卡【绘图】面板的【图案填充】按钮，如下图所示。

除了通过面板调用图案填充命令外，还可以通过以下方法调用图案填充命令。

· 执行【绘图】→【图案填充】菜单命令。
· 在命令行输入【HATCH/H】命令并按空格键。

第8步 在弹出的【图案填充创建】选项卡的【图案】面板选择"SOLID"图案，如下图所示。

第9步 在需要填充的对象内部单击，完成填充后按空格键退出命令，效果如下图所示。

2. "实体填充"绘制流向符号

第1步 在命令行输入"SO（SOLID）"并按空格键，当命令行提示指定第一点时，捕捉圆的象限点，如下图所示。

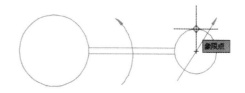

第2步 当命令行提示指定第二点、第三点时，依次输入第二点的极坐标值和第三点的相对坐标值。

```
指定第二点： @1.5<240
指定第三点： @1.5,0
```

第3步 当命令行提示指定第四点时，按空格键；当命令行再次提示指定第三点时，按空格键结束命令。结果如下图所示。

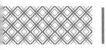

在 AutoCAD 中，通过多边形命令可以创建等边闭合多段线。闭合多段线可以通过指定多边形的边数创建，还可以通过指定多边形的内接圆或外切圆创建，创建的多边形的边数范围为3~1024。通过内接圆或外切圆创建多边形的步骤如表 4-7 所示。

表 4-7　通过内接圆或外切圆创建多边形

绘制方法	绘制步骤	结果图形	相应命令行显示

指定内接圆创建多边形	1. 指定多边形的边数
	2. 指定多边形的中心点
	3. 输入内接于圆的创建命令
	4. 指定或输入内接圆的半径值
			命令:_ POLYGON
			输入侧面数 <3>: 6
			指定正多边形的中心点或 [边(E)]:
			//指定多边形的中心点
			输入选项 [内接于圆(I)/外切于圆(C)] <I>: ↙
			指定圆的半径:
			//拖动鼠标指定或输入内接圆半径值

指定外切圆创建多边形	1. 指定多边形的边数
	2. 指定多边形的中心点
	3. 输入外切于圆的创建命令
	4. 指定或输入外切圆的半径值
			命令:_ POLYGON
			输入侧面数 <3>: 6
			指定正多边形的中心点或 [边(E)]:
			//指定多边形的中心点
			输入选项 [内接于圆(I)/外切于圆(C)] <I>: C
			指定圆的半径:
			//拖动鼠标指定或输入半径值

图案填充是使用指定的线条图案来填充指定区域的操作，常常用来表达剖切面和不同类型物体对象的外观纹理。

调用图案填充命令后弹出【图案填充创建】选项卡，如下图所示。

【图案填充创建】选项卡中各命令介绍如下。

边界：调用填充命令后，默认状态为拾取状态（相当于单击了【拾取点】按钮），单击【选择】按钮，可以通过选择对象来进行填充，如下图所示。

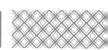

图案：控制图案填充的各种填充形状，如下图所示。

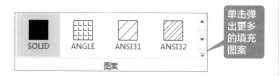

特性：控制图案的填充类型、背景色、透明度，选定填充图案的角度与比例，如下图所示。

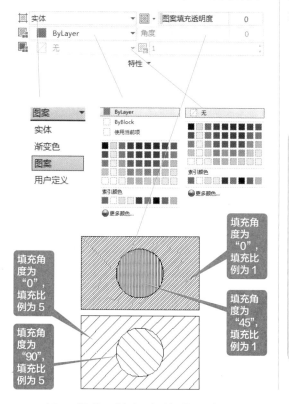

原点：控制填充图案生成的起始位置。

选项：控制几个常用的图案填充或填充选项，并可以通过单击【特性匹配】选项使用所选择的图案填充对象的特性对指定的边界进行填充，如下图所示。

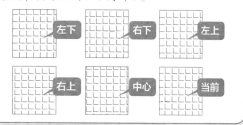

对于习惯使用填充对话框的用户，可以在【图案填充创建】选项卡中单击【选项】后面的箭头↘，弹出【图案填充和渐变色】对话框，如左下图所示。单击【渐变色】选项卡后，对话框如右下图所示。对话框中的选项内容和选项卡相同，这里不再赘述。

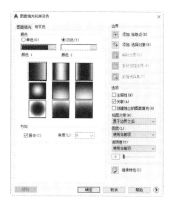

┌─ **提示** ┆┄┄┄┄┄

AutoCAD 中的剖面图案有限，很多剖面图案都需要自己制作，将制作好的剖面图案复制到 AutoCAD 安装目录下的"Support"文件夹下，就可以在 AutoCAD 中调用了。例如，将本章素材文件中的"木纹面 5"放置到"Support"文件夹下的具体操作步骤如下。

第1步 打开素材文件，复制"木纹面 5"素材文件，然后在桌面右击【AutoCAD 2022】图标，在弹出的快捷菜单中选择【属性】命令，如下图所示。

第2步 单击【打开文件所在的位置】按钮，弹出【AutoCAD 2022】的安装文件夹，如下图所示。

第3步 双击打开【Support】文件夹，将复制的"木纹面 5"文件粘贴到该文件夹中，如下图所示。

第4步 关闭文件夹，在 AutoCAD 中重新进行图案填充，可以看到"木纹面 5"已经存在于图案列表中，如下图所示。

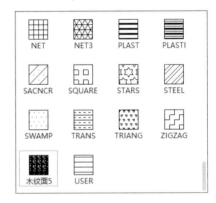

4.5 绘制辅助元器件并完善系统图

本液压系统图中的辅助元器件主要有过滤器和油箱。辅助元器件绘制完成后，液压系统图的主要构成部分就完成了，最后再将这些元器件的位置进行调整，并添加文字注释即可。

4.5.1 绘制过滤器和油箱

过滤器和油箱的绘制主要用到多边形、直线和多段线命令，其中在绘制过滤器时还要在同一图层上显示不同的线型。

过滤器和油箱的绘制过程如下。

第1步 单击【默认】选项卡【图层】面板的【图层】下拉按钮，选择"辅助元件"图层，将其置为当前图层，如下图所示。

第2步 单击【默认】选项卡【绘图】面板的【多边形】按钮，输入绘制的多边形边数4，当命令行提示指定多边形中心点时，捕捉油泵的圆心（但不选中），向下拖动鼠标，在合适的位置单击指定多边形的中心，如下图所示。

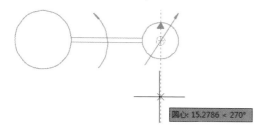

第3步 选择绘制方式为"内接于圆"，然后输入圆的半径"@4,0"，命令如下。

```
输入选项 [内接于圆(I)/外切于圆(C)]
<I>:↙
    指定圆的半径: @4,0
```

第4步 正多边形绘制完成后，结果如下图所示。

第5步 单击【默认】选项卡【绘图】面板的【直线】按钮，捕捉正多边形的两个端点绘制直线，如下图所示。

第6步 单击【默认】选项卡【特性】面板的【线型】下拉按钮，单击【其他】选项，如下图所示。

第7步 在弹出的【线型管理器】对话框单击【加载】按钮，在弹出的【加载或重载线型】对话框选择"HIDDEN2"，如下图所示。

第8步 单击【确定】按钮，回到【线型管理器】对话框后，将【全局比例因子】改为0.5，如下图所示。

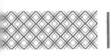
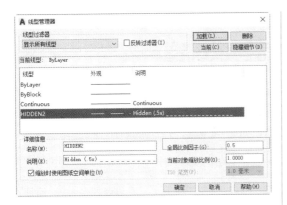

第9步 单击【确定】按钮回到绘图窗口后，选择第5步绘制的直线，然后单击【线型】下拉按钮，选择【HIDDEN2】选项，如下图所示。

第10步 直线的线型更改后，结果如下图所示。

第11步 单击【默认】选项卡【绘图】面板的【多段线】按钮，捕捉过滤器多边形的端点（只捕捉不选中），向下竖直拖动鼠标，在合适位置

单击，确定多段线的起点，如下图所示。

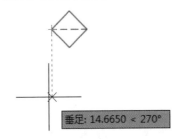

第12步 指定多段线的起点后，依次输入多段线下一点的相对坐标，命令如下。

```
指定下一个点或 [圆弧(A)/半宽(H)/长度
(L)/放弃(U)/宽度(W)]: @0,-5
指定下一点或 [圆弧(A)/闭合(C)/半宽
(H)/长度(L)/放弃(U)/宽度(W)]: @8,0
指定下一点或 [圆弧(A)/闭合(C)/半宽
(H)/长度(L)/放弃(U)/宽度(W)]: @0,5
指定下一点或 [圆弧(A)/闭合(C)/半宽
(H)/长度(L)/放弃(U)/宽度(W)]:
↙
```

第13步 多段线绘制完成后，结果如下图所示。

4.5.2 完善液压系统图

完善液压系统图主要是把液压系统图中相同的电磁阀、调节阀和油箱复制到合适的位置，然后使用线段将所有元件连接起来，最后给各元件添加文字说明。

完善液压系统图的具体操作过程如下。

第1步 单击【默认】选项卡【修改】面板的【复制】按钮，如下图所示。

提示

关于【复制】命令的介绍参见第5章。

第2步 选择上节绘制的"油箱"，将其复制到合适的位置，如下图所示。

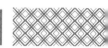

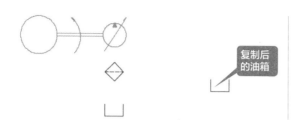

第3步 重复第 1 步，选择二维二通电磁阀为复制对象，当命令行提示指定复制的基点时，捕捉如下图所示的端点。

第4步 当命令行提示指定复制的第二点时，捕捉复制后的油箱的中点（只捕捉不选取），如下图所示。

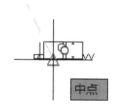

第5步 竖直向上拖动鼠标，如下图所示。

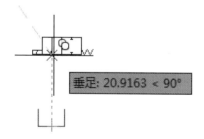

第6步 在合适的位置单击，确定复制的第二点，按空格键退出复制命令，结果如下图所示。

第7步 重复复制命令，将调节阀复制到合适的位置，如下图所示。

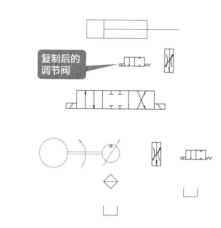

第8步 单击【默认】选项卡【绘图】面板的【多段线】按钮，将整个液压系统连接起来，如下图所示。

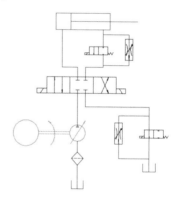

第9步 单击【默认】选项卡【图层】面板的【图层】下拉按钮，选择"文字"图层将其置为当前图层，如下图所示。

第10步 单击【默认】选项卡【注释】面板的【单行文字】按钮，如下图所示。

| 提示 |

关于【单行文字】的介绍参见第 8 章。

第11步 根据命令行提示指定单行文字的起点，对命令行进行设置，命令如下。

```
命令: TEXT
当前文字样式: STANDARD 文字高度:
2.5000 注释性: 否 对正: 左
指定文字的起点 或 [对正(J)/样式(S)]:
//指定文字的起点
指定高度 <2.5000>:          ↙
指定文字的旋转角度 <0>:      ↙
```

第12步 输入文字，如下图所示。

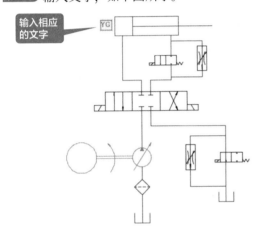

第13步 单击鼠标继续对其他元件进行标注，最后按【Esc】键退出文字命令，结果如下图所示。

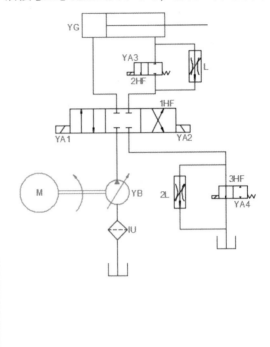

绘制沙发

　　绘制沙发主要用到多段线、点样式、定数等分、直线、圆弧等绘图命令。除了绘图命令外，还要用到偏移、分解、圆角和修剪等编辑命令，关于这些编辑命令的具体用法，请参考第5章的相关内容。

　　绘制沙发的具体操作步骤和顺序如表4-8所示。

表4-8 绘制沙发

步骤	方法	结果	备注
1	通过多段线命令绘制多段线		

步骤	方法	结果	备注
2	1. 将绘制的多段线向内侧偏移 100 2. 将偏移后的多段线分解 3. 分解后将两条水平直线向各内侧偏移 500		偏移命令相关内容参见第 5 章
3	1. 设置合适的点样式、点的大小及显示形式 2. 定数等分		
4	1. 使用直线命令绘制两条长度为 500 的竖直线，然后用直线将缺口处连接起来 2. 绘制两条半径为 900 的圆弧和一条半径为 3500 的圆弧		这里的圆弧采用"起点、端点、半径"的方式绘制，绘制时，注意逆时针选择起点和端点
5	1. 选择所有的等分点并将其删除 2. 使用圆角命令创建两个半径为 250 的圆角		关于圆角命令参见第 5 章

1. 如何绘制底边不与水平方向平齐的正多边形

用输入半径值的方法绘制多边形时，所绘制的多边形底边都与水平方向平齐，这是因为多边形底边自动与事先设定好的捕捉旋转角度对齐，而这个角度 AutoCAD 默认为 0。通过输入半径值绘制底边不与水平方向平齐的多边形有两种方法，一是通过输入相对极坐标绘制，二是通过修改系统变量来绘制。下面就来绘制一个外切圆半径为 200，底边与水平方向成 30°的正六边形，具体步骤如下。

第 1 步 新建一个图形文件，然后在命令行输入【POL】并按空格键，根据命令行提示进行如下操作。

```
命令：POLYGON
输入侧面数 <4>: 6
指定正多边形的中心点或 [边(E)]:
```

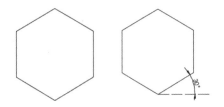

```
//任意单击一点作为圆心
输入选项 [内接于圆(I)/外切于圆(C)] <I>: C
指定圆的半径: @200<60
```

第2步 正六边形绘制完成后, 结果如下图所示。

| 提示 |

除了输入极坐标的方法外, 通过修改系统参数 "SNAPANG" 也可以完成上述多边形的绘制, 操作步骤如下。

(1) 在命令行输入【SANPANG】命令并按空格键, 将新的系统值设置为30。

```
命令: SANPANG
输入SANPANG的新值 <0>: 30
```

(2) 在命令行输入【POL】命令并按空格键, AutoCAD 提示如下。

```
命令: POLYGON
输入侧面数 <4>: 6
指定正多边形的中心点或 [边(E)]:
//任意单击一点作为多边形的中心
输入选项 [内接于圆(I)/外切于圆(C)] <I>: C
指定圆的半径: 200
```

---

2. 绘制圆弧的七要素

想要弄清圆弧命令的所有选项似乎不太容易, 但是只要能够理解圆弧中所包含的各种要素, 那么就能根据需要选择圆弧绘制命令了。如左下图是绘制圆弧时可以使用的各种要素。

除了知道绘制圆弧所需要的要素外, 还要了解 AutoCAD 提供的绘制圆弧选项的流程示意图, 开始执行 ARC 命令时, 只有两个选项: 指定起点和圆心, 要根据已有信息选择后面的选项。如右下图是绘制圆弧时的流程图。

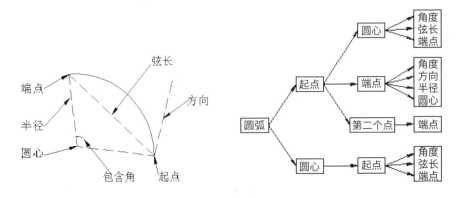

第5章

编辑二维图形

📖 本章导读

  编辑就是对图形的修改，实际上，编辑也是绘图过程的一部分。单纯使用绘图命令，只能创建一些基本的图形对象，如果要绘制复杂的图形，在很多情况下必须借助图形编辑命令。AutoCAD 2022 提供了强大的图形编辑功能，可以帮助用户合理地构造和组织图形，既保证绘图的精确性，又简化了绘图操作步骤，极大地提高了绘图效率。

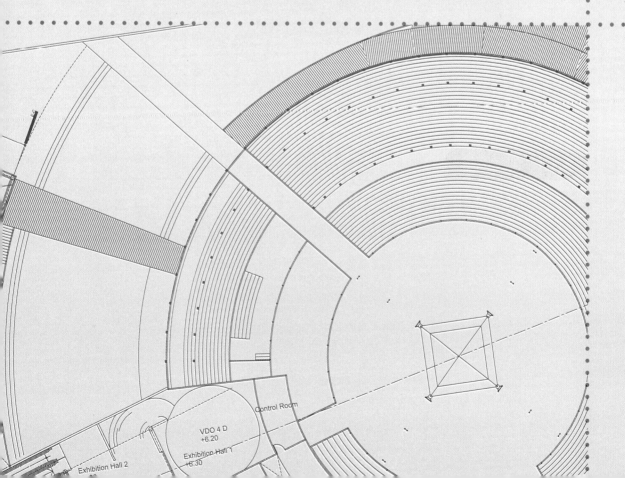

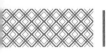
5.1 绘制工装定位板

工装，即工艺装备，是制造过程中所用的各种工具的总称，包括刀具、夹具、模具、量具、检具、辅具、钳工工具、工位器具等，工装为其通用简称。

本节我们以某工装定位板为例，来介绍圆角、偏移、复制、修剪、镜像、旋转、阵列及倒角等二维编辑命令的应用。工装定位板绘制完成后如下图所示。

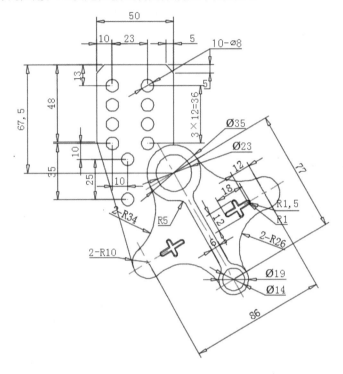

5.1.1 创建图层

在绘图之前，首先创建如下图所示的中心线和轮廓线两个图层，并将"中心线"图层置为当前图层。

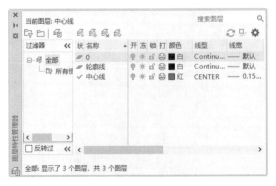

5.1.2　创建定位线

在绘图之前，首先用点划线确定要绘制的图形的位置，具体操作步骤如下。

第1步 单击【默认】选项卡【绘图】面板的【直线】按钮，绘制一条长度为114的水平直线，如下图所示。

第2步 重复第1步，继续绘制直线，当命令行提示指定直线的第一点时，按住【Shift】键并单击鼠标右键，在弹出的快捷菜单中选择【自】，如下图所示。

第3步 捕捉第1步绘制的直线的端点作为基点，如下图所示。

第4步 分别输入直线的第一点和第二点，命令如下。

```
<偏移>: @22.5,22.5
指定下一点或 [放弃(U)]: @0,-45
指定下一点或 [放弃(U)]:          ✓
```

第5步 竖直中心线绘制完成后，结果如下图所示。

第6步 重复第2步~第4步，绘制另一条竖直线，命令如下。

```
命令: _LINE
指定第一个点: fro 基点:
//捕捉水平直线的A点
<偏移>: @-14.5,14.5
指定下一点或 [放弃(U)]: @0,-29
指定下一点或 [放弃(U)]:          ✓
命令: LINE
指定第一个点: fro 基点:
//捕捉水平直线的B点
<偏移>: @40,58
指定下一点或 [放弃(U)]: @0,-30
指定下一点或 [放弃(U)]:          ✓
命令: LINE
指定第一个点: fro 基点:
//捕捉水平直线的C点
<偏移>: @-15, -15
指定下一点或 [放弃(U)]: @30,0
指定下一点或 [放弃(U)]:          ✓
```

第7步 定位线绘制完毕后，结果如下图所示。

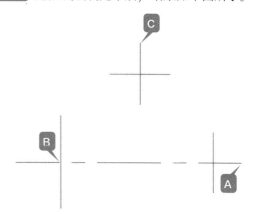

第8步 选中最后绘制的两条直线，如下图所示。

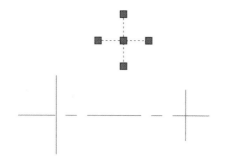

第9步 单击【默认】选项卡【修改】面板的【镜像】按钮，如下图所示。

提示

　　除了通过面板调用镜像命令外，还可以通过以下方法调用镜像命令。
　　·执行【修改】→【镜像】菜单命令。
　　·在命令行输入【MIRROR/MI】命令并按空格键。

第 10 步 分别捕捉第 1 步绘制的水平直线的两个端点为镜像线上的第一点和第二点，最后选中不删除源对象，结果如下图所示。

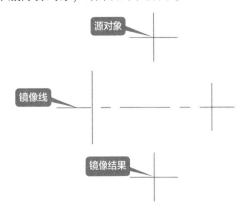

提示

　　默认情况下，镜像文字对象时，不更改文字的方向。如果要反转文字，请将 MIRRTEXT 系统变量设置为 1，如下图所示。

第 11 步 单击【默认】选项卡【特性】面板的【线型】下拉按钮，选择【其他】，在弹出的【线型管理器】对话框中将全局比例因子改为 0.5，如下图所示。

第 12 步 全局比例因子修改后，结果如下图所示。

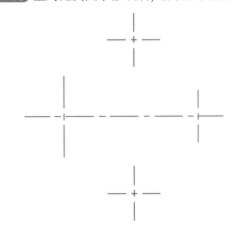

5.1.3 绘制定位孔和外轮廓

　　定位孔和外轮廓的绘制主要用到圆、圆角和修剪命令。其中，在绘制定位孔时，要多次应用圆命令，因此，可以通过"MULTIPLE"重复指定圆命令来绘制圆。
　　绘制定位孔和外轮廓的具体操作步骤如下。

第1步 单击【默认】选项卡【图层】面板的【图层】下拉按钮，选择"轮廓线"图层，将其置为当前图层，如下图所示。

第2步 在命令行输入"MULTIPLE"，然后输入要重复调用的圆命令，具体如下。

```
命令: MULTIPLE
输入要重复的命令名: C
//输入圆命令的简写
CIRCLE
指定圆的圆心或 [三点(3P)/两点(2P)/切
点、切点、半径(T)]:
//捕捉中心线的交点或中点
指定圆的半径或 [直径(D)]: 11.5
CIRCLE
指定圆的圆心或 [三点(3P)/两点(2P)/切
点、切点、半径(T)]:
//捕捉中心线的交点或中点
指定圆的半径或 [直径(D)] <11.5000>:
17.5
CIRCLE
指定圆的圆心或 [三点(3P)/两点(2P)/切
点、切点、半径(T)]:
//捕捉中心线的交点或中点
指定圆的半径或 [直径(D)] <17.5000>:
10
CIRCLE
指定圆的圆心或 [三点(3P)/两点(2P)/切
点、切点、半径(T)]:
//捕捉中心线的交点或中点
指定圆的半径或 [直径(D)] <10.0000>:
10
CIRCLE
指定圆的圆心或 [三点(3P)/两点(2P)/切
点、切点、半径(T)]:
//捕捉中心线的交点或中点
指定圆的半径或 [直径(D)] <10.0000>:
7
CIRCLE
指定圆的圆心或 [三点(3P)/两点(2P)/切
点、切点、半径(T)]:
//捕捉中心线的交点或中点
指定圆的半径或 [直径(D)] <7.0000>:
9.5
```

```
CIRCLE
指定圆的圆心或 [三点(3P)/两点(2P)/切
点、切点、半径(T)]: *取消*
//按【Esc】键取消重复命令
```

第3步 圆绘制完成后，结果如下图所示。

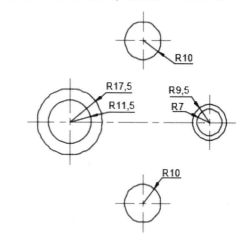

第4步 单击【默认】选项卡【修改】面板的【圆角】按钮，如下图所示。

│ 提示 │ :::::::

　　除了通过面板调用圆角命令外，还可以通过以下方法调用圆角命令。

　　·执行【修改】→【圆角】菜单命令。

　　·在命令行输入【FILLET/F】命令并按空格键。

第5步 根据命令行提示进行如下设置。

```
命令: _FILLET
当前设置: 模式 = 修剪, 半径 = 0.0000
选择第一个对象或 [放弃(U)/多段线(P)/
半径(R)/修剪(T)/多个(M)]: R
指定圆角半径 <0.0000>: 34
选择第一个对象或 [放弃(U)/多段线(P)/
半径(R)/修剪(T)/多个(M)]: M
```

第6步 选择要圆角的第一个对象，如下图所示。

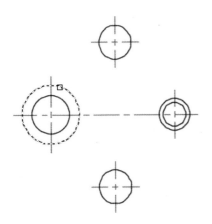

第7步 选择要圆角的第二个对象，结果如下图所示。

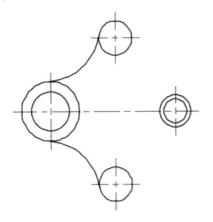

第8步 第一个圆角操作完成后，继续选择另外两个圆进行圆角，结构如下图所示。

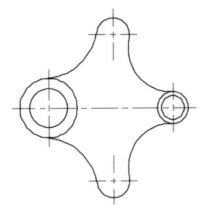

第9步 第二个圆角操作完成后，重新设置下面将要进行圆角的对象的半径，命令如下。

选择第一个对象或 [放弃(U)/多段线(P)/半径(R)/修剪(T)/多个(M)]: R

指定圆角半径 <34.0000>: 26

第10步 重新设置半径后，继续选择需要圆角的对象，圆角结束后按空格键退出命令，结果如下图所示。

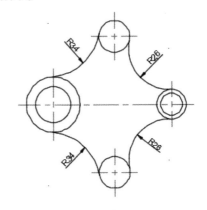

第11步 单击【默认】选项卡【修改】面板的【修剪】按钮，如下图所示。

提示

除了通过面板调用修剪命令外，还可以通过以下方法调用修剪命令。

· 执行【修改】→【修剪】菜单命令。

· 在命令行输入【TRIM/TR】命令并按空格键。

第12步 选择两个半径为10的圆要修剪的部分，结果如下图所示。

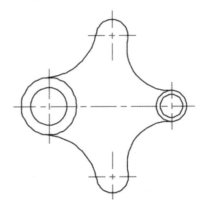

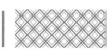

AutoCAD 中圆角命令创建的是外圆角，圆角对象可以是两个二维对象，也可以是三维实体的相邻面。在两个二维对象之间创建相切的圆弧，在三维实体两个曲面或相邻面之间创建弧形过渡。

使用圆角命令对各种圆角对象进行圆角操作的步骤如表 5-1 所示。

表 5-1　对各种圆角对象进行圆角操作的步骤

对象分类	创建分类		创建过程	创建结果	备注
二维对象	创建普通圆角	修剪	1. 选择第一个对象 2. 选择第二个对象		创建的弧的方向和长度由对象拾取点的位置确定，始终选择距离希望绘制的圆角端点的位置最近的对象
		不修剪			
	创建锐角		1. 选择第一个对象 2. 选择第二个对象时按住 Shift 键		在按住【Shift】键时，将为当前圆角半径值分配临时的零值
	圆角对象为圆时，圆不用进行修剪，绘制的圆角将与圆平滑地相连		1. 选择第一个对象 2. 选择第二个对象		

续表

对象分类	创建分类	创建过程	创建结果	备注
二维对象	圆角对象为多段线	1. 提示选择第一个对象时输入"P" 2. 选择多段线对象		
三维对象	边	选择边		如果选择汇聚于顶点构成长方体角点的三条或三条以上的边,则当三条边之间的三个圆角半径都相同时,顶点将混合以形成球体的一部分
	链	选择边		在单边和连续相切边之间更改选择模式,称为链选择。如果选择沿三维实体一侧的边,则将选中与选定边接触的相切边
	循环	在三维实体或曲面的面上指定边循环		对于任何边,有两种可能的循环,选择循环边后,系统将提示接受当前选择,或选择相邻循环

5.1.4 绘制加强筋

加强筋的学名叫"加劲肋",主要作用有两个,一是在有应力集中的地方起到传力作用,二是为了保证梁柱腹板局部稳定而设立的区格边界。

本例中加强筋的绘制有两种方法,一种是通过偏移、打断和圆角命令来绘制加强筋,另一种是通过偏移、圆角和修剪命令来绘制加强筋。

1. 使用偏移、打断、圆角命令绘制加强筋

第1步 单击【默认】选项卡【修改】面板的【偏移】按钮,如下图所示。

┤ 提示 ├

除了通过面板调用偏移命令外,还可以通过以下方法调用偏移命令。

· 执行【修改】→【偏移】菜单命令。

· 在命令行输入【OFFSET/O】命令并按空格键。

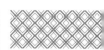

第2步 在命令行设置将偏移后的对象放置到当前图层并设置偏移距离，具体命令如下。

```
命令：_OFFSET
当前设置：删除源=否  图层=源  OFF-
SETGAPTYPE=0
指定偏移距离或 [通过(T)/删除(E)/图层
(L)] <通过>：L
输入偏移对象的图层选项 [当前(C)/源
(S)] <源>：C
指定偏移距离或 [通过(T)/删除(E)/图层
(L)] <通过>：3
```

第3步 设置完成后，选择水平中心线为偏移对象，然后单击指定偏移的方向，如下图所示。

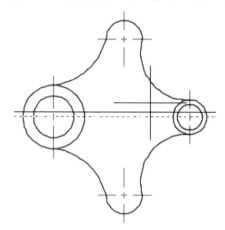

第4步 继续选择中心线为偏移对象，并指定偏移方向，偏移完成后按空格键结束命令，如下图所示。

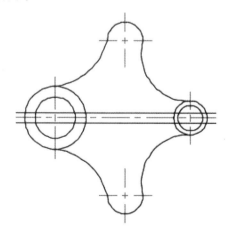

第5步 单击【默认】选项卡【修改】面板的【打断】按钮，如下图所示。

| 提示 |

除了通过面板调用打断命令外，还可以通过以下方法调用打断命令。

· 执行【修改】→【打断】菜单命令。

· 在命令行输入【BREAK/BR】命令并按空格键。

第6步 选择大圆为打断对象，当命令行提示指定第二个打断点时输入"F"，重新指定第一个打断点，命令如下。

```
命令：_BREAK
选择对象：
//选择半径为17.5的圆
指定第二个打断点 或 [第一点(F)]：F
```

| 提示 |

显示的提示取决于选择对象的方式，如果使用定点设备选择对象，AutoCAD 程序将选择对象并将选择点视为第一个打断点。当然，在下一个提示下，用户可以通过输入"F"重新指定第一个打断点。

第7步 重新指定第一个打断点，如下图所示。

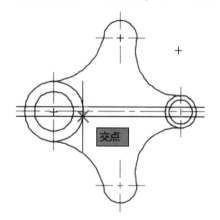

第8步 指定第二个打断点，如下图所示。

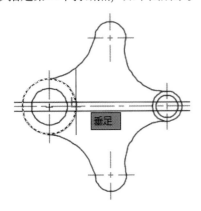

---| 提示 |----

如果第二个打断点不在对象上，AutoCAD 将选择对象上与该点最接近的点。

如果打断对象是圆，要注意两个点的选择顺序，默认打断的是逆时针方向上的那段圆弧。

如果在提示指定第二个打断点时输入"@"，则将对象在第一个打断点处一分为二，而不删除任何对象，该操作相当于【打断于点】命令，需要注意的是，这种操作不适合闭合对象（如圆）。

第9步 打断完成后结果如下图所示。

2. 使用偏移、圆角、修剪命令绘制加强筋

利用偏移、圆角、修剪命令绘制加强筋，前面偏移步骤相同，这里直接从圆角开始绘图。

第1步 单击【默认】选项卡【修改】面板的【圆角】按钮，对偏移后的直线和圆进行圆角，半径为5，如下图所示。

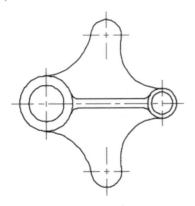

第10步 单击【默认】选项卡【修改】面板的【圆角】按钮，对打断后的圆和直线进行圆角，半径为5如下图所示。

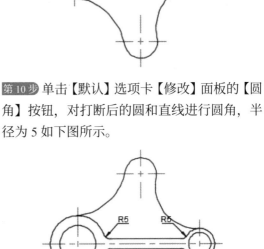

第2步 单击【默认】选项卡【修改】面板的【修剪】按钮，单击圆在几个圆角之间的部分，将其修剪掉，然后按空格键或【Enter】键结束修剪命令，如下图所示。

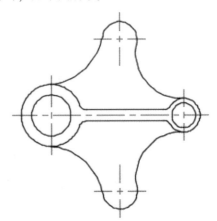

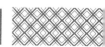
偏移命令按照指定的距离创建与选定对象平行或同心的几何对象。偏移的结果与选择的偏移对象和设定的偏移距离有关。不同对象或不同偏移距离偏移后的对比如表 5-2 所示。

表 5-2　不同对象或不同偏移距离偏移后的对比

偏移类型	偏移结果	备注
圆或圆弧	向内偏移　向外偏移	如果偏移圆或圆弧，则会创建更大或更小的同心圆或圆弧，变大还是变小具体取决于向哪一侧偏移
直线		如果偏移的是直线，将生成平行于原始对象的直线，这时偏移命令相当于复制命令
样条曲线和多段线		样条曲线和多段线在偏移距离小于可调整的距离时，结果是完整的样条曲线或多段线
		样条曲线和多段线在偏移距离大于可调整的距离时，将自动进行修剪

5.1.5　绘制定位槽的槽型

绘制定位槽的关键是绘制槽型。绘制槽型有多种方法，可以通过圆、复制、直线、修剪命令绘制，也可以通过矩形、圆角命令绘制，还可以直接通过矩形命令绘制。

1. 通过圆、复制、直线、修剪命令绘制槽型

第1步 单击【默认】选项卡【绘图】面板的【圆】按钮，以中心线的中点为圆心，绘制一个半径为 1.5 的圆，如下图所示。

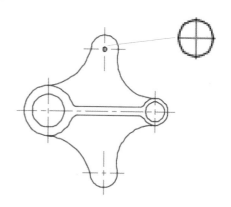

第2步 单击【默认】选项卡【修改】面板的【复制】按钮，如下图所示。

| 提示 |

除了通过面板调用复制命令外，还可以通过以下方法调用复制命令。

· 执行【修改】→【复制】菜单命令。

· 在命令行输入【COPY/CO/CP】命令并按空格键。

第3步 选择第2步绘制的圆为复制对象，任意单击一点作为复制的基点，当命令行提示指定复制的第二点时输入"@0,–15"，然后按空格键结束命令，如下图所示。

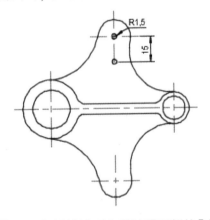

第4步 单击【默认】选项卡【绘图】面板的【直线】按钮 ∕，然后按住【Shift】键单击鼠标右键，在弹出的快捷菜单中选择【切点】选项，如下图所示。

第5步 在圆上捕捉切点，如下图所示。

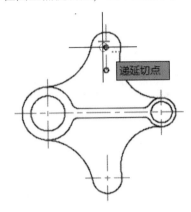

第6步 重复捕捉另一个圆的切点，将它们连接起来，如下图所示。

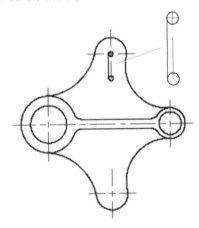

第7步 重复执行直线命令，绘制另一条与两圆相切的直线，如下图所示。

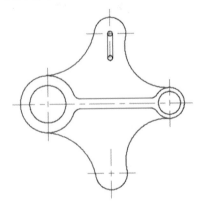

第8步 单击【默认】选项卡【修改】面板的【修剪】按钮，单击两直线之间的圆，将其修剪掉之后，槽型即绘制完毕，如下图所示。

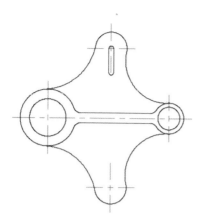

第9步 单击【默认】选项卡【修改】面板的【移动】按钮，如下图所示。

| 提示 | ::::::::

除了通过面板调用移动命令外，还可以通过以下方法调用移动命令。

· 执行【修改】→【移动】菜单命令。

· 在命令行输入【MOVE/M】命令并按空格键。

第10步 选择绘制的槽型为移动对象，然后任意单击一点作为移动的基点，如下图所示。

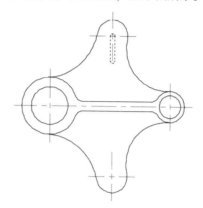

第11步 输入移动的第二点"@0,-12"，结果如下图所示。

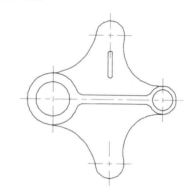

在 AutoCAD 中，指定复制距离的方法有两种，一种是通过两点指定距离，另一种是通过相对坐标指定距离。例如，本例中使用的就是通过相对坐标指定距离。两种指定距离的方法具体操作步骤如表 5-3 所示。

表 5-3　指定复制距离

绘制方法	绘制步骤	结果图形	相应命令行显示

通过两点指定距离	1. 调用复制命令
	2. 选择复制对象
	3. 捕捉复制基点（右图中的点 1）
	4. 指定复制的第二点（右图中的点 2）
			命令：　COPY
			选择对象：找到16个
			选择对象：　↙
			当前设置：　复制模式 = 多个
			指定基点或 [位移(D)/模式(O)] <位移>：
			//捕捉点1
			指定第二个点或 [阵列(A)] <使用第一个点作为位移>：
			//捕捉第二点
			指定第二个点或 [阵列(A)/退出(E)/放弃(U)] <退出>：　↙

绘制方法	绘制步骤	结果图形	相应命令行显示
通过相对坐标指定距离	1. 调用复制命令 2. 选择复制对象 3. 任意单击一点作为复制的基点 4. 输入距离基点的相对坐标	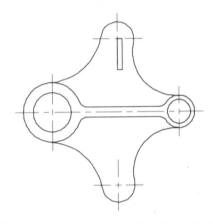	命令：COPY 选择对象：找到16个 选择对象：↙ 当前设置：复制模式 = 多个 指定基点或 [位移(D)/模式(O)] <位移>： //任意单击一点作为基点 指定第二个点或 [阵列(A)] <使用第一个点作为位移>：@0,-765 指定第二个点或 [阵列(A)/退出(E)/放弃(U)] <退出>：↙

| 提示 |

通过移动命令指定距离的方法和通过复制命令指定距离的方法相同。

2. 通过矩形、圆角命令绘制槽型

第1步 单击【默认】选项卡【绘图】面板的【矩形】按钮，捕捉如下图所示的中点为矩形第一角点。

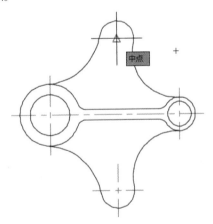

第2步 输入矩形第二角点坐标"@-3,-18"，结果如下图所示。

第3步 单击【默认】选项卡【修改】面板的【圆角】按钮，设置圆角的半径为1.5，然后对绘制的矩形进行圆角，结果如下图所示。

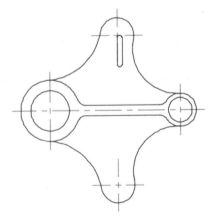

第4步 单击【默认】选项卡【修改】面板的【移动】按钮，选择绘制的槽型为移动对象，然后任意单击一点作为移动的基点，如下图所示。

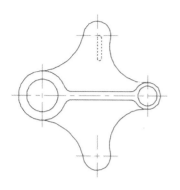

第3步 输入矩形第二角点坐标 "@-3,-18"，结果如下图所示。

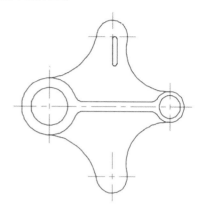

第5步 输入移动的第二点 "@-1.5,-10.5"，结果如下图所示。

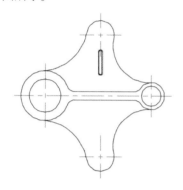

第4步 单击【默认】选项卡【修改】面板的【移动】按钮，选择绘制的槽型为移动对象，然后任意单击一点作为移动的基点。

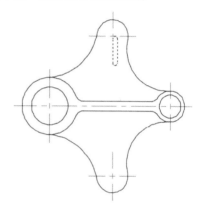

3. 通过矩形命令绘制槽型

第1步 单击【默认】选项卡【修改】面板的【矩形】按钮，并设置矩形的圆角半径，命令如下。

```
命令: _RECTANG
指定第一个角点或 [倒角(C)/标高(E)/圆
角(F)/厚度(T)/宽度(W)]: F
指定矩形的圆角半径 <0.0000>: 1.5
```

第2步 圆角半径设置完成后，捕捉如下图所示的中点为矩形的第一角点。

第5步 输入移动的第二点 "@-1.5,-10.5"，结果如下图所示。

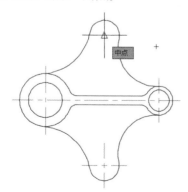

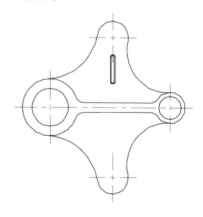

5.1.6 绘制定位槽

定位槽的槽型绘制完成后，通过偏移、旋转、拉伸、修剪、镜像命令即可得到如下图所示的定位槽。定位槽的具体绘制步骤如下。

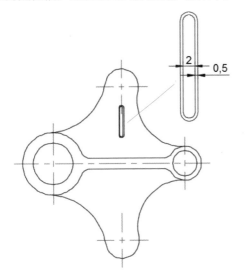

第1步 单击【默认】选项卡【修改】面板的【偏移】按钮，设置偏移距离为0.5，然后选择上节绘制的槽型为偏移对象，将它向内侧偏移，如下图所示。

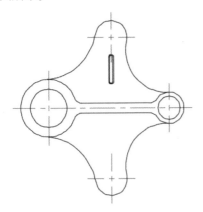

第2步 单击【默认】选项卡【修改】面板的【旋转】按钮，如下图所示。

| 提示 | ::::::::

除了通过面板调用旋转命令外，还可以通过以下方法调用旋转命令。

· 执行【修改】→【旋转】菜单命令。

· 在命令行输入【ROTATE/RO】命令并按空格键。

第3步 选择槽型为旋转对象，然后按住【Shift】键单击鼠标右键，在弹出的快捷菜单中选择【几何中心】选项，如下图所示。

第4步 捕捉槽型的几何中心为旋转基点，如下图所示。

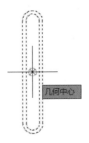

第5步 当命令行提示指定旋转角度时输入"C"，然后输入旋转角度90。

```
指定旋转角度，或 [复制(C)/参照(R)]
<0>：  C  旋转一组选定对象。
指定旋转角度，或 [复制(C)/参照(R)]
<0>：  90
```

第6步 旋转并复制槽型后，结果如下图所示。

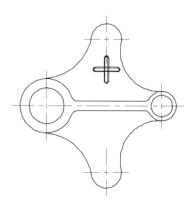

第7步 单击【默认】选项卡【修改】面板的【拉伸】按钮，如下图所示。

| 提示 |

除了通过面板调用拉伸命令外，还可以通过以下方法调用拉伸命令。

·执行【修改】→【拉伸】菜单命令。

·在命令行输入【STRETCH/S】命令并按空格键。

第8步 从右向左拖动鼠标，选择拉伸的对象，如下图所示。

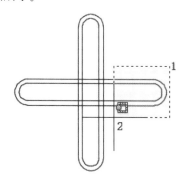

| 提示 |

拉伸命令在选择对象时必须从右向左选择，对全部选中的对象进行移动操作，部分选中的对象进行拉伸操作。例如，本例中直线被拉伸，而圆弧则是被移动。

第9步 选择对象后任意单击一点作为拉伸的基点，如下图所示。

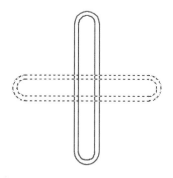

第10步 输入相对坐标指定拉伸的第二点"@–3,0"，拉伸完成后结果如下图所示。

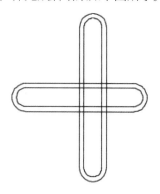

| 提示 |

拉伸命令的指定距离和移动、复制指定距离的方法相同。

第11步 重复第7步~第10步，将横向定位槽的另一端向右拉伸3，结果如下图所示。

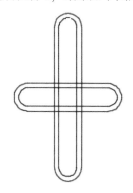

第12步 单击【默认】选项卡【修改】面板的【修剪】按钮，对横竖两个槽型进行修剪，将相交

的部分修剪掉，结果如下图所示。

第13步 单击【默认】选项卡【修改】面板的【镜像】按钮，选择修剪后的槽型为镜像对象，如下图所示。

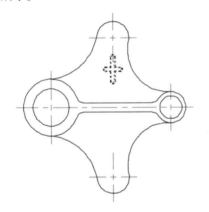

第14步 捕捉水平中心线上的两个端点为镜像线上的两点，如下图所示。

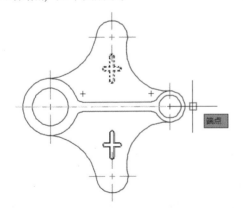

第15步 镜像后结果如下图所示。

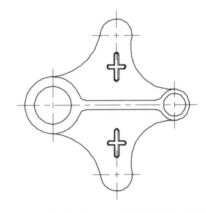

第16步 单击【默认】选项卡【修改】面板的【旋转】按钮，选择所有图形为旋转对象，并捕捉如下图所示的圆心为旋转基点。

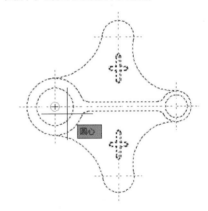

第17步 输入旋转的角度300，结果如下图所示。

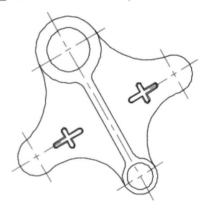

  调用旋转命令后，选择不同的选项可以进行不同的操作。例如，可以直接输入旋转角度旋转对象，可以在旋转的同时复制对象，还可以将选定的对象从指定参照角度旋转到绝对角度。旋转命令各选项的应用如表5-4所示。

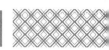

表 5-4　旋转命令各选项的应用

命令选项	绘制步骤	结果图形	相应命令行显示
输入旋转角度旋转对象	1.调用旋转命令 2.指定旋转基点 3.输入旋转角度		命令：_ROTATE UCS 当前的正角方向： ANGDIR=逆时针 ANGBASE=0 选择对象：找到7个 选择对象：✓ 指定基点： //捕捉圆心 指定旋转角度，或 [复制 (C)/参照(R)] <0>： 270
旋转的同时复制对象	1.调用旋转命令 2.指定旋转基点 3.输入"C" 4.输入旋转角度		命令：_ROTATE UCS 当前的正角方向： ANGDIR=逆时针 ANGBASE=0 选择对象：找到7个 选择对象：✓ 指定基点： //捕捉圆心 指定旋转角度，或[复制 (C)/参照(R)]<270>：C 旋转一组选定对象。 指定旋转角度，或 [复制 (C)/参照(R)] <0>： 270

基点、圆心、角度	1.调用旋转命令
	2.指定旋转基点
	3.输入"R"
	4.指定参照角
	5.输入新的角度
			命令：ROTATE
			UCS 当前的正角方向：
			ANGDIR=逆时针
			ANGBASE=0
			选择对象：指定对角点：
			找到7个
			选择对象：✓
			指定基点：
			//捕捉圆心
			指定旋转角度，或 [复制
			(C)/参照(R)]<0>：R
			指定参照角 <90>：
			//捕捉上步的圆心为参照
			角的第一点
			指定第二点：
			//捕捉中点为参照角的第
			二点
			指定新角度或 [点(P)]
			<90>：90

5.1.7 绘制工装定位板的其他部分

工装定位板的其他部分主要用到直线、圆、移动、阵列、复制和倒角命令。

工装定位板的其他部分的绘制过程如下。

第1步 单击【默认】选项卡【绘图】面板的【直线】按钮，根据命令行提示进行如下操作。

```
命令: _LINE
指定第一个点:    //捕捉圆的象限点
指定下一点或 [放弃(U)]: @0,50
指定下一点或 [放弃(U)]: @-50,0
指定下一点或 [闭合(C)/放弃(U)]:
@0,-48
指定下一点或 [闭合(C)/放弃(U)]: tan
到
//捕捉切点
指定下一点或 [闭合(C)/放弃(U)]:
✓
```

第2步 直线绘制完成后，结果如下图所示。

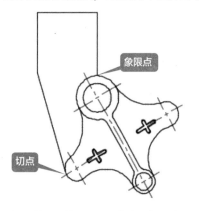

第3步 单击【默认】选项卡【绘图】面板的【圆】按钮，以直线的交点为圆心，绘制一个半径为4的圆，如下图所示。

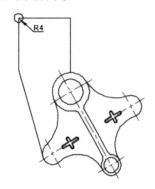

第4步 单击【默认】选项卡【修改】面板的【移动】按钮，选择第3步绘制的圆为移动对象，任意单击一点作为移动的基点，然后输入移动的第二点"@10,-13"，如下图所示。

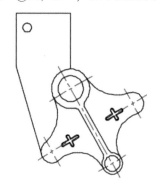

第5步 单击【默认】选项卡【修改】面板的【阵列】选项的【矩形阵列】按钮，如下图所示。

| 提示 |

除了通过面板调用阵列命令外，还可以通过以下方法调用阵列命令。

· 执行【修改】→【阵列】菜单命令，选择一种阵列。

· 在命令行输入【ARRAY/AR】命令并按空格键。

第6步 选择移动后的圆为阵列对象，按空格键确认，在弹出的【阵列创建】选项卡中对行和列进行如下图所示的设置。

		列		行	
矩形	列数	2	行数	4
	介于	23	介于	-12
类型	总计	23	总计	-36

第 7 步 设置完成后单击【关闭阵列】按钮，结果如下图所示。

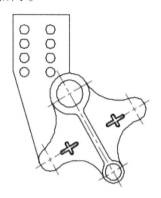

第 8 步 单击【默认】选项卡【修改】面板的【复制】按钮，选择左下角的圆为复制对象，结果如下图所示。

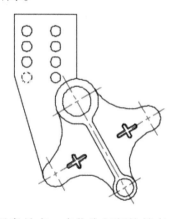

第 9 步 任意单击一点作为复制的基点，然后分别输入"@10,-10"和"@10,-35"作为两个复制对象的第二点，如下图所示。

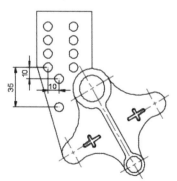

第 10 步 单击【默认】选项卡【修改】面板的【倒角】按钮，如下图所示。

| 提示 | :::::::::

除了通过面板调用倒角命令外，还可以通过以下方法调用倒角命令。

·执行【修改】→【倒角】菜单命令。

·在命令行输入【CHAMFER/CHA】命令并按空格键。

第 11 步 根据命令行提示设置倒角的距离，命令如下。

```
命令: _CHAMFER
("修剪"模式) 当前倒角距离 1 =
0.0000, 距离 2 = 0.0000
选择第一条直线或 [放弃(U)/多段线(P)/
距离(D)/角度(A)/修剪(T)/方式(E)/多
个(M)]: D
指定 第一个 倒角距离 <0.0000>: 5
指定 第二个 倒角距离 <5.0000>:
↙
选择第一条直线或 [放弃(U)/多段线(P)/
距离(D)/角度(A)/修剪(T)/方式(E)/多
个(M)]: M
```

第 12 步 选择需要倒角的第一条直线，如下图所示。

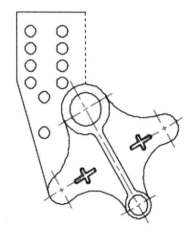

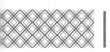

第 13 步 选择需倒角的第二条直线, 如下图所示。

第 14 步 重复选择需要倒角的直线进行倒角, 最终结果如下图所示。

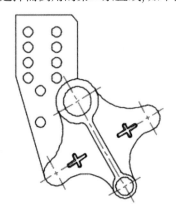

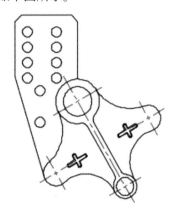

　　AutoCAD 中阵列的形式有三种, 即矩形阵列、路径阵列和极轴 (环形) 阵列, 选择的阵列类型不同, 对应的【创建阵列】选项卡的操作也不相同。各种阵列的应用如表 5-5 所示。

表 5-5　各种阵列的应用

阵列类型	绘制步骤	结果图形	备注
矩形阵列	1. 调用矩形命令 2. 选择阵列对象 3. 设置【创建阵列】选项板	单层 2层	1. 不关联 在弹出的【阵列创建】选项卡中, 如果设置为不关联, 则创建后各对象是单个独立的对象, 可以单独编辑 2. 关联 在弹出的【阵列创建】选项卡中, 如果设置为关联, 则创建后各对象是一个整体 (可以通过分解命令解除阵列的关联性) 选择任意一个对象, 即可弹出【阵列】选项卡, 在该选项卡中可以对阵列对象进行更改列数、行数、层数, 以及列间距、行间距及层间距的操作 选择【编辑来源】选项, 可以对阵列对象进行单个编辑 选择【替换项目】选项, 可以对阵列中的某个或某几个对象进行替换 选择【重置矩阵】选项, 则重新恢复到最初的阵列结果 3. 层数 如果阵列的层数为多层, 可以通过三维视图, 如西南等轴测、东南等轴测等视图观察阵列效果

续表

阵列类型	绘制步骤	结果图形	备注
路径阵列	1. 调用路径阵列命令 2. 选择阵列对象 3. 选择阵列路径 4. 设置【阵列创建】选项板	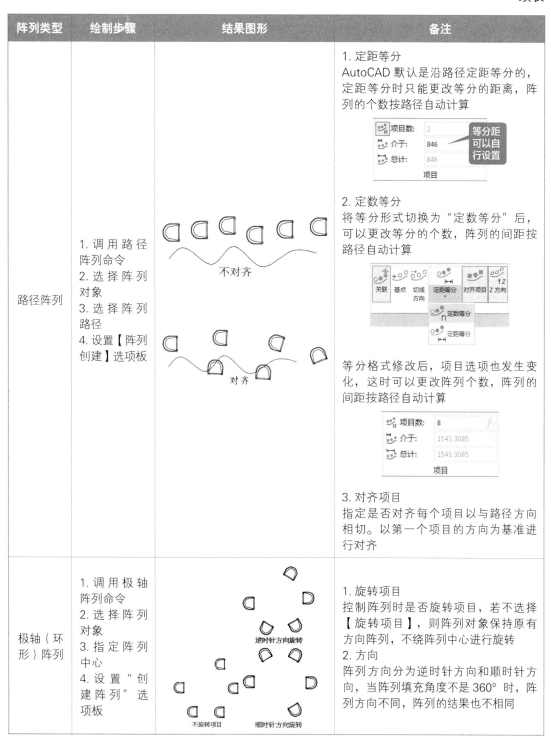	1. 定距等分 AutoCAD 默认是沿路径定距等分的，定距等分时只能更改等分的距离，阵列的个数按路径自动计算 2. 定数等分 将等分形式切换为"定数等分"后，可以更改等分的个数，阵列的间距按路径自动计算 等分格式修改后，项目选项也发生变化，这时可以更改阵列个数，阵列的间距按路径自动计算 3. 对齐项目 指定是否对齐每个项目以与路径方向相切。以第一个项目的方向为基准进行对齐
极轴（环形）阵列	1. 调用极轴阵列命令 2. 选择阵列对象 3. 指定阵列中心 4. 设置"创建阵列"选项板		1. 旋转项目 控制阵列时是否旋转项目，若不选择【旋转项目】，则阵列对象保持原有方向阵列，不绕阵列中心进行旋转 2. 方向 阵列方向分为逆时针方向和顺时针方向，当阵列填充角度不是 360° 时，阵列方向不同，阵列的结果也不相同

倒角（或斜角）是使用成角的直线连接两个二维对象，或在三维实体的相邻面之间创建成角度的面。倒角除了本节中介绍的通过等距离创建外，还可以通过不等距离创建、通过角度创建及创建三维实体面之间的倒角等。倒角的各种创建方法如表 5-6 所示。

表 5-6　倒角的各种创建方法

对象分类	创建分类		创建过程	创建结果	备注
二维对象	通过距离创建	等距离	1. 调用倒角命令 2. 输入 "D" 并输入两个距离值 3. 选择第一个对象 4. 选择第二个对象		等距离时，两个对象的选择没有先后顺序；不等距离时，两个对象的选择顺序不同，结果也不相同。当距离为 0 时，使两个不相交的对象相交并创建尖角，如下图所示
		不等距离			
	通过角度创建		1. 调用倒角命令 2. 输入 "A" 并指定第一条直线的长度和第一条直线的倒角角度 3. 选择第一个对象 4. 选择第二个对象		通过角度创建倒角时，创建的结果和选择的第一个对象有关。当角度为 0 时，使两个不相交的对象相交并创建尖角，如下图所示
	为多段线设置倒角		1. 调用倒角命令 2. 输入 "D" 或 "A" 3. 如果输入 "D"，指定两个倒角距离；如果输入 "A"，指定第一个倒角距离和角度 4. 输入 "P"，然后选择要倒角的多段线		

续表

对象分类	创建分类	创建过程	创建结果	备注
三维对象	不修剪	1. 调用倒角命令 2. 输入 "D" 或 "A" 3. 如果输入 "D"，指定两个倒角距离；如果输入 "A"，指定第一个倒角距离和角度 4. 输入 "T"，然后选择不修剪 5. 选择两个要倒角的对象	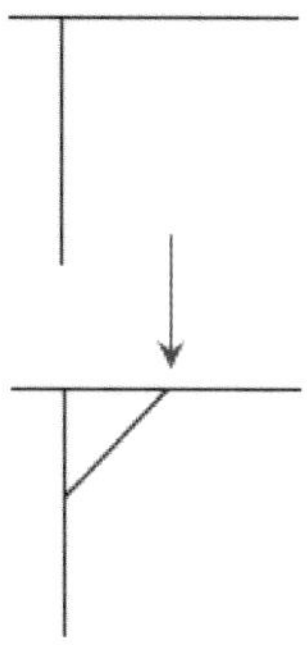	
	边	1. 调用倒角命令 2. 选择边并确定该边所在的面 3. 指定两倒角距离 4. 选择边	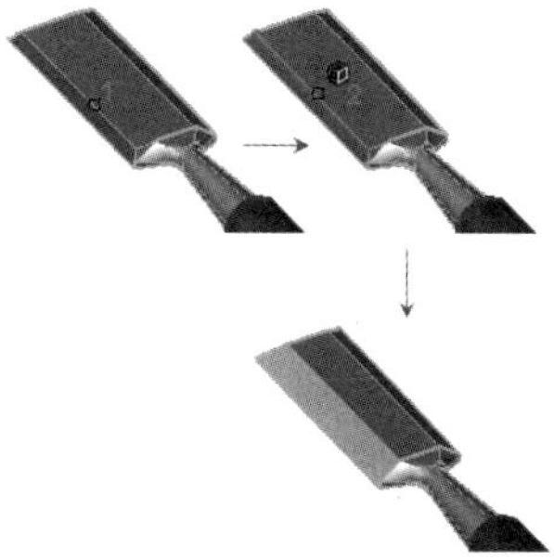	选择边后，如果AutoCAD默认的面不是想要的面，可以输入 "N" 切换到相邻的面 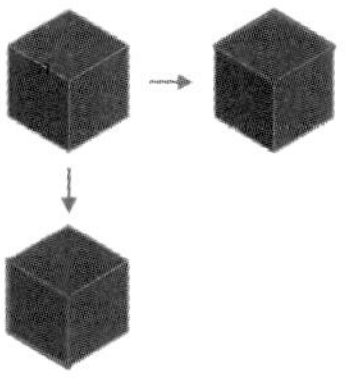
	环	1. 调用倒角命令 2. 选择边并确定该边所在的面 3. 指定两倒角距离 4. 输入 "L"，然后选择边	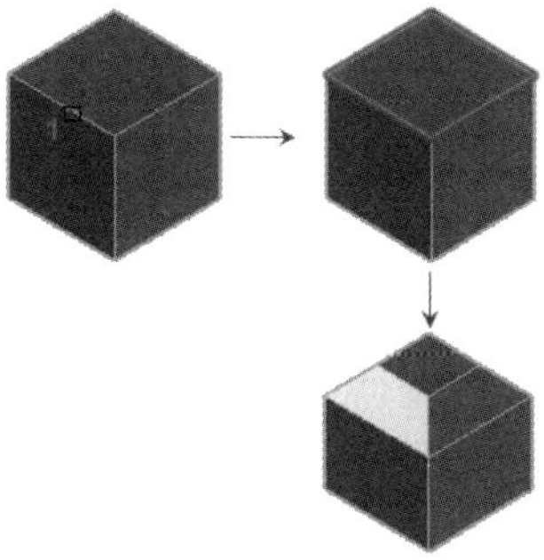	

5.2 绘制模具主视图

本例中的模具主视图是一个左右对称的图形，因此，可以绘制图形的一侧，然后通过镜像得到整个图形。

5.2.1 创建图层

在绘图之前，首先要创建如下图所示的两个图层，并将轮廓线图层置为当前图层。

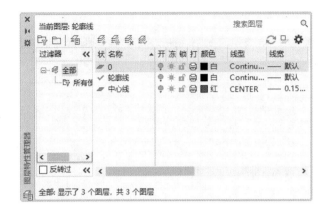

5.2.2 绘制左侧外轮廓

绘制左侧外轮廓主要用到直线、倒角、偏移和夹点编辑命令，前面介绍了通过等距离创建倒角，本节介绍通过角度和不等距离创建倒角，另外，除了前面介绍的调用拉伸命令的方法，还可以通过夹点编辑来执行拉伸操作。

左侧外轮廓的具体绘制步骤如下。

第1步 单击【默认】选项卡【绘图】面板的【直线】按钮，根据命令行提示进行如下操作。

```
命令：_LINE
指定第一个点：
//任意单击一点作为第一点
指定下一点或 [放弃(U)]：@-67.5,0
指定下一点或 [放弃(U)]：@0,-19
指定下一点或 [闭合(C)/放弃(U)]：
@-91,0
指定下一点或 [闭合(C)/放弃(U)]：
@0,37.5
指定下一点或 [闭合(C)/放弃(U)]：
@23,0
指定下一点或 [闭合(C)/放弃(U)]：
@0,169
指定下一点或 [闭合(C)/放弃(U)]：
@24,0
指定下一点或 [闭合(C)/放弃(U)]：
@0,13
指定下一点或 [闭合(C)/放弃(U)]：
@62.5,0
指定下一点或 [闭合(C)/放弃(U)]：
@0,-27
指定下一点或 [闭合(C)/放弃(U)]：
@49,0
指定下一点或 [闭合(C)/放弃(U)]：c
```

第2步 直线绘制完成后如下图所示。

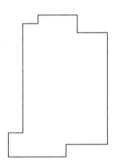

第3步 单击【默认】选项卡【修改】面板的【倒角】按钮，根据命令行提示进行如下设置。

```
命令：_CHAMFER
（"修剪"模式）当前倒角距离 1 =
0.0000，距离 2 = 0.0000
选择第一条直线或 [放弃(U)/多段线(P)/
距离(D)/角度(A)/修剪(T)/方式(E)/多
个(M)]：A
指定第一条直线的倒角长度 <10.0000>：
23
指定第一条直线的倒角角度 <15>：60
```

第4步 当命令行提示选择第一条直线时，选择如下图所示的横线。

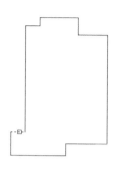

第 5 步 当命令行提示选择第二条直线时，选择竖直线，倒角创建完成后，如下图所示。

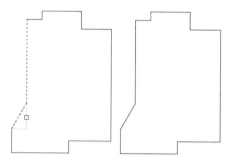

第 6 步 重复第 3 步，调用倒角命令，根据命令行提示进行如下设置。

```
命令: _CHAMFER
("修剪"模式) 当前倒角长度 =
23.0000, 角度 = 60
选择第一条直线或 [放弃(U)/多段线(P)/
距离(D)/角度(A)/修剪(T)/方式(E)/多
个(M)]: D
指定 第一个 倒角距离 <0.0000>: 16
指定 第二个 倒角距离 <16.0000>: 27
```

第 7 步 当命令行提示选择第一条直线时，选择如下图所示的横线。

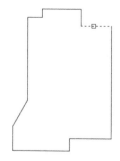

第 8 步 当命令行提示选择第二条直线时，选择竖直线，倒角创建完成后如下图所示。

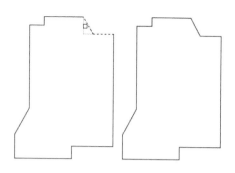

第 9 步 单击【默认】选项卡【修改】面板的【偏移】按钮，输入偏移距离 16.5，然后选择最右侧竖直线将它向左偏移，如下图所示。

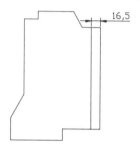

第 10 步 选中最右侧的直线，单击其最上端端点，如下图所示。

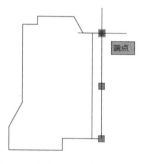

第 11 步 向上拖动鼠标，在合适的位置单击，如下图所示。

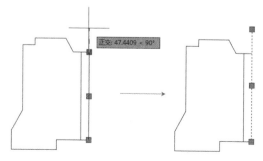

第 12 步 重复第 10 步～第 11 步，选中最下端的夹点，然后向下拖动鼠标，在合适的位置单击

确定直线的长度，如下图所示。

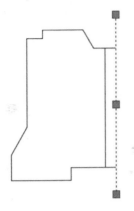

第13步 单击【默认】选项卡【图层】面板的【图层】下拉按钮，并选择"中心线"图层，将竖直线切换到中心线图层上，如下图所示。

第14步 修改完成后按【Esc】键退出选择，结果如下图所示。

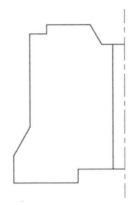

5.2.3 绘制模具左侧的孔

绘制模具左侧的孔主要用到偏移、拉长、圆和镜像命令。

模具左侧的孔的绘制步骤如下。

第1步 单击【默认】选项卡【修改】面板的【偏移】按钮，输入偏移距离55，然后选择最右侧竖直线将它向左偏移，如下图所示。

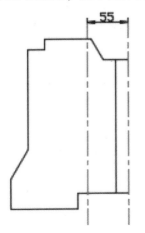

第2步 重复第1步，将右侧竖直线向左侧偏移42，如下图所示。

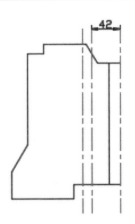

第3步 重复第1步，将底边水平线向上分别偏移87和137，如下图所示。

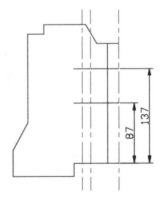

第4步 选择偏移后的两条直线，将它们切换到中心线图层，如下图所示。

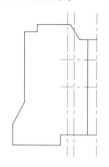

第5步 单击【默认】选项卡【绘图】面板【圆】选项的【圆心、半径】按钮，捕捉中心线的交点为圆心，绘制半径分别为 12 和 8 的圆，如下图所示。

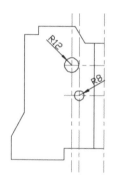

第6步 单击【默认】选项卡【修改】面板的【拉长】按钮，如下图所示。

| 提示 |

除了通过面板调用拉长命令外，还可以通过以下方法调用拉长命令。

·执行【修改】→【拉长】菜单命令。

·在命令行输入【LENGTHEN/LEN】命令并按空格键。

第7步 当命令行提示选择测量方式时，选择"动态"拉长方式，命令如下。

```
命令：    LENGTHEN
选择要测量的对象或 [增量(DE)/百分比(P)/总计(T)/动态(DY)] <动态(DY)>:↵
```

第8步 当命令行提示选择要修改的对象时，选择如下图所示的中心线。

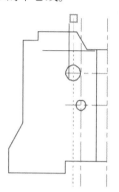

第9步 拖动鼠标在合适的位置单击，确定新的端点，结果如下图所示。

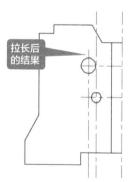

第10步 重复第6步~第8步，对其他中心线也进行拉长操作，结果如下图所示。

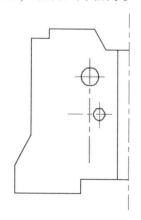

第 11 步 选择如下图所示的中心线。

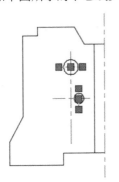

第 12 步 单击【默认】选项卡【特性】面板右下角的 ↘ 按钮，在弹出的【特性】面板中将线型比例改为 0.5，如下图所示。

第 13 步 按【Esc】键退出选择后，结果如下图所示。

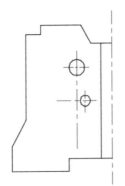

第 14 步 单击【默认】选项卡【修改】面板的【镜像】按钮，选择如下图所示的圆和中心线为镜

像对象，然后捕捉水平中心线的端点为镜像线上的第一点。

第 15 步 选择中心线的另一个端点为镜像线上第二点，然后选择不删除源对象，结果如下图所示。

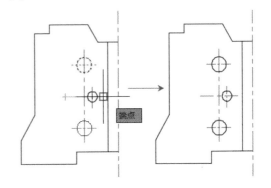

第 16 步 重复第 14 步～第 15 步，将半径为 8 的圆和短竖直中心线沿长竖直中心线镜像，结果如下图所示。

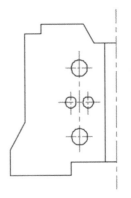

5.2.4 绘制模具左侧的槽

绘制模具左侧的槽主要用到偏移、圆角、打断于点、旋转和延伸命令。

模具左侧的槽的绘制步骤如下。

第1步 单击【默认】选项卡【修改】面板的【偏移】按钮，输入偏移距离 100，然后选择最右侧竖直线将它向左偏移，如下图所示。

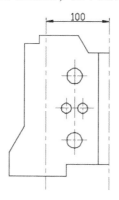

第2步 重复偏移命令，将右侧的竖直线向左侧分别偏移 72.5 和 94.5，如下图所示。

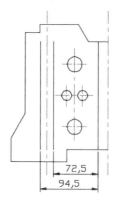

第3步 重复偏移命令，将顶部和底部两条水平直线向内侧分别偏移 23 和 13，如下图所示。

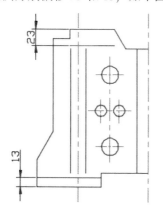

第4步 单击【默认】选项卡【修改】面板的【圆角】按钮，然后进行如下设置。

```
命令：_FILLET
当前设置：模式 = 修剪，半径 = 0.0000
选择第一个对象或 [放弃(U)/多段线(P)/
半径(R)/修剪(T)/多个(M)]：R
指定圆角半径 <0.0000>：11
选择第一个对象或 [放弃(U)/多段线(P)/
半径(R)/修剪(T)/多个(M)]：M
```

第5步 选择需要倒角的两条直线，选择时，注意选择直线的位置，如下图所示。

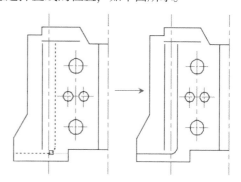

第6步 继续选择需要倒角的直线进行倒角，结果如下图所示。

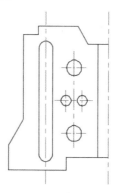

第7步 选中最左侧的竖直中心线，通过夹点拉伸对中心线的长度进行调节，如下图所示。

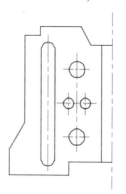

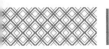
第8步 单击【默认】选项卡【修改】面板的【偏移】按钮，将底边直线向上偏移67，如下图所示。

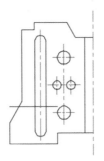

第9步 单击【默认】选项卡【修改】面板的【打断于点】按钮，如下图所示。

| 提示 |

1.除了通过面板调用【打断于点】命令外，还可以在命令行输入【BREAKATPOINT】命令并按空格键。此外，可以通过按【Enter】键（或空格键）重复功能区上的【在点处打断】命令。

2.【打断】命令在指定第一个打断点后，当命令提示指定第二个打断点时，输入"@"，效果等同于【打断于点】命令。

第10步 选择右侧的直线为打断对象，然后捕捉其垂足点为打断点，直线打断后分成两段，如下图所示。

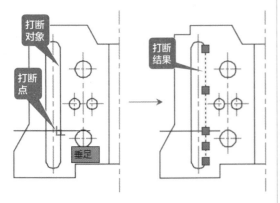

第11步 重复第9步~第10步，将槽的中心线和左侧直线也打断，并删除第8步偏移的直线，如下图所示。

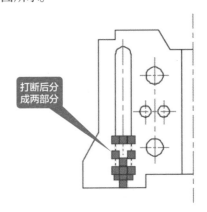

第12步 单击【默认】选项卡【修改】面板的【旋转】按钮，选中上图中所选中的对象为旋转对象，然后捕捉中心线的端点为基点，如下图所示。

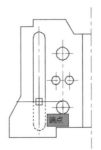

第13步 输入旋转角度-30，结果如下图所示。

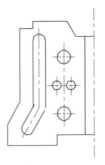

第14步 单击【默认】选项卡【修改】面板的【延伸】按钮，如下图所示。

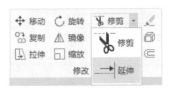

| 提示 | ::::::::

除了通过面板调用延伸命令外，还可以通过以下方法调用延伸命令。

· 执行【修改】→【延伸】菜单命令。

· 在命令行输入【EXTEND/EX】命令并按空格键。

第15步 根据命令行提示，进行如下操作。

```
命令：_EXTEND
当前设置：投影=UCS，边=无，模式=快速
选择要延伸的对象，或按住Shift键选择要修剪的对象或 [边界边(B)/窗交(C)/模式(O)/
投影(P)]：O
输入延伸模式选项 [快速(Q)/标准(S)] <快速(Q)>：S
选择要延伸的对象，或按住Shift键选择要修剪的对象或 [边界边(B)/栏选(F)/窗交(C)/
模式(O)/投影(P)/边(E)/放弃(U)]：E
输入隐含边延伸模式 [延伸(E)/不延伸(N)] <不延伸>：E
选择要延伸的对象，或按住Shift键选择要修剪的对象或 [边界边(B)/栏选(F)/窗交(C)/
模式(O)/投影(P)/边(E)/放弃(U)]：
……
//选择右侧竖直线和倾斜线
选择要延伸的对象，或按住Shift键选择要修剪的对象或 [边界边(B)/栏选(F)/窗交(C)/
模式(O)/投影(P)/边(E)/放弃(U)]：
//按住Shift键，选择左侧相交直线超出的部分将其修剪掉
选择要延伸的对象，或按住Shift键选择要修剪的对象或 [边界边(B)/栏选(F)/窗交(C)/
模式(O)/投影(P)/边(E)/放弃(U)]：
//按空格键退出命令
```

结果如下图所示。

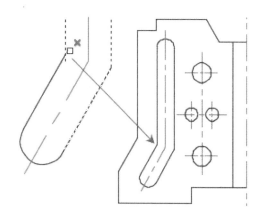

| 提示 | ::::::::

当延伸命令提示选择延伸对象时，按住【Shift】键，此时延伸命令变成修剪命令。同理，当修剪命令提示选择修剪对象时，按住【Shift】键，此时修剪命令变成延伸命令。

修剪和延伸是相反的操作，修剪可以通过缩短对象，使修剪对象精确地终止于其他对象定义的边界；延伸则是通过拉长对象，使延伸对象精确地终止于其他对象定义的边界。

修剪与延伸的操作及注意事项如表5-7所示。

表 5-7　修剪与延伸的操作及注意事项

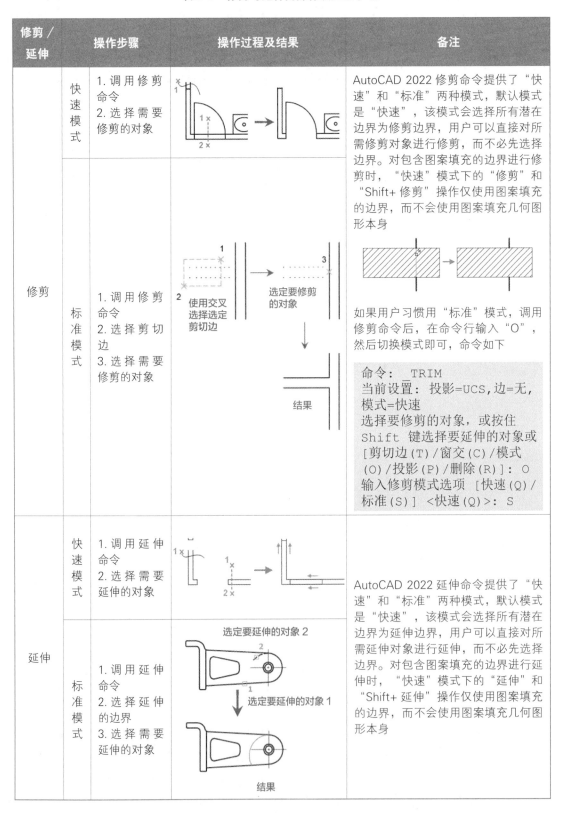

修剪／延伸		操作步骤	操作过程及结果	备注
修剪	快速模式	1. 调用修剪命令 2. 选择需要修剪的对象		AutoCAD 2022 修剪命令提供了"快速"和"标准"两种模式，默认模式是"快速"，该模式会选择所有潜在边界为修剪边界，用户可以直接对所需修剪对象进行修剪，而不必先选择边界。对包含图案填充的边界进行修剪时，"快速"模式下的"修剪"和"Shift+ 修剪"操作仅使用图案填充的边界，而不会使用图案填充几何图形本身
	标准模式	1. 调用修剪命令 2. 选择剪切边 3. 选择需要修剪的对象		如果用户习惯用"标准"模式，调用修剪命令后，在命令行输入"O"，然后切换模式即可，命令如下 命令：_TRIM 当前设置：投影=UCS,边=无,模式=快速 选择要修剪的对象，或按住Shift 键选择要延伸的对象或 [剪切边(T)/窗交(C)/模式(O)/投影(P)/删除(R)]：O 输入修剪模式选项 [快速(Q)/标准(S)] <快速(Q)>：S
延伸	快速模式	1. 调用延伸命令 2. 选择需要延伸的对象		AutoCAD 2022 延伸命令提供了"快速"和"标准"两种模式，默认模式是"快速"，该模式会选择所有潜在边界为延伸边界，用户可以直接对所需延伸对象进行延伸，而不必先选择边界。对包含图案填充的边界进行延伸时，"快速"模式下的"延伸"和"Shift+ 延伸"操作仅使用图案填充的边界，而不会使用图案填充几何图形本身
	标准模式	1. 调用延伸命令 2. 选择延伸的边界 3. 选择需要延伸的对象		

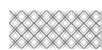

修剪或延伸的如果是二维宽多段线，在二维宽多段线的中心线上进行修剪和延伸。宽多段线的端点始终是正方形的，以某一角度修剪宽多段线会导致端点部分延伸出剪切边。

如果要修剪或延伸锥形的二维多段线，请更改延伸末端的宽度以将原锥形延长到新端点。如果此修正给该线段指定一个负的末端宽度，则末端宽度被强制为 0。

选定边界　　　　　　　　要延伸的多段线　　　　　结果

5.2.5 绘制模具的另一半

该模具是左右对称结构，绘制完左侧部分后，只需要将左半部分沿中心线进行镜像，即可得到右半部分。

模具另一半的绘制步骤如下。

第1步 单击【默认】选项卡【修改】面板的【镜像】按钮，选择左半部分为镜像对象，如下图所示。

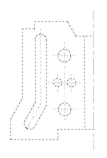

第2步 捕捉竖直中心的两个端点为镜像线上的两点，然后选择不删除源对象，镜像后结果如下图所示。

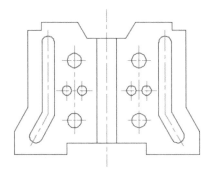

第3步 单击【默认】选项卡【修改】面板的【合并】按钮。

除了通过面板调用合并命令外，还可以通过以下方法调用合并命令。

· 执行【修改】→【合并】菜单命令。

· 在命令行输入【JOIN/J】命令并按空格键。

第4步 选择如下图所示的 4 条直线为合并对象，如下图所示。

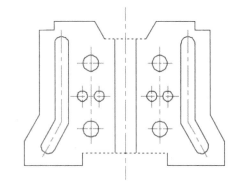

第5步 按空格键或【Enter】键将选择的 4 条直线合并成两条多段线，合并前后对比如下图所示。

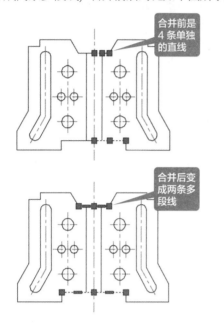

合并前是 4 条单独的直线

合并后变成两条多段线

| 提示 |

构造线、射线和闭合的对象无法合并。

合并对象的规则和生成的对象类型如下。

- 合并共线可产生直线对象。直线的端点之间可以有间隙。
- 合并具有相同圆心和半径的共面圆弧可产生圆弧或圆对象。圆弧的端点之间可以有间隙，以逆时针方向进行加长。如果合并的圆弧形成完整的圆，则产生圆对象。
- 将样条曲线、椭圆弧或螺旋合并在一起或者合并到其他对象，可产生样条曲线对象。这些对象可以不共面。
- 合并共面直线、圆弧、多段线或三维多段线可产生多段线对象。
- 合并不是弯曲对象的非共面对象，可产生三维多段线。

绘制定位压盖

定位压盖是对称结构，因此，在绘图时只需要绘制 1/4 结构，然后通过阵列（或镜像）即可得到整个图形。绘制定位压盖主要用到直线、圆、偏移、修剪、阵列和圆角等命令。

绘制定位压盖的具体操作步骤如表 5-8 所示。

表 5-8　绘制定位压盖的步骤

步骤	创建方法	结　　果	备　注
1	1. 创建两个图层：中心线图层和轮廓线图层 2. 将中心线图层置为当前图层，绘制中心线和辅助线（圆）	*15°　R70*	可以先绘制一条直线，然后以圆心为基点，通过阵列命令得到所有直线。注意阵列个数为 4，填充角度为 135°

续表

步骤	创建方法	结　　　果	备　注
2	1. 将轮廓线图层置为当前图层，绘制半径分别为 20/25/50/60 的圆 2. 通过偏移命令将 45° 中心线向两侧各偏移 3.5 3. 通过修剪命令对偏移后的直线进行修剪	R60/50/25/20	偏移直线时将偏移结果放置到当前图层 调用修剪命令后，如果是"快速"模式，则输入"t"，然后分别选择半径为 25 和 50 的圆为剪切边进行修剪，对于本例，使用剪切边修剪比直接进行修剪更快捷
3	1. 在 45° 直线和辅助圆的交点处绘制半径为 5 和 10 的同心圆 2. 通过半径为 10 的图和辅助圆的切点绘制两条直线	R10/5	
4	1. 以两条直线为剪切边，对半径为 10 的圆进行修剪 2. 修剪完成后选择直线、圆弧、半径为 5 的圆及两条平行线段进行环形阵列 3. 阵列后对相交直线的锐角处进行半径为 10 的圆角	R10	

1. 修剪孤岛对象

　　修剪时由于选择对象的先后顺序不同，经常会留下孤岛对象，对于孤岛对象，很多人会退出修剪命令，然后调用删除命令将其删除，其实在 AutoCAD 中不用退出修剪命令，也可以直接将其删除，具体操作步骤如下。

第1步 打开随书配套资源中的"素材 \CH05\ 修剪孤岛对象"文件，如下图所示。

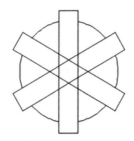

第2步 单击【默认】选项卡【修改】面板的【修剪】按钮，然后按住鼠标左键，滑动鼠标对图形进行修剪，如下图所示。

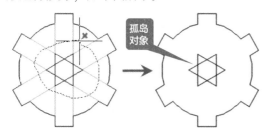

第3步 不退出修剪命令，输入"R"，然后按住鼠标左键，滑动鼠标选择孤岛对象，即可将其删除，如下图所示。

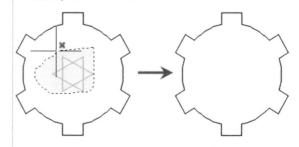

┌─| 提示 |┈┈┈┈┈┈┈┈

　　如果孤岛对象比较简单，如一条直线，则直接单击选择即可将其删除，而不必输入"R"后再进行选择删除。

2. 为什么延伸对象无法延伸到选定的边界？

　　延伸对象延伸后明明是可以相交的，可就是无法延伸到选定的边界，这可能是选择了延伸边不延伸的原因。延伸边开启与关闭时的操作分别如下。

不开启"延伸边"时的操作如下。

第1步 打开随书配套资源中的"素材 \CH05\ 延伸到选定的边界"文件，如下图所示。

第2步 单击【默认】选项卡【修改】面板的【延伸】按钮 ⟶│，然后选择两条直线为延伸边界的边，如下图所示。

第3步 单击一条直线将它向另一条直线延伸，命令行提示"路径不与边界相交"，如下图所示。

选择要延伸的对象，或按住 Shift 键选择要修剪的对象，或[栏选(F)/窗交(C)/投影(P)/边(E)/放弃(U)]：
路径不与边界相交。

开启"延伸边"时的操作如下

第1步 单击【默认】选项卡【修改】面板的【延伸】按钮 ⟶│，将延伸切换为"标准"模式，当命令行提示选择要延伸的对象时，输入"E"，并将模式设置为延伸模式，命令提示如下。

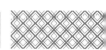

命令：_EXTEND
当前设置：投影=UCS，边=无，模式=快速
选择要延伸的对象，或按住Shift键选择要修剪的对象或 [边界边(B)/窗交(C)/模式(O)/投影(P)]：O
输入延伸模式选项 [快速(Q)/标准(S)] <快速(Q)>：S
选择要延伸的对象，或按住 Shift 键选择要修剪的对象，或[栏选(F)/窗交(C)/投影(P)/边(E)/放弃(U)]： E
输入隐含边延伸模式 [延伸(E)/不延伸(N)] <不延伸>：E

第2步 分别选择两条直线使它们相交，如下图所示。

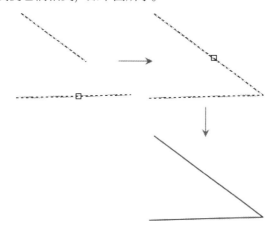

| 提示 |

"边（E）"选项只有在"标准"模式下才会显示。

第6章

绘制和编辑复杂对象

本章导读

　　AutoCAD 可以满足用户的多种绘图需求，一种图形可以通过多种方式来绘制，如平行线可以用两条直线来绘制，但是用多线绘制会更为快捷准确。

　　本章以栅栏为例，介绍利用多线、样条曲线、多段线、填充、复制、阵列、修剪等命令来绘制和编辑复杂对象的方法与技巧。

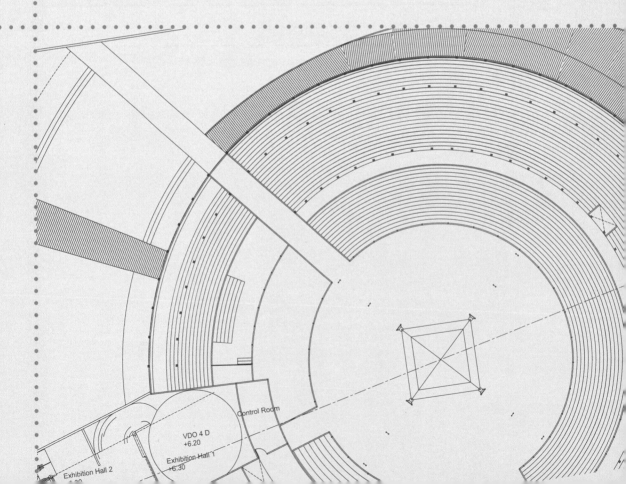

6.1 绘制栅栏柱和栅栏板

本节主要通过多线、复制、矩形阵列、修剪等命令绘制栅栏柱和栅栏板，绘制完成后如下图所示。

6.1.1 创建图层

在绘图之前，首先创建如下图所示的"栏杆"和"填充"两个图层，并将"栏杆"图层置为当前图层。

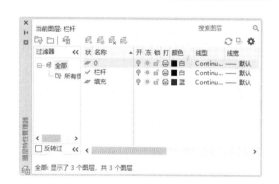

6.1.2 设置多线样式

多线样式控制元素的数目、每个元素的特性及背景色和每条多线的端点封口。

设置多线样式的具体操作步骤如下。

第1步 单击【格式】选项卡【多线样式】菜单命令，如下图所示。

　　除了通过菜单调用多线样式命令外，还可以在命令行输入【MLSTYLE】并按空格键。

第2步 在弹出的【多线样式】对话框单击【新建】按钮，如下图所示。

第3步 在弹出的【创建新的多线样式】对话框中输入新样式名称"栅栏"，如下图所示。

第4步 单击【继续】按钮，弹出【新建多线样式:栅栏】对话框。在其中添加说明，并选择填充颜色，如下图所示。

第5步 完成后单击【确定】按钮，系统会自动返回【多线样式】对话框，选择"栅栏"多线样式，并单击【置为当前】按钮，将栅栏多线样式置为当前，然后单击【确定】按钮，如下图所示。

6.1.3　绘制栅栏柱和栅栏板

　　栅栏柱和栅栏板主要通过多线命令来绘制，其具体操作步骤如下。

第1步 单击【绘图】选项卡【多线】菜单命令，如下图所示。

　　除了通过菜单调用多线命令外，还可以在命令行输入【MLINE/ML】并按空格键。

第2步 根据命令行提示对多线的"比例"及"对正"方式进行设置，并绘制多线，如下图所示。

```
命令：MLINE
当前设置：对正 = 上，比例 = 20.00，
样式 = 栏杆
指定起点或 [对正(J)/比例(S)/样式
(ST)]：J
```

输入对正类型 [上(T)/无(Z)/下(B)] <
上>: Z
当前设置: 对正 = 无，比例 = 20.00，
样式 = 栏杆
指定起点或 [对正(J)/比例(S)/样式
(ST)]: 0,0
指定下一点: 0,2000
指定下一点或 [放弃(U)]:
//按空格键结束命令
命令: MLINE
当前设置: 对正 = 无，比例 = 20.00，
样式 = 栏杆
指定起点或 [对正(J)/比例(S)/样式
(ST)]:
-110,150
指定下一点: @2200,0
指定下一点或 [放弃(U)]:
//按空格键结束命令

| 提示 | ::::::::

　本例中的定义宽度为"0.5-（-0.5=1"，
所以，当设置比例为 20 时，绘制的多线之间的
宽度为 20。

结果如下图所示。

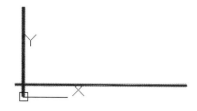

第3步 单击【默认】选项卡【修改】面板的【复
制】按钮，将竖直栅栏柱和水平栅栏板分别向
右和向左复制，复制距离如下图所示。

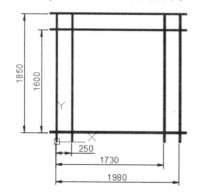

第4步 单击【默认】选项卡【修改】面板的【矩

形阵列】按钮 □□，选择多线为阵列对象，参
数设置如下图所示。

第5步 单击【关闭阵列】按钮，结果如下图所示。

阵列
对象

第6步 单击【默认】选项卡【修改】面板的【修
剪】按钮，对多线进行修剪，结果如下图所示。

| 提示 | ::::::::

　修剪时，当命令行提示输入多线连接选项
时，选择"闭合"。

　　多线的对正方式有上、无、下三种，不同
的对正方式绘制出来的多线也不相同。比例控
制多线的全局宽度，该比例不影响线型比例。
具体的对正方式和比例如表 6-1 所示。

表 6-1　对正方式和比例

对正方式／比例	图例显示	备注
上对正		当对正方式为上对正时，在光标下方绘制多线，因此在指定点处将会出现具有最大正偏移值的直线
无对正		当对正方式为"无"时，将光标作为原点绘制多线，因此 MLSTYLE 命令中"元素特性"的偏移 0.0 将在指定点处
下对正		当对正方式为"下"时，在光标上方绘制多线，因此在指定点处将出现具有最大负偏移值的直线
比例	比例为 1　　　　比例为 2	该比例基于在多线样式定义中建立的宽度。比例因子为 2 绘制多线时，其宽度是样式定义的宽度的两倍。负比例因子将翻转偏移线的次序，当从左至右绘制多线时，偏移最小的多线绘制在顶部。负比例因子的绝对值也会影响比例。比例因子为 0 将使多线变为单一的直线

6.2 绘制栅栏横向带板

本节主要通过样条曲线、复制、矩形阵列、修剪、多线编辑等命令绘制栅栏横向带板，绘制完成后如下图所示。

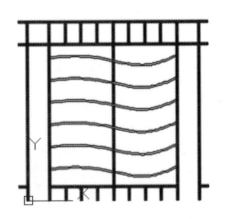

6.2.1　绘制横向带板

绘制横向带板的具体操作步骤如下。

第1步 单击【默认】选项卡【绘图】面板的【样条曲线拟合】按钮 ，如下图所示。

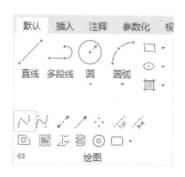

第2步 根据命令行提示进行如下操作。

```
命令：_SPLINE
当前设置：方式=拟合    节点=弦
指定第一个点或 [方式(M)/节点(K)/对象
(O)]：135,325
输入下一个点或 [起点切向(T)/公差
(L)]：550,360
输入下一个点或 [端点相切(T)/公差(L)/
放弃(U)]：980,310
输入下一个点或 [端点相切(T)/公差(L)/
放弃(U)/闭合(C)]：1340,255
输入下一个点或 [端点相切(T)/公差(L)/
放弃(U)/闭合(C)]：1865,430
输入下一个点或 [端点相切(T)/公差(L)/
放弃(U)/闭合(C)]：
//按空格键结束命令
```

绘制完成后如下图所示。

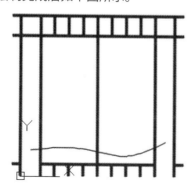

第3步 调用【修剪】命令，对刚绘制的样条曲线进行修剪，结果如下图所示。

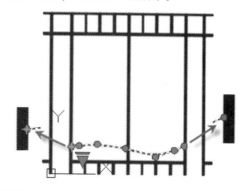

第4步 调用【复制】命令，将修剪后的样条曲线向上复制20，如下图所示。

第5步 调用【矩形阵列】命令，选择两条样条曲线为阵列对象，参数设置如下图所示。

第6步 阵列后结果如下图所示。

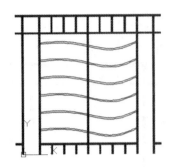

第7步 调用【修剪】命令，将样条曲线之间的
多线修剪掉，结果如下图所示。

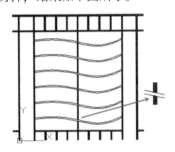

　　和多段线一样，样条曲线也有专门的编辑命令——SPLINEDIT。调用样条曲线编辑命令的
方法通常有以下几种。

- 单击【默认】选项卡【修改】面板中的【编辑样条曲线】按钮 。
- 执行【修改】→【对象】→【样条曲线】菜单命令。
- 在命令行中输入【SPLINEDIT/SPE】命令并按空格键。
- 双击要编辑的样条曲线。

　　执行样条曲线编辑命令后，命令行提示如下。

输入选项 [闭合(C)/合并(J)/拟合数据(F)/编辑顶点(E)/转换为多段线(P)/反转(R)/放
弃(U)/退出(X)] <退出>：

6.2.2　通过编辑完善横向带板

　　多线有自己的编辑工具，通过【多线编辑
工具】对话框，可以对多线进行十字闭合、T
形闭合、十字打开、T形打开、十字合并、T
形合并等操作。在进行多线编辑时，注意选择
多线的顺序，选择对象的顺序不同，编辑的结
果也不相同。

　　通过多线编辑命令，可以对绘制的横向带
板进行编辑完善，具体操作步骤如下。

第1步 选中左侧栅栏，可以看到编辑前如下图
所示。

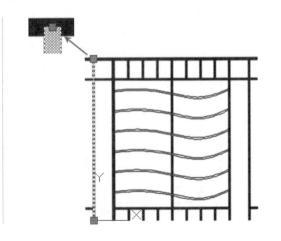

第2步 单击【修改】选项卡【对象】的【多线】菜单命令，弹出【多线编辑工具】对话框，如下图所示。

> | 提示 | :::::::
>
> 除了通过菜单调用【多线编辑工具】对话框外，还可以在命令行输入【MLEDIT】并按空格键，调用【多线编辑工具】对话框。

第3步 单击【T形打开】按钮，先选择左侧竖直栅栏柱，再选择顶部横向带板，结果如下图所示。

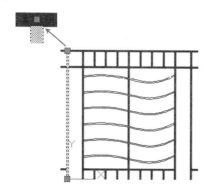

第4步 重复单击【T形打开】按钮，并单击【十字打开】按钮，对十字相交的栅栏柱和栅栏板

进行编辑，结果如下图所示。

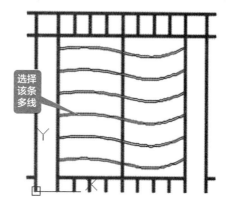

编辑多线是通过【多线编辑工具】对话框来进行的，在对话框中，第一列用于管理交叉的交点，第二列用于管理 T 形交叉，第三列用来管理角和顶点，最后一列进行多线的剪切和结合操作。

【多线编辑工具】对话框中各选项的含义如下图所示。

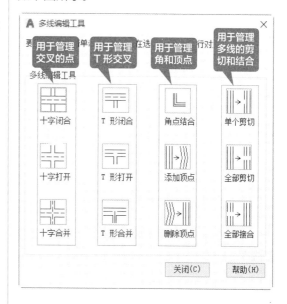

【多线编辑工具】中各选项具体介绍如下。

- 十字闭合：在两条多线之间创建闭合的十字交点。
- 十字打开：在两条多线之间创建打开的十字交点。
- 十字合并：在两条多线之间创建合并的十字交点，选择多线的次序并不重要。
- T 形闭合：在两条多线之间创建闭合的 T 形交点，将第一条多线修剪或延伸到与第二条多线的交点处。
- T 形打开：在两条多线之间创建打开的 T 形交点，将第一条多线修剪或延伸到与第二

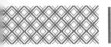

条多线的交点处。

- T 形合并：在两条多线之间创建合并的 T 形交点，将多线修剪或延伸到与另一条多线的交点处。
- 角点结合：在多线之间创建角点结合，将多线修剪或延伸到它们的交点处。
- 添加顶点：在多线上添加一个顶点。
- 删除顶点：从多线上删除一个顶点。
- 单个剪切：在选定多线元素中创建可见打断。
- 全部剪切：创建穿过整条多线的可见打断。
- 全部接合：将已被剪切的多线线段重新接合起来。

6.3 绘制栅栏的尖头

栅栏的尖头主要通过多段线和矩形阵列命令绘制，具体操作步骤如下。

第1步 单击【默认】选项卡【绘图】面板的【多段线】按钮，如下图所示。

提示

除了通过面板调用多段线命令外，还可以通过以下方法调用多段线命令。

· 执行【绘图】→【多段线】菜单命令。
· 在命令行输入【PLINE/PL】命令并按空格键。

第2步 根据命令行提示，进行如下操作。

```
命令：PLINE
指定起点：-60,2010
当前线宽为 0.0000
指定下一个点或 [圆弧(A)/半宽(H)/长度
(L)/放弃(U)/宽度(W)]：W
指定起点宽度 <0.0000>：20
指定端点宽度 <20.0000>：20
指定下一个点或 [圆弧(A)/半宽(H)/长度
(L)/放弃(U)/宽度(W)]：@0,200
指定下一点或 [圆弧(A)/闭合(C)/半宽
(H)/长度(L)/放弃(U)/宽度(W)]：W
```

```
指定起点宽度 <20.0000>：40
指定端点宽度 <40.0000>：0
指定下一点或 [圆弧(A)/闭合(C)/半宽
(H)/长度(L)/放弃(U)/宽度(W)]：
@0,120
指定下一点或 [圆弧(A)/闭合(C)/半宽
(H)/长度(L)/放弃(U)/宽度(W)]：
//按空格键结束命令
```

第3步 多段线绘制完成后如下图所示。

第4步 调用【矩形阵列】命令，选择刚绘制的多段线为阵列对象，参数设置如下图所示。

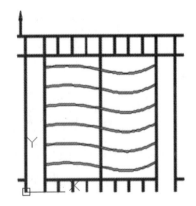

第5步 矩形阵列后结果如下图所示。

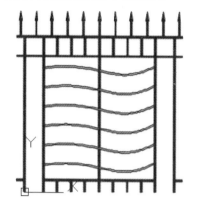

由于多段线的使用相当复杂，所以专门有一个特殊的命令——PEDIT 来对其进行编辑。

调用多段线编辑命令的方法：单击【默认】选项卡【修改】面板的【编辑多段线】按钮，如下图所示。

| 提示 |

除了通过面板调用多段线编辑命令外，还可以通过以下方法调用多段线编辑命令。

·执行【修改】→【对象】→【多段线】菜单命令。

·在命令行输入【PEDIT/PE】命令并按空格键。

·直接双击多段线。

执行多段线编辑命令后，命令行提示如下。

```
输入选项  [闭合(C)/合并(J)/宽度(W)/编辑顶点（E）/拟合(F)/样条曲线(S)/非曲线化(D)/线型生成(L)/反转(R)/放弃(U)]：
```

6.4 给栅栏立柱添加图案填充

给栅栏立柱添加填充的具体操作步骤如下。

第1步 单击【默认】选项卡【绘图】面板的【直线】按钮，根据如下命令行提示绘制一条水平直线。

```
命令：_LINE
指定第一个点：-110,0
指定下一点或 [放弃(U)]：@2100,0
指定下一点或 [放弃(U)]：
//按空格键结束命令
```

结果如下图所示。

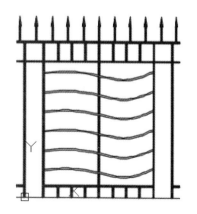

第2步 单击【默认】选项卡【图层】面板中的【图层】下拉列表，单击"填充"图层将其置为当

前图层，如下图所示。

第3步 单击【默认】选项卡【绘图】面板的【图案填充】按钮，弹出【图案填充创建】选项卡，如下图所示。

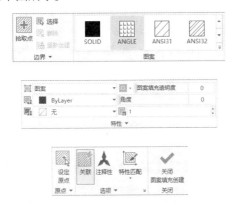

第4步 单击【图案】右侧的下拉按钮，弹出

图案填充的图案选项，选择 AR-CONC 为填充图案进行填充，如下图所示。

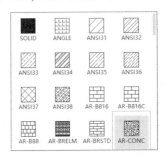

第5步 在需要填充的区域单击，然后单击【关闭图案填充创建】按钮，结果如下图所示。

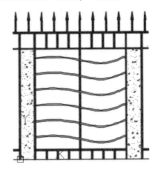

修改编辑树木图形

本例主要通过多线编辑命令、多段线编辑命令和样条曲线编辑命令对树木图形进行修改编辑，具体操作步骤如表 6-2 所示。

表 6-2　修改编辑树木图形步骤

步骤	创建方法	结　　果	备　注
1	打开随书配套资源中的"素材 \CH06\ 树木"文件		

续表

步骤	创建方法	结 果	备 注
2	通过多线编辑对话框的"T 形打开"将相交处连接合并		使用"T形打开"时注意选择多线的顺序
3	1. 将所有的图形对象分解 2. 通过多段线编辑命令将分解后的对象转换为多段线 3. 将所有互相连接的多段线进行合并，共计 17 条多段线 4. 合并后将多段线转换为样条曲线		步骤 2~3 是在一次命令调用下完成的
4	1. 重新将样条曲线转换为多段线 2. 调用多段线编辑命令，将线宽改为 3		

1. 面域

面域是指用户从对象的闭合平面环创建的二维区域。有效对象包括多段线、直线、圆弧、圆、椭圆弧、椭圆和样条曲线。每个闭合的环都将转换为独立的面域，拒绝所有交叉交点和自交曲线。

在 AutoCAD 中调用面域命令的方法通常有 3 种。

（1）执行【绘图】→【面域】菜单命令。

（2）在命令行中输入【REGION/REG】命令并按空格键。

（3）单击【默认】选项卡【绘图】面板中的【面域】按钮 ⊙。

下面将对面域的创建过程进行详细介绍，其具体操作步骤如下。

第1步 打开"素材 \CH06\ 创建面域 .dwg"文件，如下图所示。

第2步 在创建面域之前选择圆弧，可以看到圆弧是独立存在的，如下图所示。

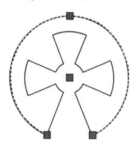

第3步 在命令行中输入"REG"命令并按空格键，在绘图区域选择整个图形对象作为组成面域的对象，如下图所示。

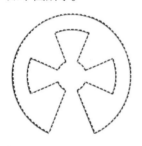

第4步 按空格键确认，在绘图区域选择圆弧，此时圆弧和直线已成为一个整体，构成一个面域，如下图所示。

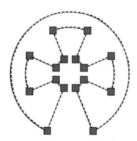

2. 边界

【边界】命令不仅可以在封闭区域创建面域，还可以创建多段线。

【边界】命令的几种常用调用方法如下。

（1）执行【绘图】→【边界】菜单命令。

（2）在命令行中输入【BOUNDARY/BO】命令并按空格键。

（3）单击【默认】选项卡【绘图】面板中的【边界】按钮 。

下面介绍创建边界的具体操作步骤。

第1步 打开"素材\CH06\创建边界.dwg"文件，如下图所示。

第2步 在绘图区域中将鼠标指针移到任意一段圆弧上，结果如下图所示。

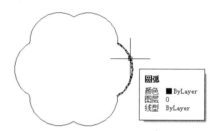

第3步 在命令行中输入"BO"命令并按空格键，弹出【边界创建】对话框，设置【对象类型】为【面域】，如下图所示。

第4步 在【边界创建】对话框中单击【拾取点】按钮，然后在绘图窗口中单击拾取内部点，如下图所示。

第5步 按【Enter】键确认，在绘图窗口中将鼠标指针移到创建的边界上，结果如下图所示。

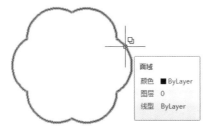

第6步 AutoCAD 默认创建边界后保留原来的图形，即创建面域后，原来的圆弧仍然存在。选择创建的边界，在弹出的【选择集】对话框中可以看到提示选择面域还是圆弧，如下图所示。

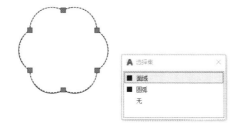

第7步 选择【面域】命令，然后调用【移动】命令，将创建的边界面域移动到合适位置，可以看到原来的图形仍然存在，将鼠标指针放置到原来的图形上，显示为圆弧，如下图所示。

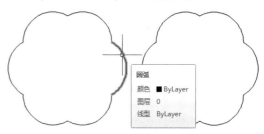

| 提示 |

如果第 3 步中对象类型选择为【多段线】，则最后创建的对象也是多段线，如下图所示。

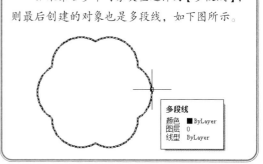

第 7 章
尺寸标注

本章导读

  没有尺寸标注的图形称为哑图，现在在各大行业中已经极少采用了。另外需要注意的是，零件的大小取决于图纸所标注的尺寸，并不以实际绘图尺寸为依据。图纸中的尺寸标注可以看作数字化信息的表达，非常重要。

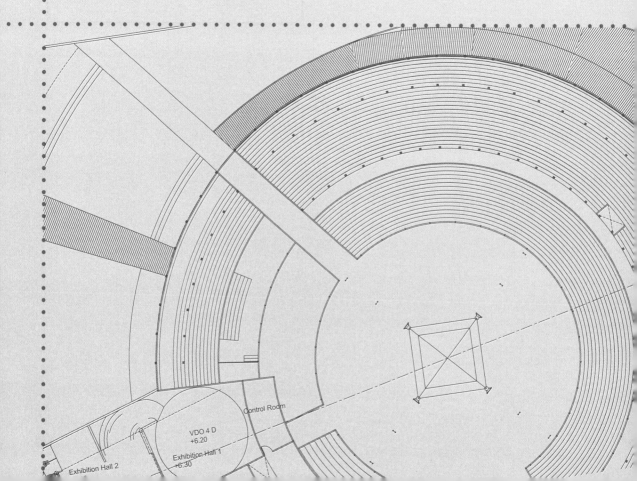

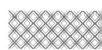

7.1 尺寸标注的规则及组成

绘制图形的根本目的是反映对象的形状，而图形中各个对象的大小和相互位置只有经过尺寸标注，才能表现出来。AutoCAD 提供了一套完整的尺寸标注命令。

7.1.1 尺寸标注的规则

在 AutoCAD 中，对绘制的图形进行尺寸标注时，应当遵循以下规则。

（1）对象的真实大小应以图样上所标注的尺寸数值为依据，与图形的大小及绘图的准确度无关。

（2）图形中的尺寸以毫米（mm）为单位时，不需要标注计量单位的代号或名称。如果采用其他的单位，则必须注明相应计量单位的代号或名称。

（3）图形中所标注的尺寸应为该图形所表示的对象的最后完工尺寸，否则应另加说明。

（4）对象的每一个尺寸一般只标注一次。

7.1.2 尺寸标注的组成

在工程绘图中，一个完整的尺寸标注一般由尺寸线、尺寸界线、尺寸箭头和尺寸文字 4 部分组成，如下图所示。

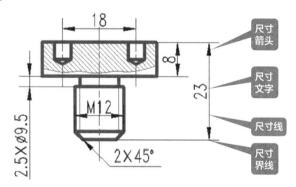

- 尺寸界线：用于指明所要标注的长度或角度的起始位置和结束位置。
- 尺寸线：用于指定尺寸标注的范围。在 AutoCAD 中，尺寸线可以是一条直线（如线性标注和对齐标注），也可以是一段圆弧（如角度标注）。
- 尺寸箭头：尺寸箭头位于尺寸线的两端，用于指定尺寸的界线。系统提供了多种箭头样式，并且允许创建自定义的箭头样式。
- 尺寸文字：尺寸文字是尺寸标注的核心，用于表明标注对象的尺寸、角度或旁注等内容。创建尺寸标注时，既可以使用系统自动计算出的实际测量值，也可以根据需要输入尺寸文字。

7.2 给阶梯轴添加尺寸标注

　　阶梯轴是机械设计中常见的零件，本例通过智能标注、线性标注、基线标注、连续标注、直径标注、半径标注、公差标注、形位公差标注等方法给阶梯轴添加标注，标注完成后最终结果如下图所示。

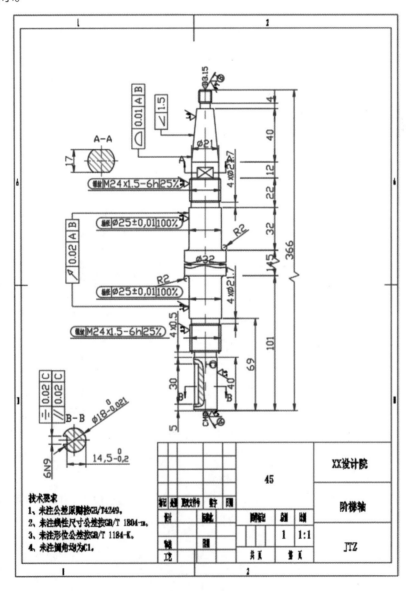

7.2.1 创建标注样式

尺寸标注样式用于控制尺寸标注的外观，如箭头的样式、文字的位置及尺寸界线的长度等。通过设置尺寸标注样式可以确保所绘图纸中的尺寸标注符合行业或项目标准。

尺寸标注样式是通过尺寸【标注样式管理器】设置的，调用【标注样式管理器】的方法有以下 5 种。

- 执行【格式】→【标注样式】菜单命令。
- 执行【标注】→【标注样式】菜单命令。
- 在命令行中输入【DIMSTYLE/D】命令并按空格键。
- 单击【默认】选项卡【注释】面板中的【标注样式】按钮 ⤶。
- 单击【注释】选项卡【标注】面板右下角的 ⤵ 按钮。

创建阶梯轴标注样式的具体步骤如下。

第1步 打开随书配套资源中的"素材 \CH07\ 阶梯轴"，如下图所示。

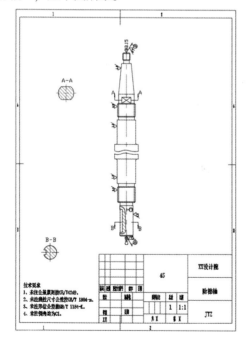

第2步 单击【默认】选项卡【注释】面板中的【标注样式】按钮 ⤶，如下图所示。

第3步 在弹出的【标注样式管理器】对话框中单击【新建】按钮，在弹出的【创建新标注样式】对话框中输入新样式名"阶梯轴标注"，单击【继续】按钮，如下图所示。

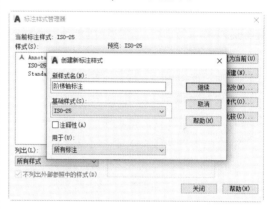

第4步 单击【调整】选项卡，将全局比例设置为 2，如下图所示。

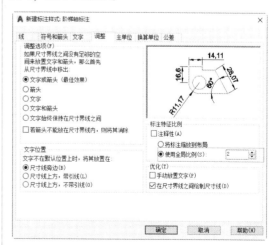

第5步 单击【确定】按钮，回到【标注样式管

理器】界面，选择【阶梯轴标注】样式，然后单击【置为当前】按钮，将【阶梯轴标注】样式置为当前，单击【关闭】按钮，如下图所示。

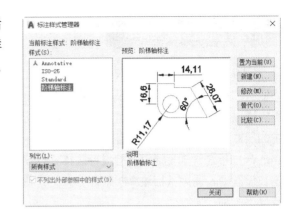

7.2.2 添加线型标注

既可以通过智能标注来创建线型标注，也可以通过线性标注、基线标注、连续标注来创建线型标注。

1. 通过智能标注创建线型标注

智能标注支持的标注类型包括垂直标注、水平标注、对齐标注、旋转的线性标注、角度标注、半径标注、直径标注、折弯半径标注、弧长标注、基线标注和连续标注。

调用智能标注的方法有以下几种。

- 单击【默认】选项卡【注释】面板的【标注】按钮。
- 单击【注释】选项卡【标注】面板的【标注】按钮。
- 在命令行中输入【DIM】命令并按空格键

通过智能标注给阶梯轴添加线型标注的具体操作步骤如下。

第1步 单击【默认】选项卡【图层】面板的【图层】下拉按钮，将影响标注的"0"图层、"文字"图层和"细实线"图层关闭，如下图所示。

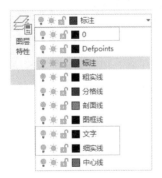

第2步 单击【默认】选项卡【注释】面板的【标注】按钮，然后捕捉如下图所示的轴的端

点为尺寸标注的第一点。

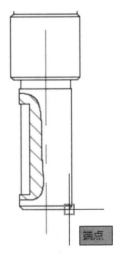

第3步 捕捉第一段阶梯轴的另一端的端点为尺寸标注的第二点，如下图所示。

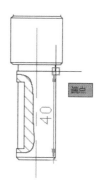

第4步 拖动鼠标，在合适的位置单击指定放置标注的位置，如下图所示。

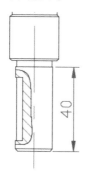

第5步 重复标注，如下图所示。

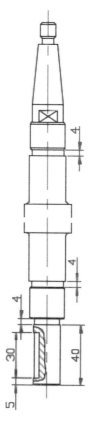

第6步 不退出智能标注的情况下，在命令行输入"B"，然后捕捉如下图所示的尺寸界线作为基线标注的第一个尺寸界线的原点。

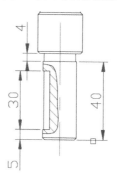

第7步 拖动鼠标，捕捉如下图所示的端点作为第一个基线标注的第二个尺寸界线的原点。

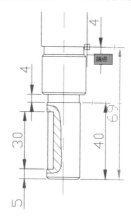

第8步 继续捕捉阶梯轴的端点作为第二个基线标注的第二个尺寸界线的原点，如下图所示。

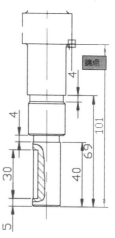

第9步 继续捕捉阶梯轴的端点作为第二个基线标注的第三个尺寸界线的原点，如下图所示。

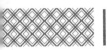

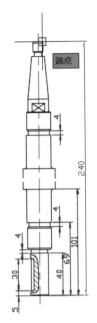

第10步 基线标注完成后（不要退出智能标注），连续按两次空格键，当出现"选择对象或指定第一个尺寸界线原点"提示时输入"C"。

选择对象或指定第一个尺寸界线原点或 ［角度(A)／基线(B)／连续(C)／坐标(O)／对齐(G)／分发(D)／图层(L)／放弃(U)］：C↙

第11步 选择标注为"101"的尺寸线的界线为第一个连续标注的第一个尺寸界线，如下图所示。

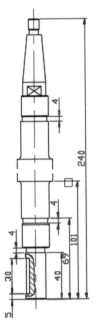

第12步 捕捉如下图所示的端点为第一个连续标注的第二个尺寸界线的原点。

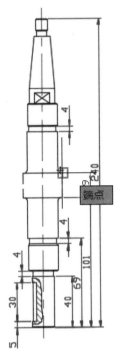

第13步 重复第12步，继续捕捉其他连续标注的尺寸界线的原点，结果如下图所示。

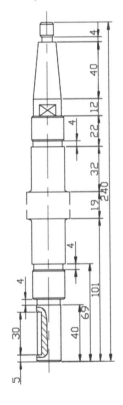

第14步 连续标注完成后（不要退出智能标注），连续按两次空格键，当出现"选择对象或指定第一个尺寸界线原点"提示时输入"D"，然后输入"O"。

选择对象或指定第一个尺寸界线原点或 [角度(A)/基线(B)/连续(C)/坐标(O)/对齐(G)/分发(D)/图层(L)/放弃(U)]: D ↙
当前设置: 偏移 (DIMDLI) = 3.750000
指定用于分发标注的方法 [相等(E)/偏移(O)] <相等>:O ↙

第15步 当命令行提示选择基准标注时，选择尺寸为"40"的标注，如下图所示。

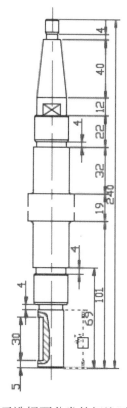

第16步 当提示选择要分发的标注时输入"O"，然后输入偏移的距离 7.5。

选择要分发的标注或 [偏移(O)]:O ↙
指定偏移距离 <3.750000>:7.5 ↙

第17步 指定偏移距离后选择分发对象，如下图所示。

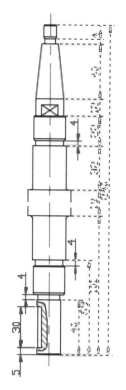

第18步 按空格键确认，分发后如下图所示。

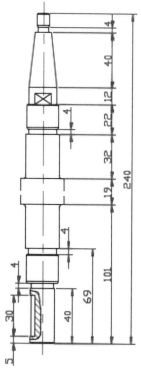

第19步 分发标注完成后（不要退出智能标注），连续按两次空格键，当出现"选择对象或指定

第一个尺寸界线原点"提示时输入"G",然后选择尺寸为"40"的标注作为基准,如下图所示。

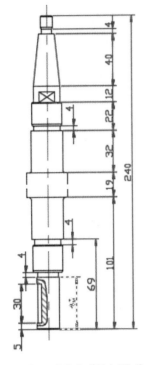

第20步 选择两个尺寸为"4"的标注为对齐对象,如下图所示。

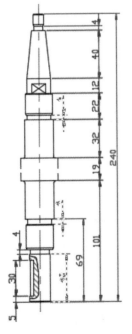

第21步 按空格键将两个尺寸为"4"的标注对

齐到尺寸为"40"的标注后,结果如下图所示。

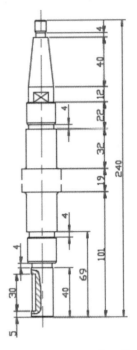

第22步 重复第19步~第21步,将左侧尺寸为"4"的标注与尺寸为"30"的标注对齐。线型标注完成后退出智能标注,结果如下图所示。

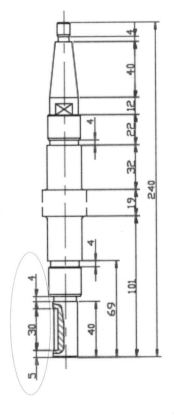

智能标注可以实现在同一命令任务中创建多种类型的标注。调用智能标注命令后，将鼠标指针悬停在标注对象上时，将自动预览要使用的合适的标注类型。选择对象、线或点进行标注，然后单击绘图区域的任意位置绘制标注。

调用智能标注命令后，命令行提示如下。

```
命令：  DIM
选择对象或指定第一个尺寸界线原点或 [角
度(A)/基线(B)/连续(C)/坐标(O)/对齐
(G)/分发(D)/图层(L)/放弃(U)]：
```

命令行各选项的含义如下。

【选择对象】：自动为所选对象选择合适的标注类型，并显示与该标注类型相对应的提示。"圆弧"默认显示半径标注；"圆"默认显示直径标注；"直线"默认为线性标注。

【第一个尺寸界线原点】：选择两个点时创建线性标注。

【角度】：创建一个角度标注来显示三个点或两条直线之间的角度（同 DIMANGULAR 命令）。

【基线】：从上一个或选定标准的第一条界线创建线性、角度或坐标标注（同 DIMBASELINE 命令）。

【连续】：从选定标注的第二条尺寸界线创建线性、角度或坐标标注（同 DIMCONTINUE 命令）。

【坐标】：创建坐标标注（同 DIMORDI-NATE 命令），可以调用一次命令进行多个标注。

【对齐】：将多个平行、同心或同基准标注对齐到选定的基准标注。

【分发】：指定可用于分发一组选定的孤立线性标注或坐标标注的方法，有相等和偏移两个选项。"相等"表示均匀分发所有选定的标注，此方法要求至少有三条标注线；"偏移"表示按指定的偏移距离分发所有选定的标注。

【图层】：为指定的图层指定新标注，以替代当前图层，该选项在创建复杂图形时尤为有用，选定标注图层后即可标注，不需要在标注图层和绘图图层之间来回切换。

【放弃】：反转上一个标注操作。

2. 通过线性标注、基线标注和连续标注创建线型标注

对于不习惯使用智能标注的用户，仍可以通过线性标注、基线标注和连续标注等命令完成阶梯轴的线型标注。

其具体操作步骤如下。

第1步 单击【默认】选项卡【注释】面板的【线性】按钮⊢⊣，如下图所示。

> | 提示 | :::::::
>
> 除了通过面板调用线性标注命令外，还可以通过以下方法调用线性标注命令。
>
> · 执行【标注】→【线性】菜单命令。
>
> · 在命令行输入【DIMLINEAR/DLI】命令并按空格键。
>
> · 单击【注释】选项卡【标注】面板的【线性】按钮⊢⊣。

第2步 捕捉如下图所示的轴的端点为尺寸标注的第一点。

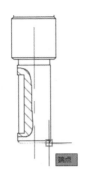

第3步 捕捉第一段阶梯轴的另一端的端点为尺寸标注的第二点，如下图所示。

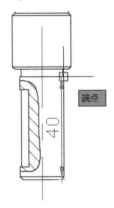

第4步 拖动鼠标，在合适的位置单击指定放置标注的位置，如下图所示。

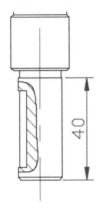

第5步 重复线性标注，如下图所示。

| 提示 |

在命令行输入【MULTIPLE】并按空格键，然后输入【DLI】，可以重复进行线性标注，直到按【Esc】键退出。

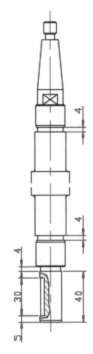

第6步 单击【注释】选项卡【标注】面板的【基线】按钮，如下图所示。

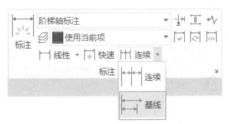

| 提示 |

除了通过面板调用基线标注命令外，还可以通过以下方法调用基线标注命令。

·执行【标注】→【基线】菜单命令。

·在命令行输入【DIMBASELINE/DBA】命令并按空格键。

| 提示 |

基线标注会默认以最后创建的标注为基准，如果最后创建的不是需要的基准，则可以输入"S"重新选择基线标注。

第7步 输入"S"重新选择基准标注，如下图所示。

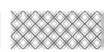

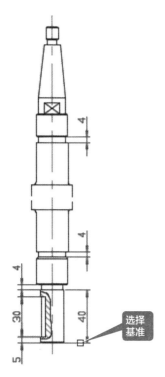

第 8 步 拖动鼠标，捕捉如下图所示的端点作为第一个基线标注的第二个尺寸界线的原点。

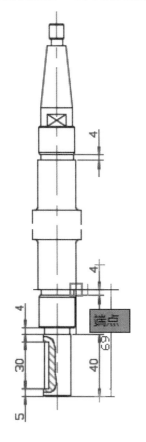

第 9 步 重复第 8 步，继续选择基线标注的尺寸界线原点，结果如下图所示。

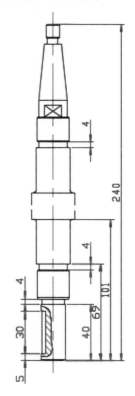

第 10 步 单击【注释】选项卡【标注】面板的【调整间距】按钮 🎚 ，如下图所示。

┌─┤ 提示 ├ ┈┈┈┈┈┈
│
│   除了通过面板调用调整间距命令外，还可以通过以下方法调用调整间距命令。
│   ·执行【标注】→【标注间距】菜单命令。
│   ·在命令行输入【DIMSPACE】命令并按空格键。
└

第 11 步 选择尺寸为 "40" 的标注作为基准，如下图所示。

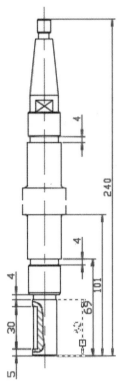

第12步 选择尺寸为 69、101 和 240 的标注为产生间距的标注，如下图所示。

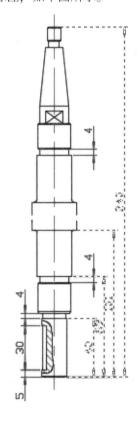

第13步 输入间距值"15"，结果如下图所示。

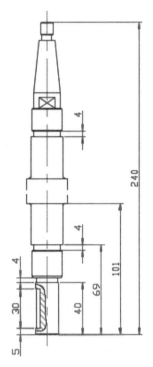

第14步 单击【注释】选项卡【标注】面板的【连续】按钮║├┤║，如下图所示。

> **│提示│**┈┈┈┈
>
> 除了通过面板调用连续标注命令外，还可以通过以下方法调用连续标注命令。
> · 执行【标注】→【连续】菜单命令。
> · 在命令行输入【DIMCONTINUE/DCO】命令并按空格键。

> **│提示│**┈┈┈┈
>
> 连续标注会默认以最后创建的标注为基准，如果最后创建的不是需要的基准，则可以输入"S"重新选择标注。

第15步 输入"S"重新选择基准标注，如下图所示。

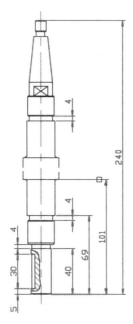

第 16 步 拖动鼠标，捕捉如下图所示的端点作为第一个连续标注的第二个尺寸界线的原点。

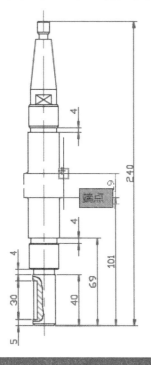

第 17 步 重复第 16 步，继续选择连续标注的尺寸界线原点，结果如下图所示。

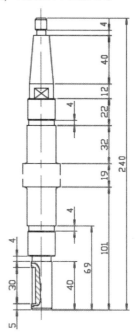

7.2.3　添加直径标注和尺寸公差

对于投影是圆或圆弧的视图，直接用直径或半径标注即可；对于投影不是圆的视图，如果要表达直径，则需要先创建线性标注，然后通过【特性】选项板或文字编辑添加直径符号来完成直径的表达。

1. 通过特性选项板创建直径标注和尺寸公差

通过【特性】选项板创建直径标注和尺寸公差的具体操作步骤如下。

第1步 单击【默认】选项卡【注释】面板的【标注】按钮，添加一系列线性标注，如下图所示。

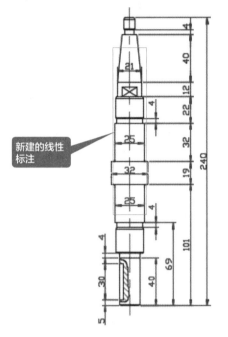

新建的线性标注

第2步 按【Ctrl+1】组合键，在弹出的【特性】面板中选择尺寸为25的标注，效果如下图所示。

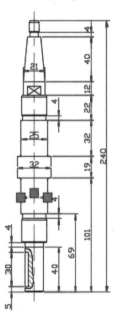

第3步 在【特性】面板【主单位】选项卡下的【标注前缀】输入框中输入"%%C"，如下图所示。

> **| 提示 |** ::::::::
> 在 AutoCAD 中，"%%C"是直径符号的代码。

第4步 在【公差】选项卡中将公差类型选为"对称"，如下图所示。

第5步 在【公差上偏差】输入框中输入公差值"0.01"，如下图所示。

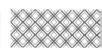

| 提示 | ::::::::

通过【特性】选项板添加公差时，默认上公差为正值，下公差为负值，如果上公差为负值，或下公差为正值，则需要在输入的公差值前加"–"。在【特性】选项板中，对于对称公差，只需输入上偏差值即可。

第6步 按【Esc】键退出【特性】选项板后，结果如下图所示。

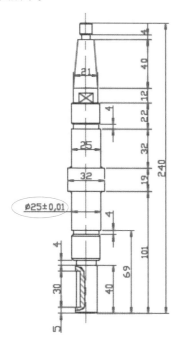

第7步 重复上述步骤，继续添加直径符号和公差，结果如下图所示。

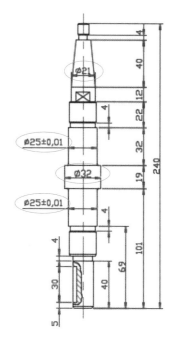

在 AutoCAD 中输入文字时，用户可以在文本框中输入特殊字符，如直径符号∅、百分号%、正负公差符号 ± 等，但是这些特殊符号一般不能由键盘直接输入。为此系统提供了专用的代码，常用的特殊字符代码如表 7-1 所示。

表 7-1 AutoCAD 常用特殊字符代码

代　码	功　　能	输入效果示例
%%O	打开或关闭文字上划线	文字
%%U	打开或关闭文字下划线	内容
%%C	标注直径（∅）符号	∅320
%%D	标注度（°）符号	30°
%%P	标注正负公差（±）符号	±0.5
%%%	百分号（%）	10%
\U+2260	不相等≠	10≠10.5
\U+2248	约等于≈	≈32
\U+2220	角度∠	∠30
\U+0394	差值Δ	Δ60

2. 通过文字编辑创建直径标注和尺寸公差

在 AutoCAD 中，除了通过【特性】选项板创建直径标注和尺寸公差外，还可以通过文字编辑创建直径标注和尺寸公差。

通过文字编辑创建直径标注和尺寸公差的具体操作步骤如下。

第1步 单击【默认】选项卡【注释】面板的【标注】按钮，添加一系列线性标注，如下图所示。

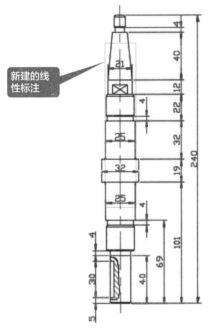

第2步 双击尺寸为 25 的标注，如下图所示。

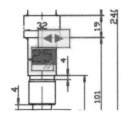

第3步 在文字前面输入"%%C"，在文字后面输入"%%P0.01"，结果如下图所示。

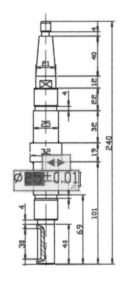

第4步 重复第 2 步~第 3 步，继续添加直径标注和尺寸公差，结果如下图所示。

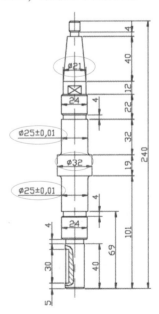

7.2.4　创建螺纹和退刀槽标注

创建螺纹和退刀槽的标注与创建直径标注和尺寸公差的方法相似，也可以通过【特性】选项板和文字编辑创建，我们这里采用文字编辑的方法创建螺纹和退刀槽标注。

> ┤提示├
>
> 外螺纹的底径用"细实线"绘制，因为"细实线"图层被关闭了，所以本例图中只显示了螺纹的大径，而没有显示螺纹的底径。

通过文字编辑创建螺纹和退刀槽标注的具体操作步骤如下。

第1步 单击【默认】选项卡【注释】面板的【标注】按钮，添加两个线性标注,结果如下图所示。

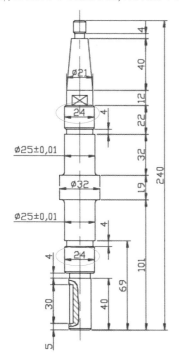

第2步 双击刚添加的标注，将它们改为"M24×1.5-6h"，如下图所示。

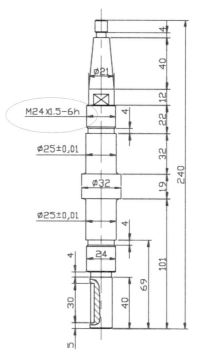

第3步 重复第 2 步，对另一个线性标注进行修改，结果如下图所示。

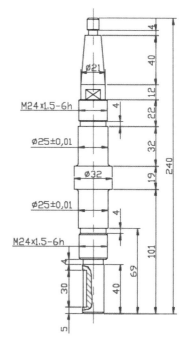

第4步 重复第 2 步，将第一段轴的退刀槽改为"4×0.5"，如下图所示。

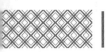
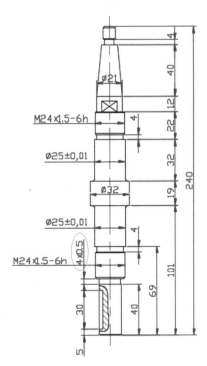

第5步 重复第2步，将另外两处的退刀槽改为
"4×φ21.7"，如下图所示。

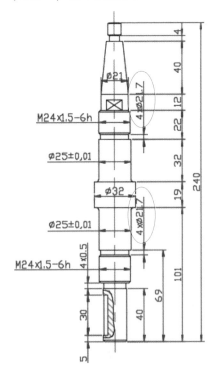

第6步 单击【注释】选项卡【标注】面板的【打
断】按钮 ┤ㅑ，如下图所示。

| 提示 |

　　除了通过面板调用打断标注命令外，还可
以通过以下方法调用打断标注命令。
　　·执行【标注】→【标注打断】菜单命令。
　　·在命令行输入【DIMBREAK】命令并按
空格键。

第7步 选择螺纹标注为打断对象，如下图所示。

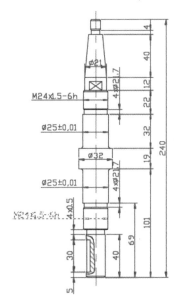

第8步 在命令行输入"M"选择手动打断，然
后选择打断的第一点，如下图所示。

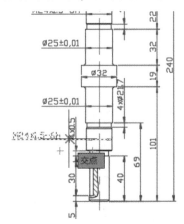

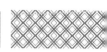

第 9 步 选择打断的第二点，如下图所示。

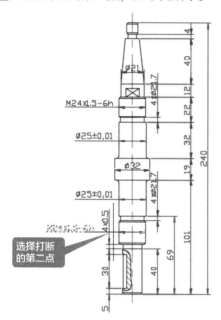

选择打断
的第二点

第 10 步 打断后结果如下图所示。

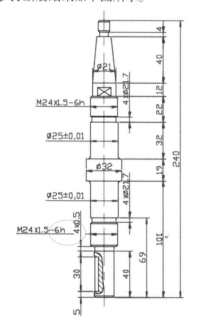

第 11 步 重复第 6 步～第 9 步，将与右侧两个退
刀槽相交的尺寸标注打断，如下图所示。

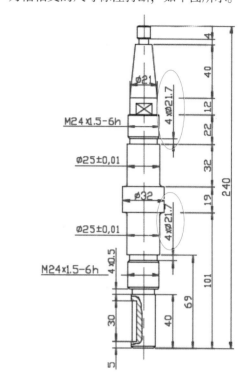

| 提示 | ::::::::

　　与螺纹标注相交的有多条尺寸标注，因此
需要多次打断才能得到图示结果。

7.2.5　添加折弯标注

　　对于机械零件，如果某一段特别长且结构完全相同，可以将该零件从中间打断，只截取其
中一小段即可，如上一节中的"φ32"一段。对于有打断的长度的标注，AutoCAD 中通常采用
折弯标注，相应的标注值应改为实际距离，而不是图形中测量的距离。

　　添加折弯标注的具体操作步骤如下。

第1步 单击【注释】选项卡【标注】面板的【标注，折弯标注】按钮 ᐯᐱ，如下图所示。

提示

除了通过面板调用折弯标注命令外，还可以通过以下方法调用折弯标注命令。

· 执行【标注】→【折弯线性】菜单命令。

· 在命令行输入【DIMJOGLINE/DJL】命令并按空格键。

第2步 选择尺寸为"240"的标注作为折弯对象，如下图所示。

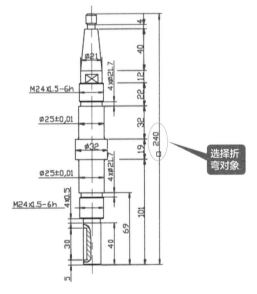

选择折弯对象

第3步 选择合适的位置放置折弯符号，结果如下图所示。

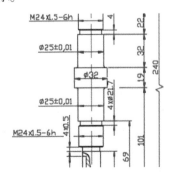

第4步 双击尺寸为"240"的标注，将标注值改为"366"，如下图所示。

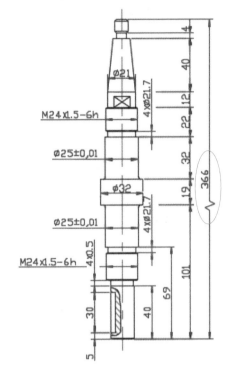

第5步 重复第1步～第4步，给尺寸为"19"的标注添加折弯符号，并将标注值改为"145"，如下图所示。

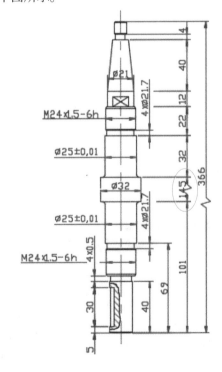

　　AutoCAD 中有两种折弯，一种是线性折弯，如本例中的折弯，另一种是半径折弯（也叫折弯半径标注，如下图所示），是当所标注的圆弧特别大时采用的一种标注。折弯半径标注命令的调用方法有以下几种。

　　·单击【默认】选项卡【注释】面板的【折弯】按钮。

　　·单击【注释】选项卡【标注】面板的【已折弯】按钮。

　　·执行【标注】→【折弯】菜单命令。

　　·在命令行输入【DIMJOGGED/DJO】命令并按空格键。

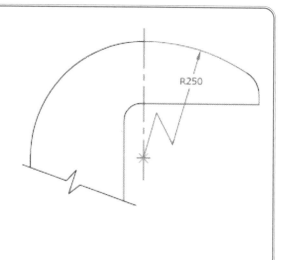

7.2.6　添加半径标注和检验标注

　　对于圆或圆弧采用半径标注，通过半径标注，在测量的值前加半径符号"R"。检验标注用于指定制造的部件应检查的频率，以确保标注值和部件公差处于指定范围内。

　　添加半径标注和检验标注的具体操作步骤如下。

第1步 单击【默认】选项卡【注释】面板的【半径】按钮，如下图所示。

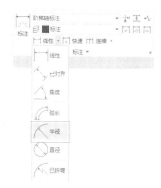

　　除了通过面板调用半径标注命令外，还可以通过以下方法调用半径标注命令。

　　·单击【注释】选项卡【标注】面板的【半径】按钮。

　　·执行【标注】→【半径】菜单命令。

　　·在命令行输入【DIMRADIUS/DRA】命令并按空格键。

第2步 选择要添加标注的对象，如下图所示。

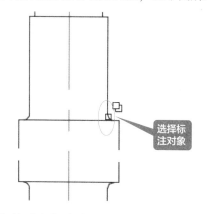

选择标注对象

第3步 拖动鼠标在合适的位置单击，确定半径标注的放置位置，如下图所示。

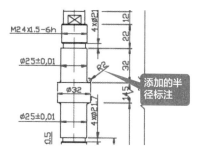

添加的半径标注

第4步 重复第1步~第3步，给另一处圆弧添加标注，如下图所示。

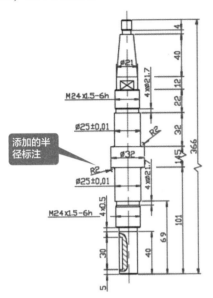

添加的半径标注

第5步 单击【注释】选项卡【标注】面板的【检验】标注按钮，如下图所示。

| 提示 |

除了通过面板调用检验标注命令外，还可以通过以下方法调用检验标注命令。

· 执行【标注】→【检验】菜单命令。

· 在命令行输入【DIMINSPECT】命令并按空格键。

第6步 调用【检验】标注命令后弹出【检验标注】对话框，如下图所示。

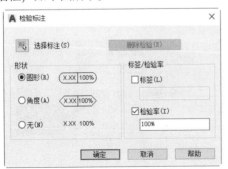

第7步 对【检验标注】对话框进行如下图所示的设置。

第8步 单击【选择标注】按钮，然后选择两个螺纹标注，如下图所示。

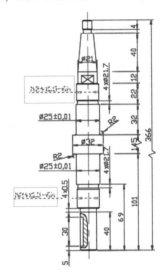

第9步 按空格键结束对象选择后，回到【检验标注】对话框，单击【确定】按钮完成检验标注，结果如下图所示。

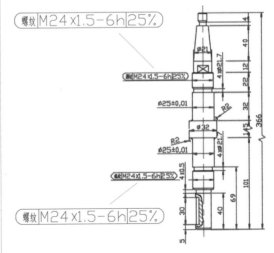

第10步 重复第 5 步～第 7 步，添加另一处检验标注，设置如下图所示。

第11步 单击【选择标注】按钮，然后选择两个直径标注，如下图所示。

第12步 按空格键结束对象选择后回到【检验标注】对话框，单击【确定】按钮完成检验标注，结果如下图所示。

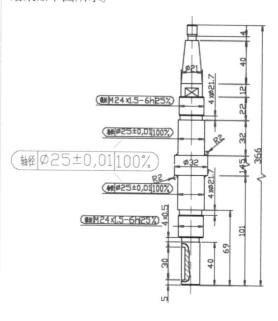

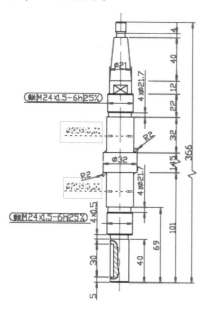

7.2.7 添加形位公差标注

形位公差和尺寸公差不同，形位公差是指零件的形状和位置的误差，尺寸公差是指零件在加工制造时尺寸上的误差。

形位公差创建后，往往需要通过多重引线标注将形位公差指向零件相应的位置，因此，在创建形位公差时，一般也要创建多重引线标注。

1. 创建形位公差

创建形位公差的具体操作步骤如下。

第1步 单击【工具】选项卡【新建 UCS】选项的【Z】菜单命令，如下图所示。

---| 提示 |····················

除了通过菜单调用 UCS 命令外，还可以通过以下方法调用 UCS 命令。

·单击【可视化】选项卡【坐标】面板的相应选项按钮。

·在命令行输入【UCS】命令并按空格键，根据命令行提示进行操作。

第2步 将坐标系绕 Z 轴旋转 90°后，坐标系显示如下图所示。

---| 提示 |····················

创建的形位公差是沿 X 轴方向放置的，如果坐标系不绕 Z 轴旋转，创建的形位公差是水平的。

第3步 单击【注释】选项卡【标注】面板的【公差】按钮 ⊞1，如下图所示。

---| 提示 |····················

除了通过面板调用形位公差标注命令外，还可以通过以下方法调用形位公差标注命令。

·执行【标注】→【公差】菜单命令。

·在命令行输入【TOLERANCE/TOL】命令并按空格键。

第4步 在弹出的【形位公差】对话框中单击符号下方的■，弹出【特征符号】选择框，如下图所示。

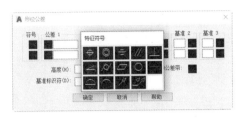

第5步 在【特征符号】选择框中选择"圆跳动"符号 ⤬，然后在【形位公差】输入框中输入公差值"0.02"，并输入基准，如下图所示。

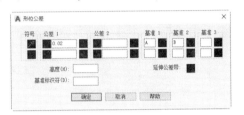

第6步 单击【确定】按钮，将创建的形位公差插入图中合适的位置，如下图所示。

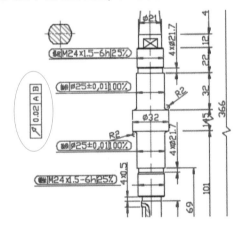

第7步 重复第3步~第5步，添加"面轮廓度"和"倾斜度"的形位公差标注，如下图所示。

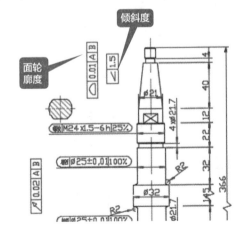

形位公差用于表示特征的形状、轮廓、方向、位置和跳动的允许偏差。

可以通过特征控制框来添加形位公差，这些框中包含单个标注的所有公差信息。特征控制框至少由两个组件组成。第一个特征控制框包含一个几何特征符号，表示应用公差的几何特征，如位置、轮廓、形状、方向或跳动。形状公差控制直线度、平面度、圆度和圆柱度；轮廓控制直线和表面。在图例中，特征就是位置。

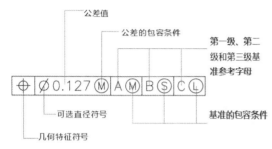

2. 添加多重引线标注

引线对象包含一条引线和一条说明。多重引线对象可以包含多条引线，每条引线可以包含一条或多条线段，因此，一条说明可以指向图形中的多个对象。

创建多重引线之前首先要通过【多重引线样式管理器】设置合适的多重引线样式。

添加多重引线标注的具体操作步骤如下。

第1步 单击【默认】选项卡【注释】面板的【多重引线样式】按钮，如下图所示。

|提示|

除了通过面板调用多重引线样式命令外，还可以通过以下方法调用多重引线样式命令。

· 单击【注释】选项卡【引线】面板右下角的按钮。

· 执行【格式】选项卡【多重引线样式】菜单命令。

· 在命令行输入【MLEADERSTYLE/MLS】命令并按空格键。

第2步 在弹出的【多重引线样式管理器】单击【新建】按钮，将新样式名改为【阶梯轴多重引线样式】，如下图所示。

第3步 在弹出的【修改多重引线样式：阶梯轴多重引线样式】对话框中单击【引线结构】选项卡，取消勾选【设置基线距离】复选框，如下图所示。

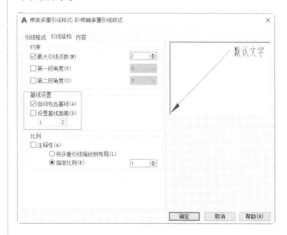

第4步 单击【内容】选项卡，将【多重引线类型】设置为【无】，如下图所示。

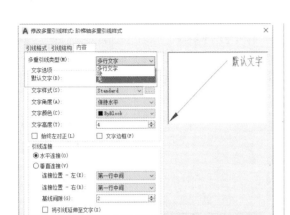

如下图所示。

第5步 单击【确定】按钮，回到【多重引线样式管理器】对话框后，将【阶梯轴多重引线样式】设置为当前样式，如下图所示。

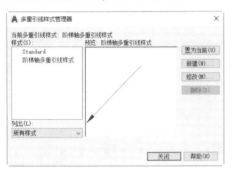

第8步 拖动鼠标在合适的位置单击，指定引线基线的位置，如下图所示。

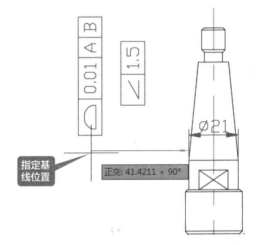

第6步 单击【默认】选项卡【注释】面板的【引线】按钮，如下图所示。

第9步 当提示指定基线距离时，拖动鼠标，在基线与形位公差垂直的位置单击，如下图所示。

> **| 提示 |**
>
> 　　除了通过面板调用多重引线命令外，还可以通过以下方法调用多重引线命令。
> 　　·单击【注释】选项卡【引线】选项的【多重引线】按钮。
> 　　·执行【标注】→【多重引线】菜单命令。
> 　　·在命令行输入【MLEADER/MLD】命令并按空格键。

第7步 根据命令行提示指定引线的箭头位置，

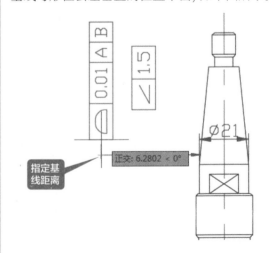

第10步 当出现文字输入框时，按【Esc】键退出多重引线命令，第一条多重引线创建完成后，结果如下图所示。

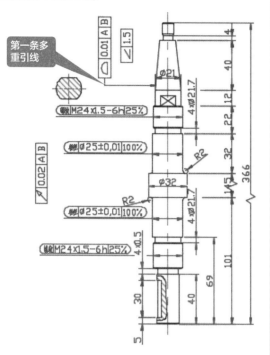

第11步 重复第6步~第10步，创建另外两条多重引线，如下图所示。

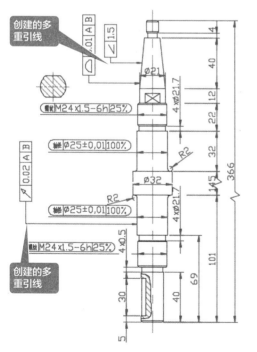

第12步 在命令行输入【UCS】并按空格键，将坐标系统z轴旋转180°，命令行提示如下。

```
命令：UCS
当前 UCS 名称：*没有名称*
指定 UCS 的原点或 [面(F)/命名(NA)/
对象(OB)/上一个(P)/视图(V)/世界(W)/
X/Y/Z/Z 轴(ZA)] <世界>：Z ↙
指定绕 Z 轴的旋转角度 <90>：180
↙
```

第13步 将坐标系绕z轴旋转180°后，坐标系显示如下图所示。

提示

创建的多重引线基线是沿x轴方向放置的。

第14步 重复第6步~第10步，创建最后一条多重引线，如下图所示。

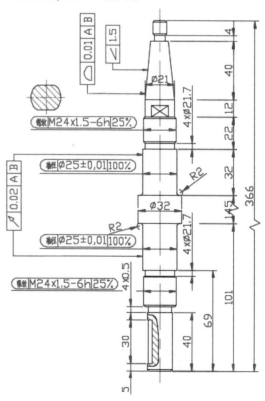

7.2.8 给断面图添加标注

给断面图添加标注的方法与前面给轴添加标注的方法相同，先创建线性标注，然后添加尺寸公差和形位公差。

给断面图添加标注的具体操作步骤如下。

第1步 在命令行输入【UCS】然后按【Enter】键，将坐标系重新设置为世界坐标系，命令行提示如下。

```
当前 UCS 名称：*没有名称*
指定 UCS 的原点或 [面(F)/命名(NA)/
对象(OB)/上一个(P)/视图(V)/世界(W)/
X/Y/Z/Z 轴(ZA)] <世界>：
↙
```

第2步 将坐标系恢复到世界坐标系后如下图所示。

第3步 单击【默认】选项卡【注释】面板的【标注】按钮，给断面图添加线性标注，如下图所示。

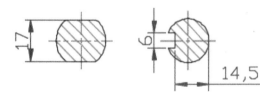

第4步 单击【默认】选项卡【注释】面板的【直径】按钮，如下图所示。

提示

除了通过面板调用直径标注命令外，还可以通过以下方法调用直径标注命令。

· 执行【标注】→【直径】菜单命令。

· 在命令行输入【DIMDIAMETER/DDI】命令并按空格键。

· 单击【注释】选项卡【标注】面板的【直径】按钮。

第5步 选择 B-B 断面图的圆弧为标注对象，拖动鼠标，在合适的位置单击确定放置位置，如下图所示。

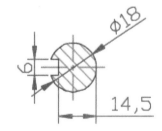

第6步 按【Ctrl+1】组合键调用【特性】选项板，然后选择标注为 14.5 的尺寸，在【特性】选项板上设置尺寸公差，如下图所示。

公差	▼
换算公差消...	是
公差对齐	运算符
显示公差	极限偏差
公差下偏差	0.2
公差上偏差	0
水平放置公差	下
公差精度	0.00
公差消去前...	否
公差消去后...	是
公差消去零...	是
公差消去零...	是
公差文字高度	0.75

第7步 退出选择后结果如下图所示。

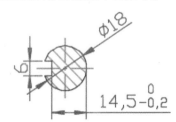

第 8 步 再次将给直径标注添加公差，如下图所
示。

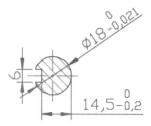

第 9 步 双击标注为"6"的尺寸，将文字改为
"6N9"，如下图所示。

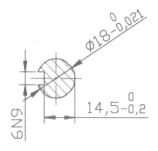

第 10 步 在命令行输入【UCS】并按空格键，将
坐标系绕 z 轴旋转 90°。

当前 UCS 名称：*世界*
指定 UCS 的原点或 [面(F)/命名(NA)/
对象(OB)/上一个(P)/视图(V)/世界(W)/
X/Y/Z/Z 轴(ZA)] <世界>：Z
指定绕 Z 轴的旋转角度 <90>：90

第 11 步 将坐标系绕 z 轴旋转 90°后如下图所示。

第 12 步 单击【注释】选项卡【标注】面板的【公
差】按钮 ⊞，在弹出的【形位公差】输入框
中进行如下图所示的设置。

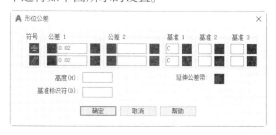

第 13 步 将创建的形位公差放置到"6N9"标注
的位置，如下图所示。

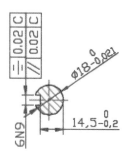

第 14 步 单击【默认】选项卡【图层】面板的【打
开所有图层】按钮，将所有图层打开，如下图
所示。

第 15 步 将坐标系重新设置为世界坐标系，最终
结果如下图所示。

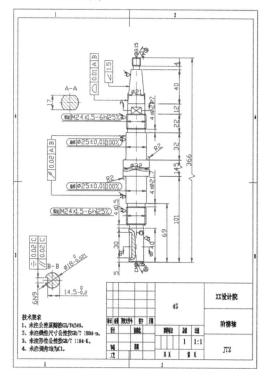

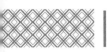

给齿轮轴添加标注

齿轮轴的标注与阶梯轴的标注相似，通过为齿轮轴添加标注，可以进一步熟悉标注命令。
给齿轮轴添加标注的具体操作步骤如表 7-2 所示。

表 7-2 给齿轮轴添加标注

步骤	创建方法	结 果	备 注
1	通过智能标注创建线性标注、基线标注、连续标注和角度标注	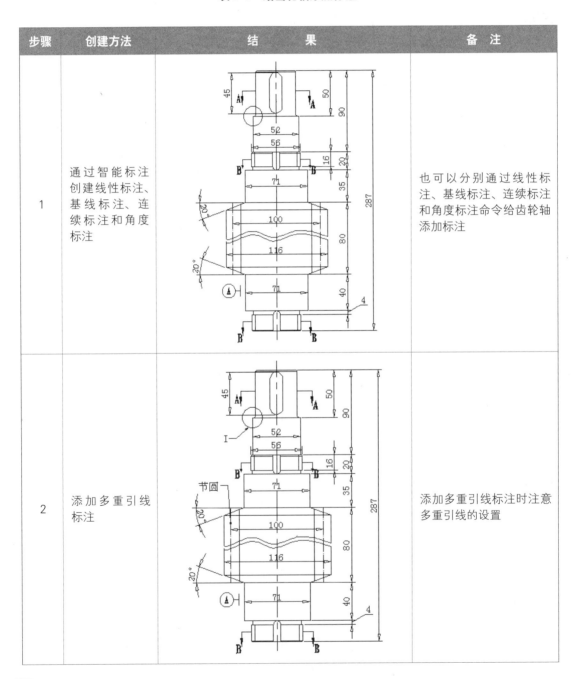	也可以分别通过线性标注、基线标注、连续标注和角度标注命令给齿轮轴添加标注
2	添加多重引线标注		添加多重引线标注时注意多重引线的设置

续表

步骤	创建方法	结　　　果	备　注
3	添加形位公差、折弯线性标注，并对非圆视图上的直径进行修改		
4	给断面图添加标注		
5	给放大图添加标注		给放大图添加标注时，注意标注的尺寸为实际尺寸，而不是放大后的尺寸

1. 如何标注大于 180°的角

前面介绍的角度标注所标注的角都是小于 180°的，那么如何标注大于 180°的角呢？下面就通过案例来详细介绍如何标注大于 180°的角。

第1步 打开随书配套资源中的"素材 \CH07\ 标注大于 180°的角 .dwg"文件，如下图所示。

第2步 单击【默认】选项卡【注释】面板中的【角度】按钮，当命令行提示选择"圆弧、圆、直线或 <指定顶点>"时,直接按空格键接受"指定顶点"选项。

```
命令: _dimangular
选择圆弧、圆、直线或 <指定顶点>:
↙
```

第3步 使用鼠标捕捉如下图所示的端点为角的顶点。

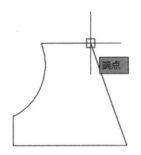

第4步 使用鼠标捕捉如下图所示的中点为角的第一个端点。

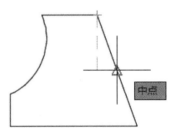

第5步 使用鼠标捕捉如下图所示的中点为角的第二个端点。

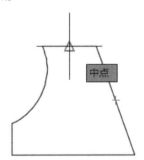

第6步 拖动鼠标在合适的位置单击，放置角度标注，如图所示。

2. 如何用标注功能绘制装饰图案

利用标注功能可以轻松绘制出装饰图案，下面以使用线性标注绘制装饰图案为例进行介绍。

第1步 单击【格式】选项卡的【标注样式】菜单命令，将标注箭头设置为"积分"，如下图所示。

第2步 任意创建一个线性标注，将其分解并删除部分对象，仅保留如下图所示的部分对象。

第3步 选择【修改】选项卡【阵列】选项的【环形阵列】菜单命令，将第 2 步保留下来的图形进行环形阵列，阵列数目为"3"，结果如下图所示。

第4步 选择【绘图】选项卡【圆】选项的【圆心，半径】菜单命令，绘制一个圆形，结果如下图所示。

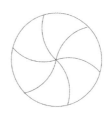

第 8 章

文字与表格

📖 本章导读

　　在制图时，文字是不可缺少的组成部分，经常用文字来书写图纸的技术要求。除了技术要求外，对于装配图，还要创建图纸明细栏加以说明装配图的组成。在 AutoCAD 中创建明细栏最常用的命令就是表格命令。

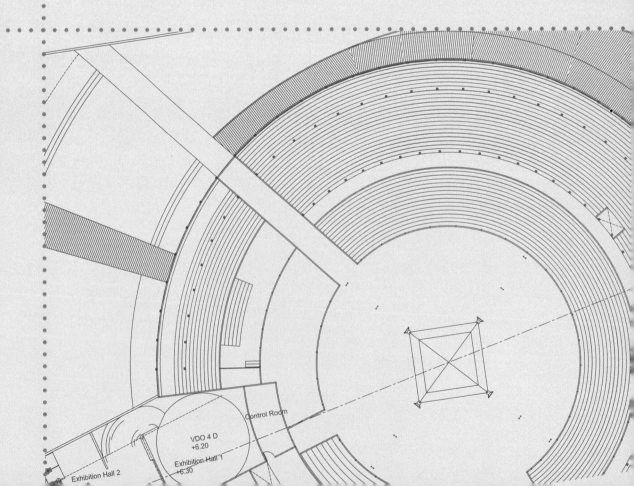

8.1 创建台虎钳装配图的标题栏

标准标题栏的行和列各自交错，整体绘制起来难度很大，我们这里将其分为左上、左下和右三部分，分别绘制后组合到一起。

8.1.1 创建标题栏表格样式

在用 AutoCAD 绘制表格之前，首先要创建适合绘制所需表格的表格样式。

标题栏表格样式的具体创建步骤如下。

1. 创建左边标题栏表格样式

第1步 打开随书配套资源中的"素材 \CH08\ 台虎钳装配图 .dwg"文件，如下图所示。

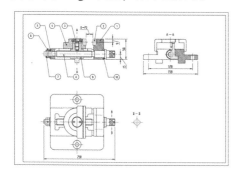

第2步 单击【默认】选项卡【注释】面板的【表格样式】按钮 ，如下图所示。

> **提示**
>
> 除了通过面板调用表格样式命令外，还可以通过以下方法调用表格样式命令。
>
> · 执行【格式】→【表格样式】菜单命令。
>
> · 在命令行输入【TABLESTYLE/TS】命令并按空格键。
>
> · 单击【注释】选项卡【表格】面板右下角的箭头 按钮。

第3步 在弹出的【表格样式】对话框单击【新建】按钮，在弹出的【创建新的表格样式】对话框中输入新样式名"标题栏表格样式（左）"，如下图所示。

第4步 单击【继续】按钮，在弹出的对话框中依次单击【单元样式】→【常规】→【对齐】选项的下拉按钮，选择"正中"，如下图所示。

第5步 单击【文字】选项卡，将文字高度改为3，如下图所示。

第6步 单击【单元样式】下拉按钮，在弹出的下拉列表中选择"标题"，如下图所示。

第7步 单击【文字】选项卡，将文字高度改为3，如下图所示。

第8步 重复第6步~第7步，将表头的文字高度也改为3，如下图所示。

第9步 设置完成后单击【确定】按钮，回到【表格样式】对话框后可以看到，新建的表格样式已经存在于"样式"列表中，如下图所示。

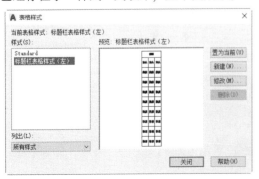

2. 创建右边标题栏表格样式

第1步 "标题栏表格样式（左）"创建完成回到【表格样式】对话框后，单击【新建】按钮，以"标题栏表格样式（左）"为基础样式创建"标题栏表格样式（右）"，如下图所示。

第2步 在弹出的【新建表格样式】对话框中单击【常规】选项卡【表格方向】选项的下拉按钮，选择"向上"，如下图所示。

第3步 【表格方向】设置为数据单元格放在上面，表头和标题放在下面，如下图所示。

第4步 单击【单元样式】的【常规】选项卡，将"数据"单元格式的水平和垂直页边距都设置为"0"，如下图所示。

第5步 单击【文字】选项卡，将"数据"单元格的【文字高度】改为1.5，如下图所示。

第6步 单击【单元样式】下拉按钮，在弹出的下拉列表中选择"标题"，将标题的【文字高度】设置为4.5，如下图所示。

第7步 单击【常规】选项卡，将水平页边距设置为1，垂直页边距设置为1.5，如下图所示。

第8步 将表头的水平页边距设置为1，垂直页边距设置为1.5，如下图所示。

第9步 将表头的文字高度也改为4.5，如下图所示。

第10步 设置完成后单击【确定】按钮，回到【表格样式】对话框，单击选择"标题栏表格样式（左）"，然后单击【置为当前】按钮，将其设置为当前样式，最后单击【关闭】按钮退出【表格样式】对话框，如下图所示。

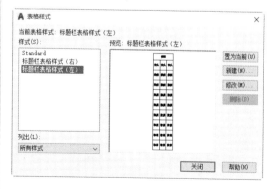

8.1.2 创建标题栏

完成表格样式设置后，就可以调用【表格】命令来创建表格了。在创建表格之前，先介绍一下表格的列和行与表格样式中设置的页边距、文字高度之间的关系。

最小列宽 =2× 水平页边距 + 文字高度

最小行高 =2× 垂直页边距 +4/3× 文字高度

在【插入表格】对话框中，当设置的列宽大于最小列宽时，以指定的列宽创建表格；当小于最小列宽时，以最小列宽创建表格。行高必须为最小行高的整数倍。创建完成后可以通过【特性】面板对列宽和行高进行调整，但不能小于最小列宽和最小行高。

创建标题栏时，将标题栏分为三部分创建，然后进行组合，其中左上标题栏和左下标题栏用"标题栏表格样式（左）"创建，右半部分标题栏用"标题栏表格样式（右）"创建。

标题栏创建完成后如下图所示。

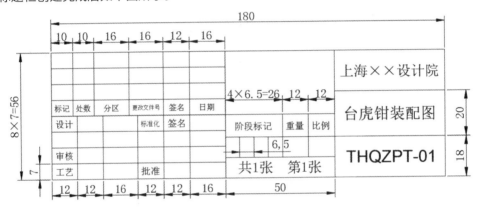

创建标题栏的具体操作步骤如下。

1. 创建左上标题栏

第1步 单击【默认】选项卡【注释】面板的【表格】按钮 ▦，如下图所示。

> ┃ 提示 ┃
>
> 除了通过面板调用表格命令外，还可以通过以下方法调用表格命令。
>
> ·单击【注释】选项卡【表格】面板的【表格】按钮 ▦。
>
> ·执行【绘图】→【表格】菜单命令。
>
> ·在命令行输入【TABLE】命令并按空格键。

第2步 在弹出的【插入表格】对话框中将列数设置为 6，列宽设置为 16；数据行数设置为 2，行高设置为 1，如下图所示。

第3步 单击第一行单元样式下拉列表，选择"数据"；单击第二行单元样式下拉列表，也选择"数据"，如下图所示。

提示

上一节在创建表格样式时已经将"标题栏表格样式（左）"设置为当前样式，所以，默认是以该样式创建表格。

表格的行数 = 数据行数 + 标题 + 表头

第4步 设置完成后可以看到【预览】选项区的单元格式全变成了数据单元格，如下图所示。

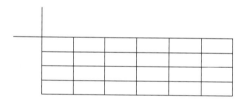

第5步 其他设置保持默认，单击【确定】按钮退出【插入表格】对话框，然后在合适位置单击指定表格插入点，如下图所示。

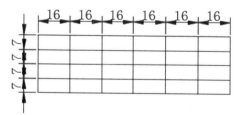

第6步 插入表格后按【Esc】键退出文字输入状态，如下图所示。

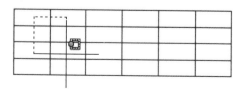

第7步 按【Ctrl+1】组合键，弹出【特性】面板后，按住鼠标左键并拖动选择前两列表格，如下图所示。

第8步 在【特性】面板上将单元宽度改为 10，如下图所示。

第9步 前两列的宽度变为 10，如下图所示。

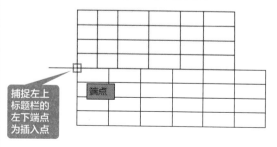

第10步 重复第 7 步～第 8 步，选中第 5 列，将单元格的宽度改为 12。按【Esc】键退出选择状态后如下图所示。

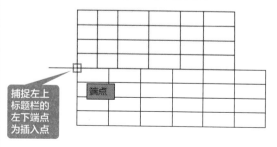

2. 创建左下标题栏

第1步 重复"创建左上标题栏"的前 4 步，创建表格后指定插入点，如下图所示。

捕捉左上标题栏的左下端点为插入点

端点

第2步 插入后按住鼠标左键并拖动，选择前两列表格，如下图所示。

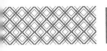

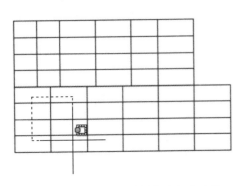

第3步 在【特性】面板上将单元宽度改为12，如下图所示。

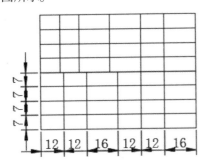

第4步 再选中第4列~第5列，将单元格的宽度也改为12。按【Esc】键退出选择状态后，如下图所示。

3. 创建右半部分标题栏

第1步 单击【默认】选项卡【注释】面板的【表格】按钮 ▦，如下图所示。

第2步 单击左上角【表格样式】下拉列表，选择"标题栏表格样式（右）"，如下图所示。

第3步 将列数设置为7，列宽设置为6.5；数据行数设置为19，行高设置为1，其他设置不变，如下图所示。

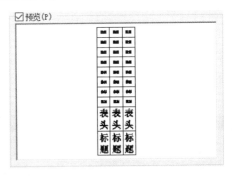

第4步 设置完成后，【预览】选项区的单元格式显示如下。

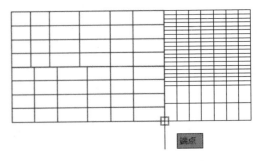

第5步 创建表格后，指定"左下标题栏"的右下端点为插入点，如下图所示。

第6步 插入表格后按【Esc】键退出文字输入状态，如下图所示。

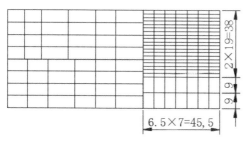

$$2 \times 19 = 38$$
$$9.9$$
$$6.5 \times 7 = 45,5$$

4. 合并右半部分标题栏

第1步 按住鼠标左键并拖动，选择最右侧前 9 行数据单元格，如下图所示。

第2步 单击【表格单元】选项卡【合并】面板的【合并全部】按钮，如下图所示。

合并单元

合并全部

按行合并

按列合并

┌─ 提示 ┈┈┈┈┈┈┈┈
│   选择表格后会自动弹出【表格单元】选项卡。
└─

第3步 合并后结果如下图所示。

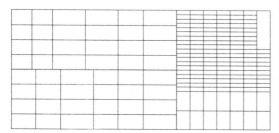

第4步 重复第 1 步～第 2 步，选中最右侧的第 10 行～第 19 行数据单元格，将其合并，如下图所示。

第5步 重复第 1 步～第 2 步，选中最右侧的"标题"和"表头"单元格，将其合并，如下图所示。

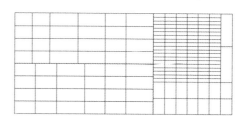

第6步 选择右侧前 6 列上端的前 14 行数据单元格，如下图所示。

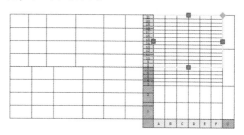

第7步 单击【表格单元】选项卡【合并】面板的【合并全部】按钮，将其合并后如下图所示。

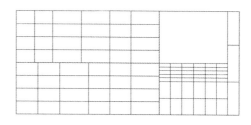

第8步 选择右侧第 4 列第 3 行～第 7 行数据单元格，如下图所示。

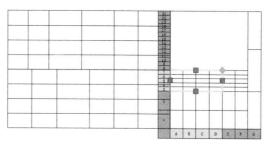

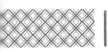

第9步 单击【表格单元】选项卡【合并】面板的【合并全部】按钮，将其合并后如下图所示。

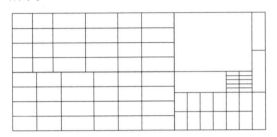

第10步 将剩余的第5列和第6列数据单元格分别进行合并，如下图所示。

合并结果

第11步 继续合并"标题"单元格，如下图所示。

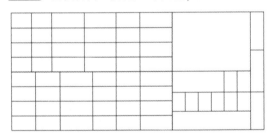

5. 调整标题栏

第1步 按住鼠标左键并拖动选择最右侧表格，如下图所示。

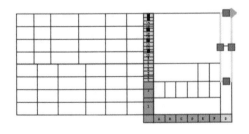

第2步 在【特性】面板上将单元宽度改为50，如下图所示。

第3步 继续选择需要修改列宽的表格，如下图所示。

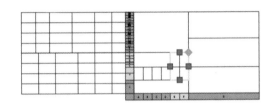

第4步 在【特性】面板上将单元宽度改为12，如下图所示。

第5步 单元格的宽度修改完毕后如下图所示。

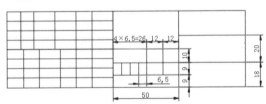

6. 填写标题栏

第1步 双击要填写文字的单元格，然后输入相应的内容，如下图所示。

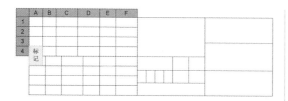

第2步 如果输入的内容较多或字体较大，超出了表格范围，可以选中输入的文字，然后在弹出的【文字编辑器】选项卡的【样式】面板修改文字的高度，如下图所示。

第7步 选中锁定后的内容或格式，将出现"🔒"图标，只有重新解锁后，才能修改该内容，如下图所示。

第3步 选中好文字高度后，按【↑】【↓】【←】【→】键转到下一个单元格，如下图所示。

第8步 重复第 5 步～第 6 步，将所有不需要修改的内容锁定，然后单击【默认】选项卡【修改】面板的【移动】按钮✛，选择所有的标题栏为移动对象，并捕捉右下角的端点为基点，如下图所示。

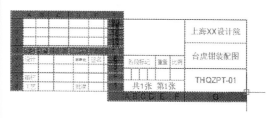

第4步 继续输入文字，并对文字的大小进行调整，使输入的文字适应表格大小，结果如下图所示。

第9步 捕捉图框内边框的右下端点为位移的第二点，标题栏移动后如下图所示。

第5步 选中确定不需要修改的文字内容，如下图所示。

第6步 单击【表格单元】选项卡【单元格式】面板的【单元锁定】下拉按钮，选择【内容和格式已锁定】选项，如下图所示。

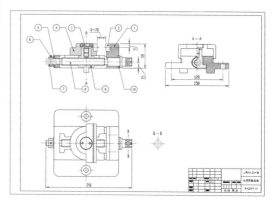

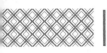

8.2 创建台虎钳装配图的明细栏

对于装配图来说，除标题栏外，还要有明细栏，8.1 节我们介绍了标题栏的绘制方法，这一节我们来绘制明细栏。

8.2.1 创建明细栏表格样式

创建明细栏表格样式的方法和前面相似，具体操作步骤如下。

第1步 单击【默认】选项卡【注释】面板的【表格样式】按钮 ▦。

第2步 在弹出的【表格样式】对话框单击【新建】按钮，以 8.1 节创建的"标题栏表格样式（左）"为基础样式，在对话框中输入新样式名"明细栏表格样式"，如下图所示。

第3步 在弹出的【新建表格样式：明细栏表格样式】对话框中单击【常规】选项卡【表格方向】选项的下拉按钮，选择"向上"，如下图所示。

第4步 单击【单元样式】选项卡的【文字】选项卡，将"数据"单元格的文字高度改为2.5，如下图所示。

第5步 单击【单元样式】下拉按钮，在弹出的

下拉列表中选择"标题"，然后将"标题"的文字高度改为 2.5，如下图所示。

第6步 将"表头"的文字高度也改为 2.5，如下图所示。

第7步 设置完成后单击【确定】按钮，回到【表格样式】对话框，单击选择"明细栏表格样式"，然后单击【置为当前】按钮，将其设置为当前样式，最后单击【关闭】按钮退出【表格样式】对话框，如下图所示。

8.2.2 创建明细栏

明细栏表格样式创建完成后就可以开始创建明细栏了，创建明细栏的方法和创建标题栏的方法相似。

明细栏的具体绘制步骤如下。

1. 创建明细栏表格

第1步 单击【默认】选项卡【注释】面板的【表格】按钮 ⊞。

第2步 在弹出的【插入表格】对话框中进行设置，将列数设置为6，列宽设置为10；数据行数设置为9，行高设置为1。最后将单元样式全部设置为"数据"，如下图所示。

第3步 其他设置保持默认，单击【确定】按钮退出【插入表格】对话框，在合适位置单击指定表格插入点，如下图所示。

第4步 插入表格后按【Esc】键退出文字输入状态，按【Ctrl+1】组合键，弹出【特性】面板后，按住鼠标左键并拖动选择第1列表格，如下图所示。

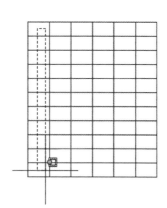

第5步 在【特性】面板上将单元宽度改为20，如下图所示。

第6步 结果如下图所示。

第7步 将其他单元格的宽度进行适当调整。按【Esc】键退出选择状态后如下图所示。

20	32	28	21	29	50

2. 填写并调整明细栏

第1步 双击左下角的单元格，输入相应的内容并适当调整文字高度后按【↑】键，将光标移动到上一单元格并输入序号"1"，如下图所示。

	A	B	C	D	E	F
1						
2						
3						
4						
5						
6						
7						
8						
9						
10	1					
11	序号					

第2步 重复第1步填写表格的其他内容，如下图所示。

10	AT021-10	垫圈	1	A3	
9	AT021-09	螺母	1	HT150	
8	AT021-08	螺杆	1	45	
7	AT021-07	环	1	35	
6	AT021-06	销	1	35	GB117-86
5	AT021-05	垫圈	1	A3	
4	AT021-04	活动钳身	1	HT150	
3	AT021-03	螺钉	1	45	
2	AT021-02	钳口板	2	45	
1	AT021-01	固定钳身	1	HT150	
序号	图号	名称	数量	材料	备注

第3步 选中位置不在"正中"的序号，如下图所示。

	A	B	C	D	E	F
1	10	AT021-10	垫圈	1	A3	
2	9	AT021-09	螺母	1	HT150	
3	8	AT021-08	螺杆	1	45	
4	7	AT021-07	环	1	35	
5	6	AT021-06	销	1	35	GB117-86
6	5	AT021-05	垫圈	1	A3	
7	4	AT021-04	活动钳身	1	HT150	
8	3	AT021-03	螺钉	1	45	
9	2	AT021-02	钳口板	2	45	
10	1	AT021-01	固定钳身	1	HT150	
11	序号	图号	名称	数量	材料	备注

第4步 单击【表格单元】选项卡【单元样式】面板【对齐】下拉列表的【正中】选项，如下图所示。

第5步 将序号对齐方式改为"正中"后，结果如下图所示。

10	AT021-10	垫圈	1	A3	
9	AT021-09	螺母	1	HT150	
8	AT021-08	螺杆	1	45	
7	AT021-07	环	1	35	
6	AT021-06	销	1	35	GB117-86
5	AT021-05	垫圈	1	A3	
4	AT021-04	活动钳身	1	HT150	
3	AT021-03	螺钉	1	45	
2	AT021-02	钳口板	2	45	
1	AT021-01	固定钳身	1	HT150	
序号	图号	名称	数量	材料	备注

第6步 将其他不在"正中"的文字也改为"正中"对齐，如下图所示。

10	AT021-10	垫圈	1	A3	
9	AT021-09	螺母	1	HT150	
8	AT021-08	螺杆	1	45	
7	AT021-07	环	1	35	
6	AT021-06	销	1	35	GB117-86
5	AT021-05	垫圈	1	A3	
4	AT021-04	活动钳身	1	HT150	
3	AT021-03	螺钉	1	45	
2	AT021-02	钳口板	2	45	
1	AT021-01	固定钳身	1	HT150	
序号	图号	名称	数量	材料	备注

第7步 单击【默认】选项卡【修改】面板的【移动】按钮 ✛，选择明细栏为移动对象，并捕捉其右下角的端点为基点，如下图所示。

10	AT021-10	垫圈	1	A3	
9	AT021-09	螺母	1	HT150	
8	AT021-08	螺杆	1	45	
7	AT021-07	环	1	35	
6	AT021-06	销	1	35	GB117-86
5	AT021-05	垫圈	1	A3	
4	AT021-04	活动钳身	1	HT150	
3	AT021-03	螺钉	1	45	
2	AT021-02	钳口板	2	45	
1	AT021-01	固定钳身	1	HT150	
序号	图号	名称	数量	材料	备注

第8步 捕捉标题栏的右上端点为位移的第二点，明细栏移动后如下图所示。

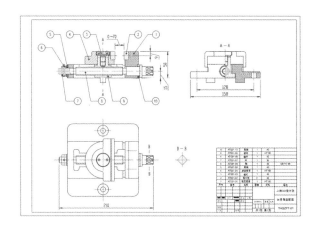

8.3　添加台虎钳装配图的技术要求

当设计要求在图上难以用图形与符号表达时，则通过"技术要求"进行表达"技术要求"可通过文字创建。

在 AutoCAD 中，文字的创建方法有两种，即单行文字和多行文字，不管用哪种方法创建文字，在创建文字之前都要先设定适合自己的文字样式。

8.3.1　创建文字样式

AutoCAD 中默认使用的文字样式为 Standard，通过"文字样式"对话框可以对文字样式进行修改，或者创建适合自己的文字样式。

创建技术要求文字样式的具体操作步骤如下。

第1步 单击【默认】选项卡【注释】面板的【文字样式】按钮 **A**，如下图所示。

> ┤提示├ ·········
>
> 除了通过面板调用文字样式命令外，还可以通过以下方法调用文字样式命令。
> ·执行【格式】→【文字样式】菜单命令。
> ·在命令行输入【STYLE/ST】命令并按空格键。
> ·单击【注释】选项卡【文字】面板右下角的箭头 ↘ 按钮。

第2步 在弹出的【文字样式】对话框单击【新建】按钮，在弹出的【新建文字样式】对话框中输入新样式名：机械样板文字。

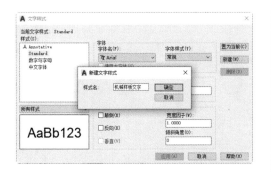

第3步 单击【确定】按钮，这时文字样式列表中多了一个"机械样板文字"，如下图所示。

第4步 选中"机械样板文字"样式，然后单击字体名下拉列表，选中"仿宋"，如下图所示。

第5步 选中"机械样板文字"，然后单击【置为当前】按钮，弹出如下图所示的修改提示框。

第6步 单击【是】按钮，最后单击【关闭】按钮即可。

8.3.2 使用单行文字书写技术要求

技术要求既可以用单行文字创建，也可以用多行文字创建。

使用单行文字命令可以创建一行或多行文字，在创建多行文字的时候，通过按【Enter】键来结束每一行。其中，每行文字都是独立的对象，可对其进行移动、调整格式或其他修改。

使用单行文字命令创建技术要求的具体操作步骤如下。

第1步 单击【默认】选项卡【注释】面板【文字】下拉按钮中的【单行文字】按钮A，如下图所示。

> **提示**
>
> 除了通过面板调用单行文字命令外，还可以通过以下方法调用单行文字命令。
> · 执行【绘图】→【文字】→【单行文字】菜单命令。
> · 在命令行输入【TEXT/DT】命令并按空格键。
> · 单击【注释】选项卡【文字】面板【文字】下拉按钮中的【单行文字】按钮A。

第2步 在绘图区域单击指定文字的起点，在命令行中指定文字高度及旋转角度，并分别按【Enter】键确认。

```
命令： _TEXT
当前文字样式： "机械样板文字"
文字高度： 5.0000 注释性： 否 对
正： 左
指定文字的起点 或 [对正(J)/样式(S)]：
指定高度 <5.0000>： 9
```

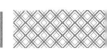

```
指定文字的旋转角度 <0>:        ↙
```

第3步 输入文字内容，完成后按两次【Enter】键退出命令。

> 技术要求：
> 1．铸件不得有气孔、裂纹等缺陷；
> 2．未注圆角为R3～R5；
> 3．螺杆8和环7上的圆锥销孔配作。

第4步 按【Ctrl+1】组合键，弹出【特性】面板后，选择技术要求的具体内容，如下图所示。

> 技术要求：
> ■．铸件不得有气孔、裂纹等缺陷；
> ■．未注圆角为R3～R5；
> ■．螺杆8和环7上的圆锥销孔配作。

> **|提示|** ┊┊┊┊┊
>
> 单行文字的每一行都是独立的，可以单独选取。

第5步 在【特性】选项板中将文字高度改为7，如下图所示。

8.3.3 合并单行文字

可以在命令行输入【TXT2MTXT】来执行合并文字操作。

第1步 选择 8.3.2 节输入的技术要求，如下图所示。

> 技术要求：
> ■．铸件不得有气孔、裂纹等缺陷；
> 2．未注圆角为R3～R5；
> ■．螺杆8和环7上的圆锥销孔配作。

> 文字是多个独立的个体

第6步 文字高度改变后如下图所示。

> 技术要求：
> 1．铸件不得有气孔、裂纹等缺陷；
> 2．未注圆角为R3～R5；
> 3．螺杆8和环7上的圆锥销孔配作。

> **|提示|** ┊┊┊┊┊
>
> 通过【特性】选项板不仅可以更改文字的高度，还可以更改文字的内容、样式、注释性、旋转、宽度因子及倾斜等，如果仅仅是更改文字的内容，还可以通过以下方法来实现。
>
> ·执行【修改】→【对象】→【文字】→【编辑】菜单命令。
> ·在命令行中输入【DDEDIT/ED】命令并按空格键。
> ·在绘图区域双击单行文字对象。
> ·选择文字对象，在绘图区域单击鼠标右键，在弹出的快捷菜单中选择【编辑】命令。

第2步 单击【插入】选项卡【输入】面板的【合并文字】按钮，如下图所示。

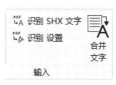

第3步 根据命令行提示输入【SE】，在弹出的对话框中进行如下图所示的设置。

```
命令：_TXT2MTXT
选择要合并的文字对象...
选择对象或 [设置(SE)]：SE
```

第4步 设置完成后单击【确定】按钮，然后选

择所有的文字，按【Enter】键，将所选的单行文字合并成单个多行文字，然后在合并后的文字上任意单击，即可选中所有文字，如下图所示。

技术要求：
1. 铸件不得有气孔、裂纹等缺陷；
2. 未注圆角为R3～R5；
3. 螺杆8和环7上的圆锥销孔配作。

（整个文字选中后只有一个夹点）

8.3.4 使用多行文字创建技术要求

多行文字又称为段落文字，这是一种更易于管理的文字对象，可以由两行以上的文字组成，而且无论多少行，文字都是作为一个整体存在。

使用多行文字创建技术要求的具体操作步骤如下。

第1步 单击【默认】选项卡【注释】面板【文字】下拉按钮中的【多行文字】按钮 **A**，如下图所示。

| 提示 |

除了通过面板调用多行文字命令外，还可以通过以下方法调用多行文字命令。

· 执行【绘图】→【文字】→【多行文字】菜单命令。

· 在命令行输入【MTEXT/T】命令并按空格键。

· 单击【注释】选项卡【文字】面板【文字】下拉按钮中的【多行文字】按钮 **A**。

第2步 在绘图区域单击指定文本输入框的第一个角点，然后拖动鼠标并单击，指定文本输入框的另一个角点，如下图所示。

指定文本输入框的第一个角点 ⇨ 指定文本输入框的另一个角点

第3步 系统弹出【文字编辑器】，如下图所示。

第4步 在弹出的【文字编辑器】选项卡的【样式】面板中将文字高度设置为"9"。

第5步 在【文字编辑器】窗口中输入文字内容，如下图所示。

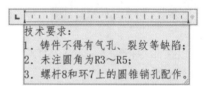

技术要求：
1. 铸件不得有气孔、裂纹等缺陷；
2. 未注圆角为R3～R5；
3. 螺杆8和环7上的圆锥销孔配作。

第6步 选择技术要求的内容，如下图所示。

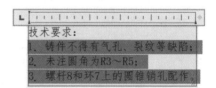

技术要求：
1. 铸件不得有气孔、裂纹等缺陷；
2. 未注圆角为R3～R5；
3. 螺杆8和环7上的圆锥销孔配作。

第7步 在【文字编辑器】选项卡的【样式】面板中将文字高度设置为"7",如下图所示。

第8步 单击【关闭文字编辑器】按钮,退出文字书写操作,结果如下图所示。

技术要求:
1. 铸件不得有气孔、裂纹等缺陷;
2. 未注圆角为R3～R5;
3. 螺杆8和环7上的圆锥销孔配作。

| 提示 | ::::::::::

多行文字分解后变成多个单行文字。

创建元器件表

创建元器件表的具体操作步骤如表 8-1 所示。

表 8-1　创建元器件表

步骤	创建方法	结　　果	备　注
1	创建元器件表格样式	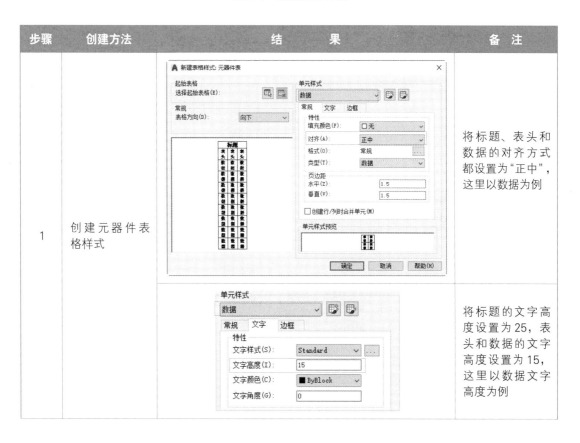	将标题、表头和数据的对齐方式都设置为"正中",这里以数据为例
			将标题的文字高度设置为25,表头和数据的文字高度设置为15,这里以数据文字高度为例

续表

步骤	创建方法	结　果	备　注
2	通过【插入表格】对话框插入表格，插入表格列数为8，列宽为100，数据行数为6，行高为2，第一行、第二行单元格式分别为标题和表头	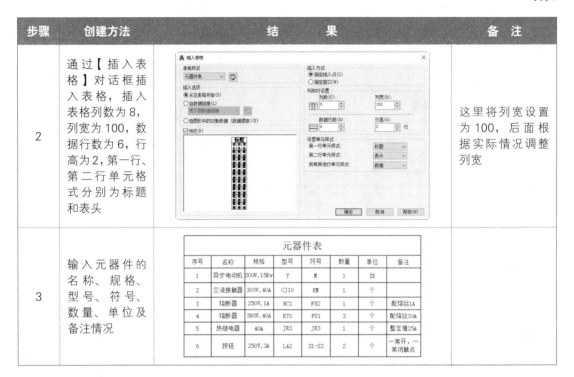	这里将列宽设置为100，后面根据实际情况调整列宽
3	输入元器件的名称、规格、型号、符号、数量、单位及备注情况	见下表	

元器件表

序号	名称	规格	型号	符号	数量	单位	备注
1	异步电动机	300V,15Kw	Y	M	1	台	
2	交流接触器	300V,40A	CJ10	KM	1	个	
3	熔断器	250V,1A	RC1	FU2	1	个	配熔丝1A
4	熔断器	380V,40A	RT0	FU1	3	个	配熔丝30A
5	热继电器	40A	JR3	JR3	1	个	整定值25A
6	按钮	250V,3A	LA2	S1-S2	2	个	一常开，一常闭触点

1. AutoCAD 中的文字为什么是 "？"

AutoCAD 字体通常可以分为标准字体和大字体，标准字体一般存放在 AutoCAD 安装目录下的 FONT 文件夹里面，而大字体则存放在 AutoCAD 安装目录下的 FONTS 文件夹里面。假如字体库里面没有所需字体，AutoCAD 文件里面的文字对象则会以乱码或 "？" 显示，如果需要使乱码文字正常显示，则需要替换字体。

下面以实例形式对文字字体的替换过程进行详细介绍，具体操作步骤如下。

第1步 打开随书配套资源中的 "素材 \CH08\AutoCAD 字体 .dwg" 文件，如下图所示。

第2步 单击【格式】选项卡【文字样式】菜单命令，弹出【文字样式】对话框，如下图所示。

第3步 在【样式】区域选择"PC_TEXTSTYLE"，然后取消勾选【使用大字体】前的复选框，单击【字体】区域中的【字体名】下拉按钮，选择"仿宋"，如下图所示。

第4步 单击【应用】按钮并关闭【文字样式】对话框，结果如下图所示。

图样标记

| 提示 |

如果字体没有显示，执行【视图】→【重生成】菜单命令即可显示出新设置的字体。

2. 如何识别 PDF 文件中的 SHX 文字

将 PDF 文件导入 AutoCAD 后，PDF 的 SHX 文字（形文字）通常是以图形形式存在的，通过【PDFSHXTEXT】命令，可以识别 PDF 中的 SHX 文字，并将其转换为文字对象，具体操作步骤如下。

第1步 新建一个图形文件，然后单击【插入】选项卡【输入】面板的【PDF 输入】按钮，选择随书配套资源中的"素材\CH08\识别 PDF 中的 SHX 文字.dwg"文件，如下图所示。

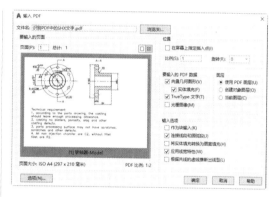

第3步 设置完成后，单击【确定】按钮，在 AutoCAD 绘图区指定插入点，将 PDF 文件插入后，选择文字内容，可以看到 SHX 文字显示为几何图形，如下图所示。

第2步 单击【打开】按钮，系统弹出【输入 PDF】对话框，如下图所示。

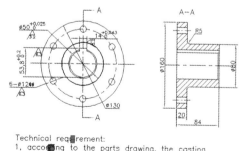

第4步 退出选择，然后单击【插入】选项卡【输

入】面板的【识别 SHX 文字】按钮，选择所有文字，文字识别完成后，弹出识别结果，如下图所示。

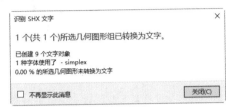

第5步 单击【关闭】按钮，再选择文字内容，可以看到每行文字作为单行文字被选中，如下图所示。

> **| 提示 |**
>
> 目前 AutoCAD 只识别 PDF 中的英文 SHX 文字。
>
> 如果找不到相应的 SHX 文字，在第4步操作中当提示"选择对象或[设置(SE)]"时，输入【SE】，在弹出的【PDF 文字识别设置】对话框中勾选更多要进行比较的 SHX 字体，如下图所示。

> **| 提示 |**
>
> 勾选所有 SHX 字体后，如果仍不能识别，则可以单击【添加】按钮，在弹出的【选择 SHX 字体文件】对话框中选择 AutoCAD 内置的 SHX 字体，如下图所示。

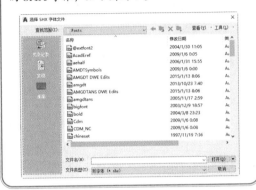

第9章

图块

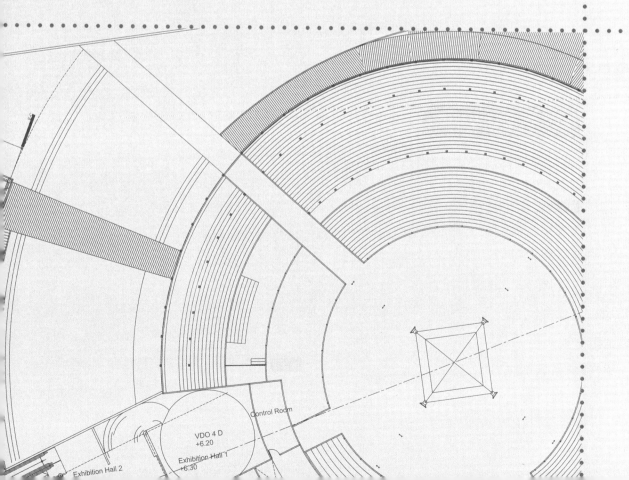

本章导读

图块是一组图形实体的总称，在应用过程中，图块将作为一个独立的、完整的对象来操作，用户可以根据需要按指定比例和角度将图块插入指定位置。

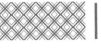

9.1 完善四室两厅装潢平面图

装潢平面图是装潢施工图的一种，用于表现建筑物的平面形状、布局、家具摆放、厨卫设备布置、门窗位置及地面铺设等。

本例是在已有的平面图基础上，通过创建和插入图块对图形进行完善，完成后如下图所示。

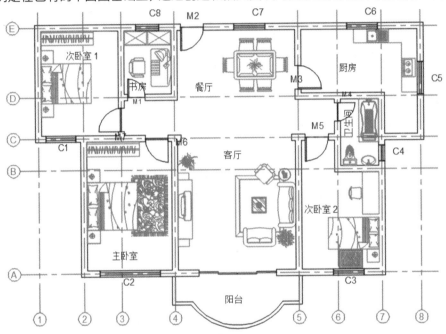

9.1.1 创建内部块

内部块只能在当前图形中使用，不能应用到其他图形中。创建内部块的具体操作如下。

第1步 打开随书配套资源中的"素材\CH09\四室两厅.dwg"文件，如下图所示。

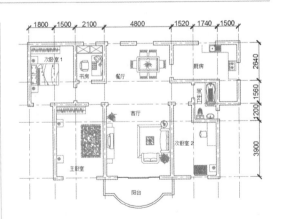

第2步 单击【默认】选项卡【图层】面板的【图层】下拉列表，将"标注"图层和"中轴线"图层关闭，如下图所示。

第3步 "标注"图层和"中轴线"图层关闭后，结果如下图所示。

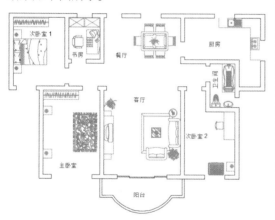

第4步 单击【默认】选项卡【块】面板的【创建】按钮，如下图所示。

> **|提示|** ┈┈┈┈
>
> 　　除了通过【默认】选项板调用内部块命令外，还可以通过以下方法调用内部块命令。
>
> 　　·单击【插入】选项卡【块定义】面板的【创建块】按钮　　　。
>
> 　　·执行【绘图】→【块】→【创建】菜单命令。
>
> 　　·在命令行输入【BLOCK/B】命令并按空格键。

第5步 在弹出的【块定义】对话框中选中【转换为块】单选项，如下图所示。

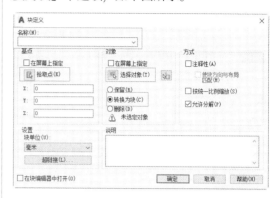

> **|提示|** ┈┈┈┈
>
> 　　创建块后，原对象有三种结果，即保留、转换为块和删除。
>
> 　　·保留：选择该项，图块创建完成后，原图形仍保留原来的属性。
>
> 　　·转换为块：选择该项，图块创建完成后，原图形将转换成图块的形式存在。
>
> 　　·删除：选择该项，图块创建完成后，原图形将自动删除。

第6步 在【块定义】对话框中单击【选择对象】前的　　按钮，并在绘图区域选择"单人沙发"作为组成块的对象，如下图所示。

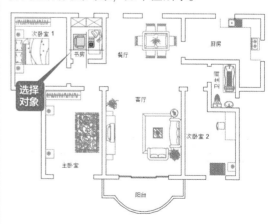

第7步 按空格键确认，返回【块定义】对话框，单击【拾取点】按钮，然后捕捉如下图所示的中点为基点。

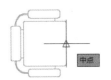

第8步 返回【块定义】对话框，为块添加名称【单人沙发】，单击【确定】按钮完成块的创建，如下图所示。

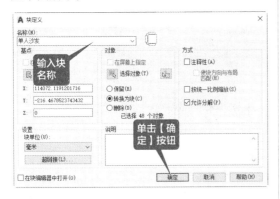

第9步 重复创建块命令，在【块定义】对话框单击【选择对象】前的 按钮，在绘图区域选择"床"作为组成块的对象，如下图所示。

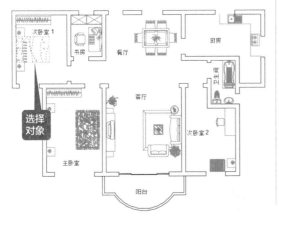

第10步 按空格键以确认，返回【块定义】对话框，单击【拾取点】按钮，然后捕捉如下图所示的端点为基点。

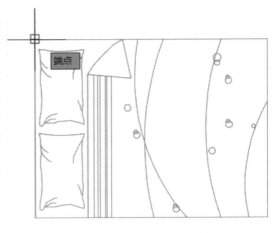

第11步 返回【块定义】对话框，为块添加名称【床】，最后单击【确定】按钮完成块的创建，如下图所示。

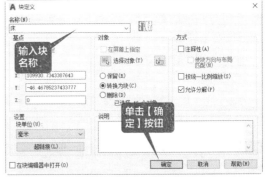

9.1.2 创建带属性的图块

带属性的图块，就是先给图形添加一个属性定义，然后将带属性的图形创建成块。属性特征主要包括标记（标识属性的名称）、插入块时显示的提示、值的信息、文字格式、块中的位置和所有可选模式（不可见、常数、验证、预设、锁定位置和多行）。

1. 创建带属性的"门"图块

第1步 单击【默认】选项卡【图层】面板的【图层】下拉按钮，将"门窗"图层置为当前图层，如下图所示。

第2步 单击【默认】选项卡【绘图】面板的【矩形】按钮 ⬝，在空白区域任意单击指定矩形的第一角点，然后输入 "@50,900" 作为第二角点，如下图所示。

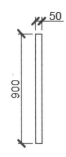

第3步 单击【默认】选项卡【绘图】面板的【圆弧】选项的【起点，圆心，角度】按钮 ⬝，捕捉矩形的左上端点为圆弧的起点，如下图所示。

第4步 捕捉矩形的左下端点为圆弧的圆心，如下图所示。

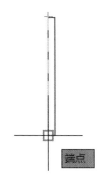

第5步 输入圆弧的角度 "-90"，结果如下图所示。

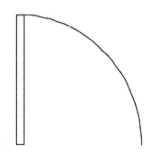

第6步 单击【默认】选项卡【绘图】面板的【直线】按钮 ⬝，连接矩形的右下角点和圆弧的端点，如下图所示。

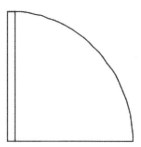

第7步 单击【插入】选项卡【块定义】面板的【定义属性】按钮 ⬝，如下图所示。

> **提示**
>
> 除了通过菜单调用定义属性命令外，还可以通过以下方法调用定义属性命令。
> ·执行【绘图】→【块】→【定义属性】菜单命令。
> ·在命令行输入【ATTDEF/ATT】命令并按空格键。

第8步 在弹出的【属性定义】对话框的【标记】输入框中输入 "M"，然后在提示框中输入提示内容 "请输入门编号"，最后输入文字高度 "250"，如下图所示。

第9步 单击【确定】按钮，然后将标记放置到门图形的下面，如下图所示。

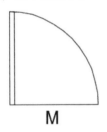

第10步 单击【默认】选项卡【块】面板的【创建】按钮 ，单击【选择对象】前的 按钮，在绘图区域选择"门"和"属性"作为组成块的对象，如下图所示。

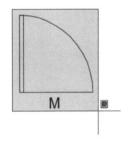

第11步 按空格键确认，返回【块定义】对话框，单击【拾取点】按钮，捕捉如下图所示的端点为基点。

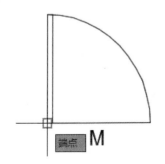

第12步 返回【块定义】对话框，为块添加名称【门】，并选择【删除】单选项，最后单击【确定】按钮完成块的创建，如下图所示。

2. 创建带属性的"窗"图块

第1步 单击【默认】选项卡【绘图】面板的【矩形】按钮 ，在空白区域任意单击，指定矩形的第一角点，然后输入"@1200,240"作为第二角点，如下图所示。

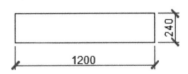

第2步 单击【默认】选项卡【修改】面板的【分解】按钮 ，选择刚绘制的矩形并将其分解，如下图所示。

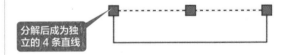

分解后成为独立的4条直线

第3步 单击【默认】选项卡【修改】面板的【偏移】按钮 ，将分解后的上下两条水平直线分别向内侧偏移80，如下图所示。

第4步 单击【插入】选项卡【块定义】面板的【定义属性】按钮 ，在弹出的【属性定义】对话框的【标记】输入框中输入"C"，然后在提示框中输入提示内容"请输入窗编号"，

最后输入文字高度"250"，如下图所示。

第5步 单击【确定】按钮，然后将标记放置到窗图形的下面，如下图所示。

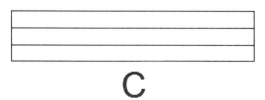

第6步 单击【默认】选项卡【块】面板的【创建】按钮　，单击【选择对象】前的　按钮，在绘图区域选择"窗"和"属性"作为组成块的对象，如下图所示。

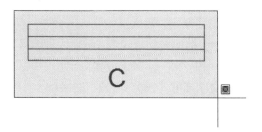

第7步 按空格键确认，返回【块定义】对话框，单击【拾取点】按钮，捕捉如下图所示的端点为基点。

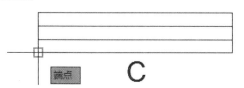

第8步 返回【块定义】对话框，为块添加名称【窗】，并选择【删除】单选项，最后单击【确定】按钮完成块的创建，如下图所示。

3. 创建带属性的"轴线编号"图块

第1步 单击【默认】选项卡【图层】面板的【图层】下拉按钮，将"轴线编号"图层置为当前图层。

第2步 单击【默认】选项卡【绘图】面板的【圆】选项的【圆心，半径】按钮　，在空白区域任意单击一点，指定圆心，然后输入半径值250，如下图所示。

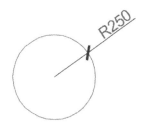

第3步 单击【插入】选项卡【块定义】面板的【定义属性】按钮　，在弹出的【属性定义】对话框的【标记】输入框中输入"横"，然后在【提示】框中输入提示内容"请输入轴编号"，输入默认值"1"，对正设置为"正中"，最后输入文字高度"250"，如下图所示。

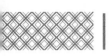

第4步 单击【确定】按钮，然后将标记放置到圆心处，如下图所示。

第5步 单击【默认】选项卡【块】面板的【创建】按钮，单击【选择对象】前的 按钮，在绘图区域选择"圆"和"属性"作为组成块的对象，如下图所示。

第6步 按空格键确认，返回【块定义】对话框，单击【拾取点】按钮，捕捉如下图所示的象限点为基点。

第7步 返回【块定义】对话框，为块添加名称【横向轴编号】，并选择【删除】选项，最后单击【确定】按钮完成块的创建，如下图所示。

第8步 单击【默认】选项卡【绘图】面板的【圆】选项的【圆心，半径】按钮，在空白区域任意单击指定圆心，然后输入半径值250，如下图所示。

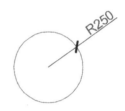

第9步 单击【插入】选项卡【块定义】面板的【定义属性】按钮，在弹出的【属性定义】对话框的【标记】输入框中输入"竖"，然后在【提示】框输入提示内容"请输入轴编号"，输入默认值"A"，对正设置为"正中"，最后输入文字高度"250"，如下图所示。

第10步 单击【确定】按钮，然后将标记放置到圆心处，如下图所示。

第11步 单击【默认】选项卡【块】面板的【创建】按钮 ，单击【选择对象】前的 按钮，在绘图区域选择"圆"和"属性"作为组成块的对象，如下图所示。

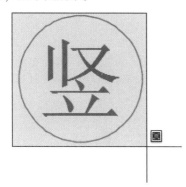

第12步 按空格键确认，返回【块定义】对话框，

单击【拾取点】按钮，然后捕捉如下图所示的象限点为基点。

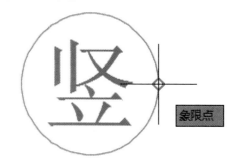

第13步 返回【块定义】对话框，为块添加名称【竖向轴编号】，并选择【删除】选项，最后单击【确定】按钮完成块的创建，如下图所示。

9.1.3 创建全局块

全局块也称为写块，是将选定对象保存到指定的图形文件或将块转换为指定的图形文件，全局块不仅能在当前图形中使用，也可以应用到其他图形中。创建全局块的具体操作步骤如下。

第1步 单击【默认】选项卡【图层】面板的【图层】下拉按钮，将"其他"图层置为当前图层，如下图所示。

第2步 单击【插入】选项卡【块定义】面板的【写块】按钮 ，如下图所示。

> **| 提示 |** ::::::::::
>
> 除了通过面板调用写块命令外，还可以通过【WBLOCK/W】命令来调用。

第3步 在弹出的【写块】对话框中的【源】选项组中选择【对象】单选项，在【对象】选项组中选择【转换为块】单选项，如下图所示。

第4步 单击【选择对象】前的 ↘ 按钮，在绘图区域中选择"电视机"，如下图所示。

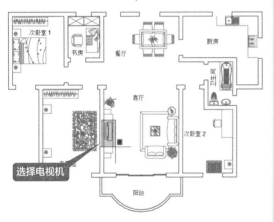

第5步 按空格键确认，返回【写块】对话框，单击【拾取点】按钮，捕捉如下图所示的中点为基点。

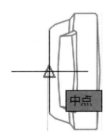

第6步 返回【写块】对话框，在【目标】选项组中单击【文件名和路径】按钮，在弹出的对话框中设置文件名称及保存路径，如下图所示。

第7步 单击【保存】按钮，返回【写块】对话框，单击【确定】按钮即可完成全局块的创建，如下图所示。

第8步 重复第2步~第4步，在绘图区域选择"盆景"为创建写块的对象，如下图所示。

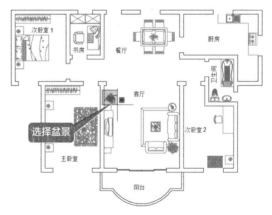

第9步 按空格键确认，返回【写块】对话框，单击【拾取点】按钮，捕捉如下图所示的圆心为基点。

第10步 返回【写块】对话框，单击【目标】选项组中的【文件名和路径】按钮，如下图所示。将创建的全局块保存后，返回【写块】对话框，单击【确定】按钮即可完成全局块的创建。

9.1.4 插入内部块

通过块选项板，可以将创建的图块插入图形，插入的块可以进行分解、旋转、镜像、复制等编辑操作。插入内部块的具体操作步骤如下。

第1步 单击【默认】选项卡【图层】面板的【图层】下拉按钮，将"0"图层置为当前图层，如下图所示。

第2步 在命令行中输入【I】命令并按空格键，在弹出的【块】选项板中的【当前图形块】选项卡中选择"单人沙发"，将角度设置为225，如下图所示。

| 提示 | :::::::::

除了通过输入命令调用插入命令外，还可以通过以下方法调用插入命令。

· 单击【默认】选项卡【块】面板的【插入】按钮。

· 单击【插入】选项卡【块】面板的【插入】按钮。

· 执行【插入】→【块选项板】菜单命令。

第3步 在绘图区域指定插入点，如下图所示。

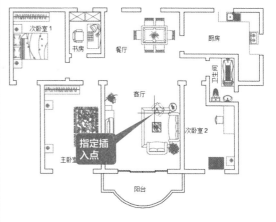

第4步 插入后如下图所示。

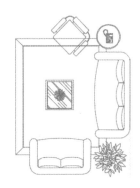

第5步 单击【默认】选项卡【修改】面板的【修剪】按钮，把与"单人沙发"图块相交的部分修剪掉，结果如下图所示。

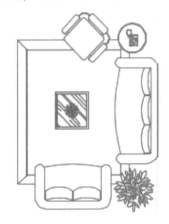

第6步 重复插入命令，选择"床"图块为插入对象，将 z 轴方向的比例改为1.2，如下图所示。

第7步 在绘图区域指定床头柜的端点为插入点，如下图所示。

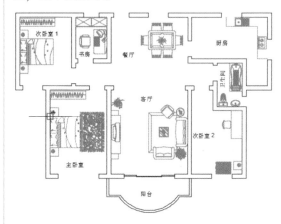

第8步 插入后如下图所示。

第9步 单击【默认】选项卡【修改】面板的【修剪】按钮，把与"床"图块相交的地毯修剪掉，并将修剪不掉的部分删除，结果如下图所示。

第10步 重复插入命令，选择"床"图块为插入对象，将 y 轴方向上的比例设置为"0.8"，将旋转角度设置为180，如下图所示。

第 11 步 在绘图区域指定床头柜的端点为插入点，如下图所示。

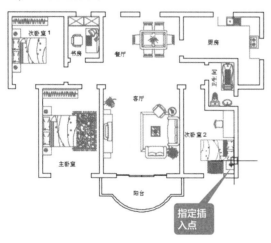

第 12 步 插入后如下图所示。

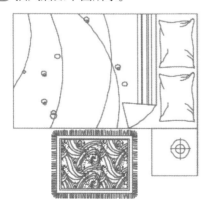

提示

　　AutoCAD 2022 块选项板继承了 AutoCAD 2021 块选项板的总体框架结构，新增了【收藏夹】选项卡。可以将图块从块选项板中的任意选项卡复制到【收藏夹】选项卡。例如，将"床"图块从【当前图形】选项卡复制到【收藏夹】选项卡，整个过程如下图所示。

若要方便地查看和管理 AutoCAD Web 中的图块,则需要登录 Autodesk 账户。可以单击【同步块】对话框中的【下一步】按钮,弹出【登录】对话框,按提示操作即可登录 Autodesk 账户。

插入的块除了可以使用普通修改命令进行编辑外,还可以通过【块编辑器】对插入的块内部对象进行编辑,而且只要修改一个块,和该块相关的块也同时被修改。例如,本例中,将任何一处的"床"图块中的枕头删除一个,其他两个"床"图块中的枕头也将删除一个。通过【块编辑器】编辑图块的操作步骤如下。

第1步 单击【默认】选项卡【块】面板的【块编辑器】按钮 ，如下图所示。

除了通过面板调用编辑块命令外,还可以通过以下方法调用编辑块命令。

· 执行【工具】→【块编辑器】菜单命令。

· 在命令行中输入【BEDIT/BE】命令并按空格键。

· 单击【插入】选项卡【块定义】面板的【块编辑器】按钮 。

· 双击要编辑的块。

第2步 在弹出的【编辑块定义】对话框中选择"床",如下图所示。

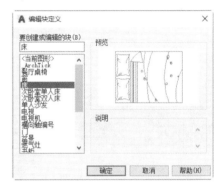

第3步 单击【确定】按钮后进入【块编写选项所有选项板】,如下图所示。

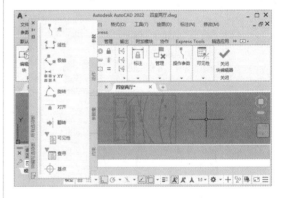

第4步 选中床上的"枕头"将其删除一个,如下图所示。

第5步 单击【块编辑器】选项卡【打开/保存】面板的【保存块】按钮，保存后将【块编辑器】关闭，结果如下图所示。

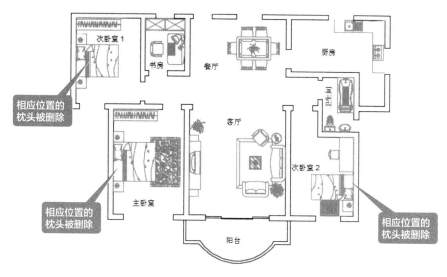

9.1.5 插入带属性的块

插入带属性的块也是通过【插入】对话框来进行，不同的是，插入带属性的块后会弹出【编辑属性】对话框，要求输入属性值。

插入带属性的块的具体操作步骤如下。

1. 插入"门"图块

第1步 在命令行中输入【I】并按空格键，在弹出的【块选项板】的【当前图形】选项卡中选择"门"，并勾选【比例】复选框，如下图所示。

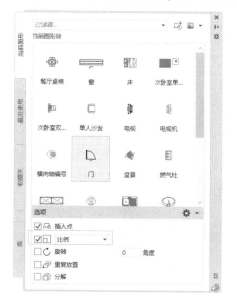

第2步 在绘图区域指定插入点，如下图所示。

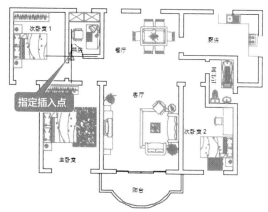

第3步 在命令行指定插入比例，命令如下。

```
输入 X 比例因子，指定对角点，或 [角点
(C)/xyz(XYZ)] <1>: 7/9
输入 Y 比例因子或 <使用 X 比例因子>:
↙
```

第4步 插入后弹出【编辑属性】对话框，输入

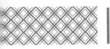

门的编号 M1，如下图所示。

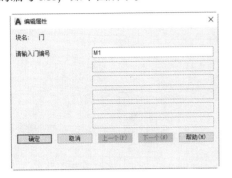

第5步 单击【确定】按钮，结果如下图所示。

第6步 重复插入"门"图块，在弹出的对话框中将 y 轴方向上的比例改为"-1"，如下图所示。

> **┃提示┃**
>
> 任何轴的负比例因子都将创建块或文件的镜像。指定 x 轴的一个负比例因子时，块围绕 y 轴镜像；当指定 y 轴的一个负比例因子时，块围绕 x 轴镜像。

第7步 在绘图区域指定餐厅墙壁的中点为插入点，如下图所示。

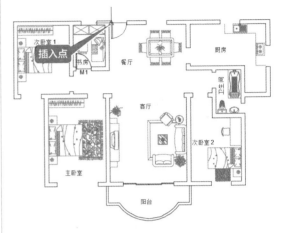

第8步 插入后弹出【编辑属性】对话框，输入门的编号 M2，如下图所示。

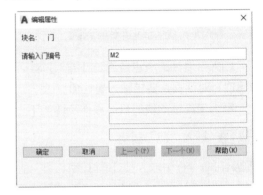

第9步 单击【确定】按钮，结果如下图所示。

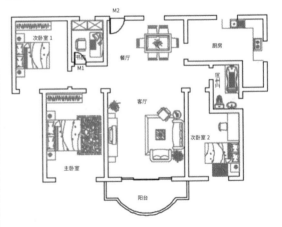

第10步 重复插入"门"图块，插入 M3~M7 门图块，如下图所示。

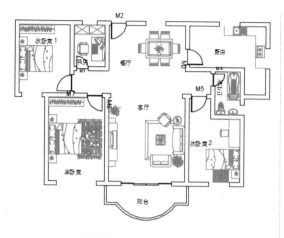

M3~M7 门图块的插入比例及旋转角度如下。

M3（厨房门）: $x=1$, $y=-1$, 90°

M4（卫生间门）: $x=-7/9$, $y=7/9$, 180°

M5（次卧室2门）: $x=1$, $y=-1$, 0°

M6（主卧室门）: $x=-1$, $y=1$, 90°

M7（次卧室1门）: $x=-1$, $y=1$, 0°

第11步 双击 M3 的属性值，在弹出的【增强属性编辑器】对话框的【文字选项】选项卡下，将文字的旋转角度设置为0，如下图所示。

第12步 单击【确定】按钮，M3 的方向发生变化，如下图所示。

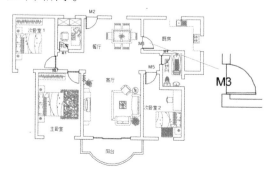

第13步 重复第11步，将 M6 的旋转角度也改为0，结果如下图所示。

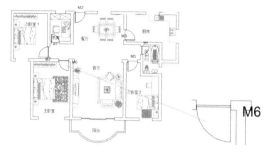

2. 插入"窗"图块

第1步 在命令行中输入【I】并按空格键，在弹出的【块选项板】的【当前图形】选项卡中选择"窗"，x 轴、y 轴比例都为1，角度为0。

第2步 在绘图区域指定插入点，如下图所示。

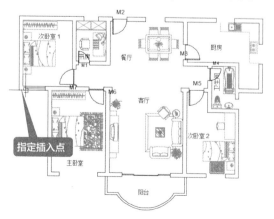

第3步 插入后弹出【编辑属性】对话框，输入窗的编号 C1，如下图所示。

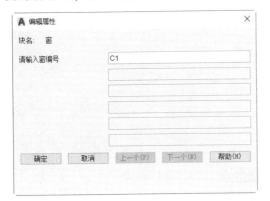

第4步 单击【确定】按钮，结果如下图所示。

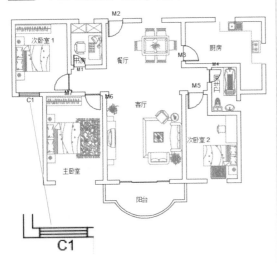

第5步 重复插入"窗"图块，插入 C2~C8 窗图块，如下图所示。

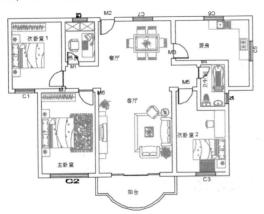

提示

C2~C8 窗图块的插入比例及旋转角度如下。

C2（主卧窗）：$x=2$，$y=1$，$0°$

C3（次卧室2窗）：$x=1$，$y=1$，$0°$

C4（卫生间窗）：$x=0.5$，$y=1$，$90°$

C5（厨房竖直方向窗）：$x=1$，$y=1$，$90°$

C6（厨房水平方向窗）：$x=1$，$y=1$，$180°$

C7（餐厅窗）：$x=1$，$y=1$，$180°$

C8（书房窗）：$x=0.75$，$y=1$，$180°$

第6步 双击 C2 的属性值，在弹出的【增强属性编辑器】对话框的【文字选项】选项卡下将文字的宽度因子设置为1，如下图所示。

第7步 单击【确定】按钮，C2 的字体宽度发生变化，如下图所示。

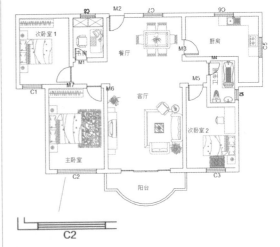

第8步 重复第6步，将 C4~C8 的旋转角度改为0，宽度因子设置为1，结果如下图所示。

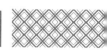

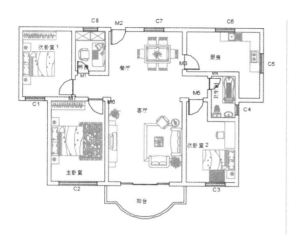

3. 插入"轴编号"图块

第1步 单击【默认】选项卡【图层】面板的【图层】下拉列表，将中轴线图层打开，如下图所示。

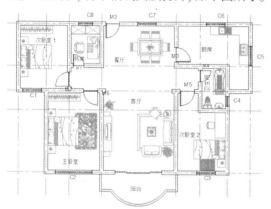

第2步 在命令行中输入【I】并按空格键，在弹出的【块选项板】的【当前图形】选项卡中选择"横向轴编号"，比例都为1，角度为0，如下图所示。

第3步 在绘图区域指定插入点，如下图所示。

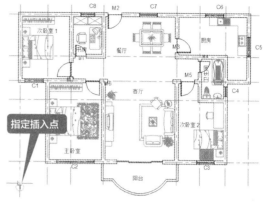

第4步 弹出【编辑属性】对话框，输入轴的编号1，如下图所示。

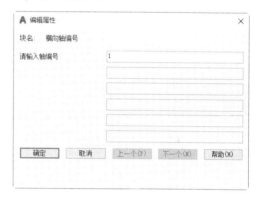

第5步 单击【确定】按钮，结果如下图所示。

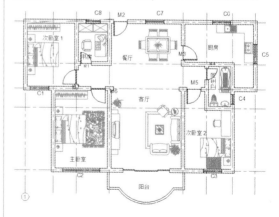

第6步 重复插入"横向轴编号"图块，插入2~8号轴编号，插入的比例都为1，旋转角度都为0，如下图所示。

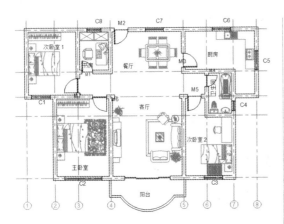

第 7 步 重复插入命令，选择"竖向轴编号"，比例都为 1，角度为 0，如下图所示。

第 8 步 在绘图区域指定插入点，如下图所示。

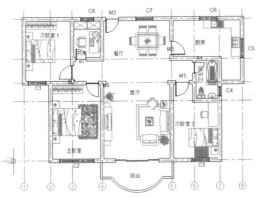

第 9 步 弹出【编辑属性】对话框，输入轴的编号 A，如下图所示。

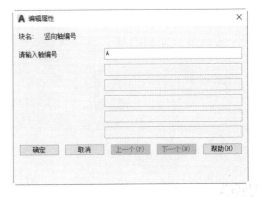

第 10 步 单击【确定】按钮，结果如下图所示。

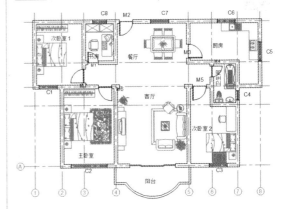

第 11 步 重复插入"竖向轴编号"图块，插入 B~E 号轴编号，插入的比例都为 1，旋转角度都为 0，如下图所示。

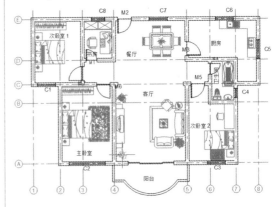

9.1.6 插入全局块

全局块的插入方法和内部块、带属性的块的插入方法相同，都是通过块选项板设置合适的比例和角度后插入。

插入全局块的具体操作步骤如下。

第1步 在命令行中输入【I】并按空格键，在弹出的【块选项板】的【当前图形】选项卡中选择"盆景"，插入的比例都为1，角度为0，如下图所示。

第2步 在绘图区域指定插入点，如下图所示。

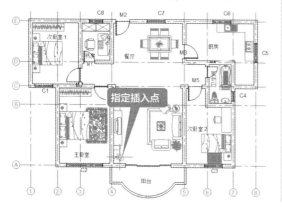

第3步 插入后如下图所示。

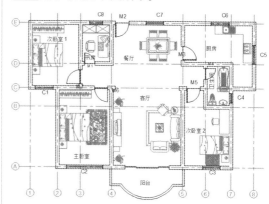

第4步 重复第1步~第2步，在阳台上插入"盆景"图块，结果如下图所示。

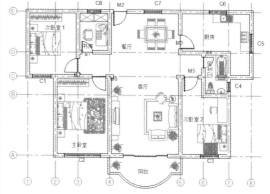

9.2 给住宅平面图插入全局块

全局块除了能在当前图形文件中插入外，还可以插入其他图形文件，本例就将"电视机"全局块插入其他平面图中。具体操作步骤如下。

第1步 打开随书配套资源中的"素材\CH09\住宅平面图.dwg"文件，如下图所示。

第2步 调用插入块命令，在弹出的【块选项板】的【库】选项卡中单击【打开块库】按钮，如下图所示。

第3步 在弹出的【为块库选择文件夹或文件】对话框中选择"电视机"图块，如下图所示。

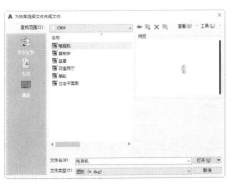

第4步 单击【打开】按钮，返回块选项板，将x轴的比例设置为-0.8，y轴和z轴的比例设置为0.8，其他设置不变，如下图所示。

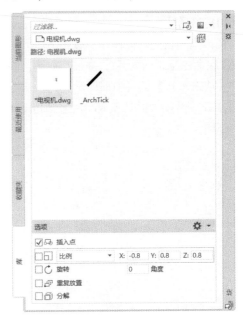

第5步 在绘图区域指定插入点，将电视机插入后如下图所示。

插入的电视机

| 提示 |

　　如果不是第一次使用块选项板中的库选项卡，则可以在调用插入块命令后，直接在【块选项板】→【库】选项卡中单击　按钮，在弹出的【为块库选择文件夹或文件】对话框中选择"电视机"图块。

添加基准符号图块和粗糙度图块

给蜗轮添加基准符号图块和粗糙度图块，首先创建基准符号图块和带属性的粗糙度图块，然后将基准符号图块和带属性的粗糙度图块插入图形相应的位置即可。

给蜗轮添加基准符号图块和粗糙度图块的具体操作步骤如表 9-1 所示。

表 9-1 给蜗轮添加基准符号图块和粗糙度图块

步骤	创建方法	结　　　果	备　注
1	创建基准符号图块		圆的直径为 15，字体高度为 10，创建块时指定两直线的交点为插入基点
2	创建带属性的粗糙度图块		属性值默认为 3.2，文字高度设定为 7.5，创建块时指定两斜线的交点为插入基点
3	插入基准符号图块		旋转角度为 45°
4	插入粗糙度图块		

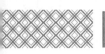

1. 利用"复制"创建块

除了上面介绍的创建图块的方法外，用户还可以通过【复制】命令创建块。通过复制命令创建的块具有全局块的作用，既可以放置（粘贴）在当前图形，也可以放置（粘贴）在其他图形中。

| 提示 |

这里的"复制"不是 AutoCAD 里的【COPY】命令，而是 Windows 中的【Ctrl+C】组合键。

利用复制命令创建内部块的具体操作步骤如下。

第1步 打开随书配套资源中的"素材\CH09\复制块.dwg"文件，如下图所示。

第2步 选择如下图所示的图形对象。

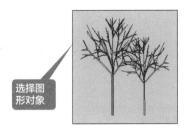

第3步 在绘图区域右击，并在弹出的快捷菜单中选择【剪贴板】中的【复制】命令，如下图所示。

第4步 在绘图区域单击指定插入点，如下图所示。

第5步 结果如下图所示。

| 提示 |

除了单击鼠标右键选择【复制】和【粘贴为块】命令外，还可以通过【编辑】菜单，选择【复制】和【粘贴为块】命令，如下图所示。

此外，复制时，还可以选择【带基点复制】，这样在【粘贴为块】时，就可以以复制的基点为粘贴插入点。

2. 以图块的形式打开无法修复的文件

当文件损坏并且无法修复的时候，可以尝试以图块的形式打开该文件。具体操作如下。

第1步 新建一个 AutoCAD 文件，在命令行中输入【I】后按空格键，在弹出的【块】选项板的【库】选项卡中单击　按钮，在弹出的【为块库选择文件夹或文件】对话框中选择相应文件，单击【打开】按钮，系统返回【块】选项板，如下图所示。

第2步 根据需要进行相关设置，将图形插入当前文件即可完成操作，如下图所示。

第
3
篇

三维绘图篇

第 10 章
绘制三维图形

本章导读

　　使用 AutoCAD 不仅可以绘制二维平面图，还可以创建三维实体模型，相对于二维 *xy* 平面视图，三维视图多了一个维度，不仅有 *xy* 平面，还有 *zx* 平面和 *yz* 平面，因此，三维实体模型具有真实直观的特点。三维实体模型可以通过已有的二维草图来进行创建，也可以直接通过三维建模功能来完成。

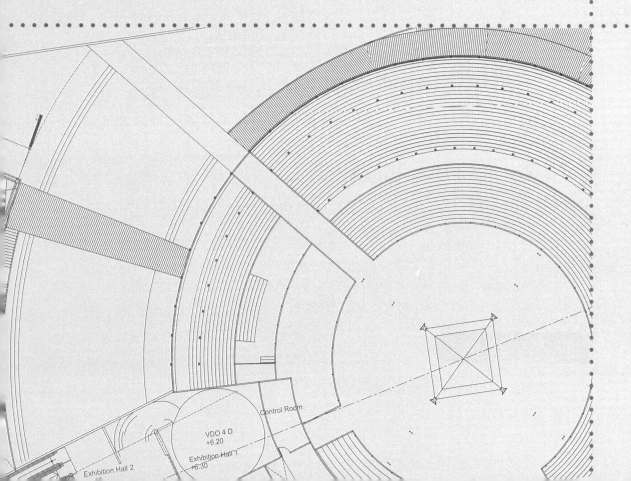

10.1 三维建模工作空间

三维图形是在三维建模工作空间中完成的，因此在创建三维图形之前，首先应该将绘图空间切换到三维建模模式。

切换到三维建模工作空间的方法，除了前文介绍的三种方法外，还可以通过命令行进行切换。在命令行输入"WSCURRENT"命令并按空格键，然后输入"三维建模"即可。

切换到三维建模空间后，可以看到三维建模空间是由快速访问工具栏、菜单栏、选项卡、控制面板、绘图区和状态栏等组成的集合，用户可以在专门的、面向任务的绘图环境中工作，三维建模空间如下图所示。

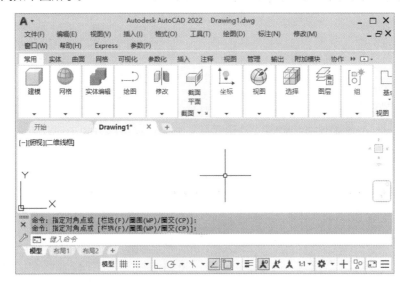

10.2 三维视图和视觉样式

视图是指从不同角度观察三维模型，对于复杂的图形，可以通过切换视图来从多个角度全面观察图形。

视觉样式是用于观察三维实体模型在不同视觉下的效果，AutoCAD 2022 提供了 10 种视觉样式，用户可以切换到不同的视觉样式来观察模型。

10.2.1 三维视图

三维视图可分为标准正交视图和等轴测视图。

标准正交视图：俯视、仰视、前视、左视、右视和后视。

等轴测视图：西南等轴测、东南等轴测、东北等轴测和西北等轴测。

【三维视图】的切换通常有以下 4 种方法。

(1) 单击绘图窗口左上角的【视图】控件，如下图（a）所示。

(2) 单击【常用】选项卡【视图】面板的【三维导航】下拉按钮，如下图（b）所示。

(3) 单击【可视化】选项卡【命名视图】面板中的下拉按钮，如下图（c）所示。

(4) 执行菜单栏中的【视图】→【三维视图】命令，如下图（d）所示。

| (a) | (b) | (c) | (d) |

不同视图下显示的效果也不相同，例如，同一个实体，在【西南等轴测】视图下效果如下左图所示，而在【东南等轴测】视图下的效果如下右图所示。

10.2.2　视觉样式的分类

视觉样式有 10 种类型：二维线框、概念、消隐、真实、着色、带边缘着色、灰度、勾画、线框和 X 射线，程序默认的视觉样式为二维线框。

【视觉样式】的切换方法通常有以下 4 种。

(1) 单击绘图窗口左上角的视图控件，如下图（a）所示。

(2) 单击【常用】选项卡【视图】面板的【视觉样式】下拉按钮，如下图（b）所示。

(3) 单击【可视化】选项卡【视觉样式】面板的【视觉样式】下拉按钮，如下图（b）所示。

(4) 单击菜单栏中的【视图】选项卡的【视觉样式】命令，如下图（c）所示。

[-][俯视][二维线框]

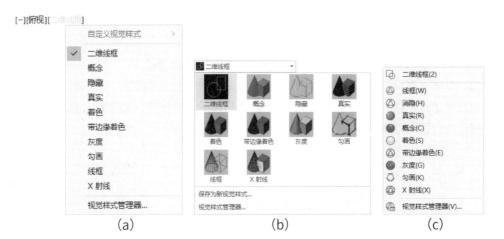

(a)   (b)   (c)

1. 【二维线框】

二维线框是通过直线和曲线表示对象边界的显示方法。光栅图像、OLE 对象、线型和线宽均可见，如下图所示。

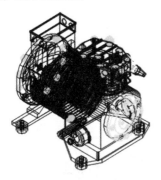

2. 【概念】

概念是使用平滑着色和古氏面样式显示对象的方法，它是一种冷色和暖色之间的过渡，而不是从深色到浅色的过渡。虽然效果缺乏真实感，但是可以更加方便地查看模型的细节，如下图所示。

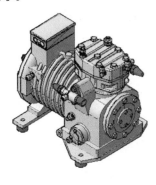

3. 【隐藏】

隐藏是用三维线框表示的对象，将不可见的线条隐藏起来，如下图所示。

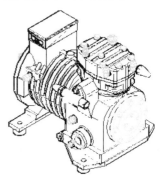

4. 【真实】

真实是将对象边缘平滑化，显示已附着到对象的材质，如下图所示。

5. 【着色】

使用平滑着色显示对象，如下图所示。

6. **【带边缘着色】**

使用平滑着色和可见边显示对象，如下图所示。

7. **【灰度】**

使用平滑着色和单色灰度显示对象，如下图所示。

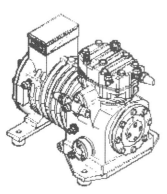

8. **【勾画】**

使用线延伸和抖动边修改器显示手绘效果的对象，如下图所示。

9. **【线框】**

使用直线和曲线表示边界，从而显示对象，如下图所示。

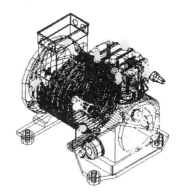

10. **【X射线】**

以局部透明度显示对象，如下图所示。

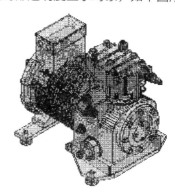

10.3 绘制阀体装配图

阀体是机械设计中常见的零部件，本节通过圆柱体、三维阵列、布尔运算、长方体、圆角边、三维边编辑、球体、三维多段线等命令来绘制阀体装配图的三维图，绘制完成后最终结果如下图所示。

10.3.1 设置绘图环境

在绘图之前，首先将绘图环境切换为【三维建模】工作空间，然后对对象捕捉进行设置，并创建相应的图层。具体操作步骤如下。

第1步 启动 AutoCAD 2022，新建一个文件，单击状态栏中的 ⚙ ▾ 图标，在弹出的快捷菜单中选择【三维建模】选项，如下图所示。

第2步 单击绘图窗口左上角的【视图】控件，在弹出的快捷菜单中选择【东南等轴测】选项，如下图所示。

第3步 单击绘图窗口左上角的【视觉样式】控件，在弹出的快捷菜单中选择【二维线框】选项，如下图所示。

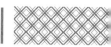

第4步 执行【工具】选项卡中的【绘图设置】命令，在弹出的【草图设置】对话框中选择【对象捕捉】选项卡，并对对象捕捉进行如下图所示的设置。

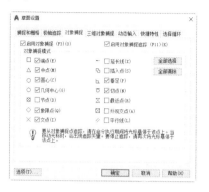

第5步 执行【格式】选项卡中的【图层】命令，在弹出的【图层特性管理器】中设置如下图所示的图层，并将【法兰母体】图层置为当前图层。

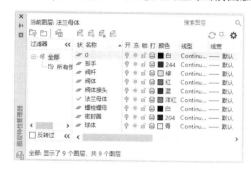

10.3.2 绘制法兰母体

绘制法兰母体主要用到【圆柱体】命令、【阵列】命令和【差集】命令。

绘制法兰母体的具体操作步骤如下。

第1步 单击【常用】选项卡【建模】面板的【圆柱体】按钮，如下图所示。

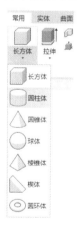

| 提示 |

除了通过面板调用【圆柱体】命令外，还可以通过以下方法调用【圆柱体】命令。

（1）执行【绘图】→【建模】→【圆柱体】命令。

（2）在命令行中输入"CYLINDER/CYL"命令并按空格键。

第2步 选择坐标原点为圆柱体的底面中心，然后输入底面半径"25"，最后输入圆柱体的高度"14"，结果如下图所示。

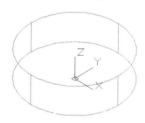

第3步 重复第 1 步和第 2 步，选择坐标原点为圆柱体的底面中心，绘制一个半径为 57.5、高度为 14 的圆柱体，如下图所示。

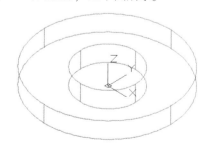

第4步 在命令行输入"ISOLINES"命令并将参数值设置为 20，命令如下。

```
命令：ISOLINES
输入 ISOLINES 的新值 <4>：20
```

第5步 选择【视图】选项卡中的【重生成】命令，重生成后如下图所示。

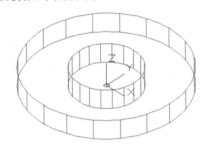

┃提示┃ :::::::::

　　ISOLINES 用于控制三维实体曲面上的等高线数量，默认值为 4。

第6步 重复【圆柱体】命令，以（42.5,0,0）为底面圆心，绘制一个半径为 6、高度为 14 的圆柱体，如下图所示。

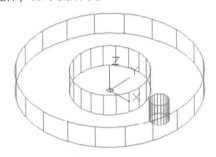

第7步 单击【常用】选项卡【修改】面板的【环形阵列】按钮 ，如下图所示。

第8步 选择刚创建的小圆柱体为阵列对象，当命令行提示指定阵列中心点时输入 "A"，命令如下。

```
选择对象：
类型 = 极轴  关联 = 是
指定阵列的中心点或 [基点(B)/旋转轴
(A)]：A ✓
```

第9步 捕捉圆柱体的底面圆心为旋转轴上的第一点，如下图所示。

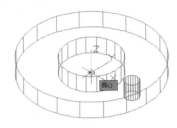

第10步 捕捉圆柱体的另一底面圆心为旋转轴上的第二点，如下图所示。

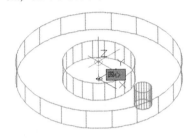

第11步 在弹出的【阵列创建】选项卡中将阵列项目数设置为 4，并且设置填充角度为 360°，项目之间不关联，其他设置不变，如下图所示。

	项目数：	4
	介于：	90
	填充：	360
	项目	

第12步 单击【关闭阵列】按钮后，结果如下图所示。

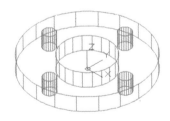

第13步 单击【常用】选项卡【实体编辑】面板中的【实体，差集】按钮，如下图所示。

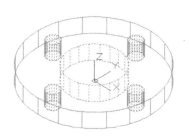

提示

除了通过面板调用【差集】命令外，还可以通过以下方法调用【差集】命令。

（1）执行【修改】→【实体编辑】→【差集】命令。

（2）在命令行中输入"SUBTRACT/SU"命令并按空格键。

第 16 步 选择【视图】选项中的【消隐】命令，结果如下图所示。

第 14 步 当命令行提示选择要从中减去的实体、曲面或面域对象时，选择大圆柱体，如下图所示。

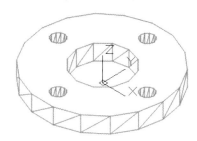

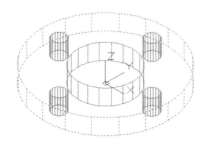

第 15 步 当命令行提示选择要减去的实体、曲面和面域时选择其他 5 个小圆柱体，如下图所示。

提示

除了通过菜单调用【消隐】命令外，还可以输入"HIDE/HI"命令调用。

滚动鼠标滚轮改变图形大小或重生成图形，可以取消隐藏效果。

在 AutoCAD 中，利用布尔运算可以对多个面域和三维实体进行并集、差集和交集运算。通过布尔运算可以创建单独的复合对象。使用布尔运算创建复合对象的 3 种方法如表 10-1 所示。

表 10-1　使用布尔运算创建复合对象

方法	命令调用方式	创建过程及结果	备注
并集	（1）执行【修改】→【实体编辑】→【并集】命令 （2）在命令行中输入"UNION/UNI"命令并按空格键 （3）单击【常用】选项卡【实体编辑】面板中的【实体，并集】按钮		并集是将两个或多个三维实体、曲面或二维面域合并为一个复合三维实体、曲面或面域

续表

方法	命令调用方式	创建过程及结果	备注
差集	（1）执行【修改】→【实体编辑】→【差集】命令 （2）在命令行中输入"SUBTRACT/SU"命令并按空格键 （3）单击【常用】选项卡【实体编辑】面板中的【实体，差集】按钮		差集是通过从一个对象中减去一个重叠面域或三维实体来创建新对象
交集	（1）执行【修改】→【实体编辑】→【交集】命令 （2）在命令行中输入"INTERSECT/IN"命令并按空格键 （3）单击【常用】选项卡【实体编辑】面板的【实体，交集】按钮		交集是通过重叠实体、曲面或面域创建三维实体、曲面或二维面域

> **| 提示 |** ::::::::
>
> 　　不能对网格对象使用布尔运算命令，但是如果选择了网格对象，系统将提示用户将该对象转换为三维实体或曲面。

10.3.3　绘制阀体接头

　　绘制阀体接头主要用到【长方体】命令、【圆角边】命令、【圆柱体】命令、阵列命令、布尔运算及三维边编辑命令等。绘制阀体接头的具体操作步骤如下。

1. 绘制接头的底座

第1步 单击【常用】选项卡【修改】面板的【三维移动】按钮，如下图所示。

> **| 提示 |** ::::::::
>
> 　　除了通过面板调用【三维移动】命令外，还可以通过以下方法调用【三维移动】命令。
>
> 　　（1）执行【修改】→【三维操作】→【三维移动】命令。
>
> 　　（2）在命令行中输入"3DMOVE/3M"命令并按空格键。

第2步 将法兰母体移动到合适位置后, 单击【常用】选项卡【图层】面板的【图层】下拉按钮, 在弹出的下拉列表中将【阀体接头】图层置为当前图层, 如下图所示。

| 提示 | :::::::

也可以使用二维移动命令（MOVE）来完成移动。

第3步 单击【常用】选项卡【建模】面板的【长方体】按钮, 如下图所示。

| 提示 | :::::::

除了通过面板调用【长方体】命令外, 还可以通过以下方法调用【长方体】命令。

（1）执行【绘图】→【建模】→【长方体】命令。

（2）在命令行中输入"BOX"命令并按空格键。

第4步 在命令行输入长方体的两个角点坐标(40,40,0)和(−40, −40,10), 结果如下图所示。

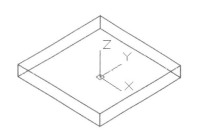

第5步 单击【实体】选项卡【实体编辑】面板的【圆角边】按钮, 如下图所示。

| 提示 | :::::::

除了通过面板调用【圆角边】命令外, 还可以通过以下方法调用【圆角边】命令。

（1）执行【修改】→【实体编辑】→【圆角边】命令。

（2）在命令行中输入"FILLETEDGE"命令并按空格键。

第6步 选择长方体的四条棱边为圆角边对象, 如下图所示。

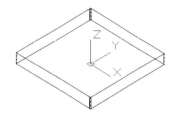

第7步 在命令行输入"R", 并指定圆角半径为5, 结果如下图所示。

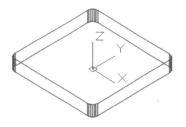

第8步 调用【圆柱体】命令, 以 (30,30,0) 为底面圆心, 绘制一个半径为6、高度为10的圆柱体, 如下图所示。

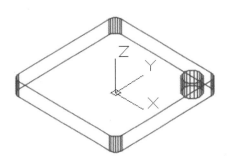

第9步 调用【环形阵列】命令，选择刚创建的圆柱体为阵列对象，指定坐标原点为阵列的中心，并设置阵列个数为4，填充角度为360°，阵列项目之间不关联。阵列后如下图所示。

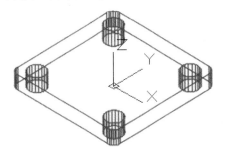

第10步 调用【差集】命令，将4个小圆柱体从长方体中减去，结果如下图所示。

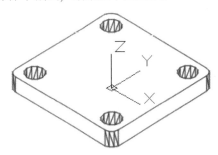

三维圆角边是从AutoCAD 2012版本开始新增的功能，在这之前，对三维图形进行圆角一般都用二维圆角命令（FILLET）来实现。下面以本例创建的长方体为例，来介绍通过二维圆角命令对三维实体进行圆角的操作。

第1步 在命令行输入"F"并按空格键调用【圆角】命令，根据命令行提示选择一条边为第一个圆角对象，如下图所示。

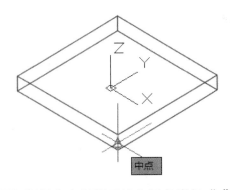

第2步 根据命令行提示输入圆角半径"5"，然后依次选择其他三条边，如下图所示。

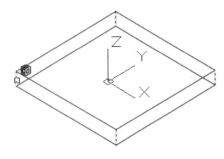

第3步 选择完成后按空格键确认，圆角后结果如下图所示。

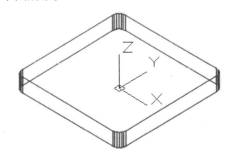

2. 绘制接头螺杆

第1步 调用【圆柱体】命令，以（0,0,10）为底面圆心，绘制一个半径为20、高度为25的圆柱体，如下图所示。

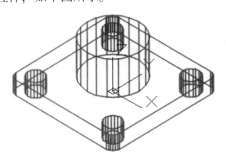

第 2 步 调用【并集】命令将圆柱体和底座合并在一起，消隐后如下图所示。

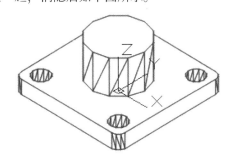

第 3 步 单击【常用】选项卡【实体编辑】面板的【复制边】按钮，如下图所示。

---| 提示 | ┈┈┈┈┈

　　除了通过面板调用【复制边】命令外，还可以通过以下方法调用【复制边】命令。

　　（1）执行【修改】→【实体编辑】→【复制边】命令。

　　（2）在命令行中输入"SOLIDEDIT"命令，然后输入"E"，根据命令行提示输入"C"。

第 4 步 选择如下图所示的圆柱体的底边为复制对象。

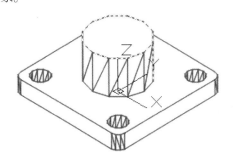

第 5 步 任意单击指定复制的基点，然后输入复制的第二点"@0,0,-39"，如下图所示。

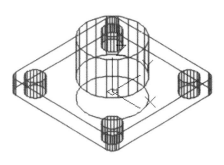

第 6 步 在命令行输入"O"并按空格键调用【偏移】命令，将刚复制的边向外分别偏移 3 和 5，如下图所示。

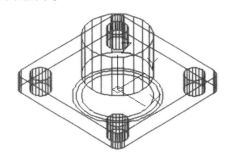

第 7 步 在命令行输入"M"并按空格键调用【移动】命令，选择偏移后的大圆为移动对象，如下图所示。

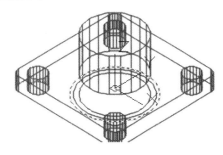

第 8 步 任意单击指定移动的基点，然后输入移动的第二点"@0,0,39"，如下图所示。

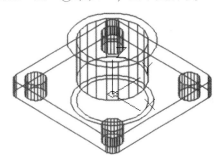

第9步 单击【常用】选项卡【建模】面板中的【拉伸】按钮，如下图所示。

第10步 选择如下图所示的圆为拉伸对象。

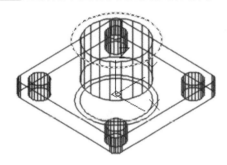

第11步 输入拉伸高度"14"，结果如下图所示。

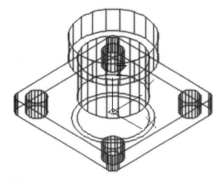

第12步 重复【拉伸】命令，选择最底端的两个圆为拉伸对象,拉伸高度设置为4,如下图所示。

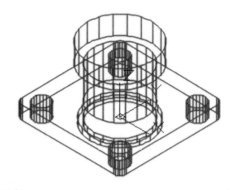

第13步 调用【并集】命令，选择如下图所示的图形为并集对象。

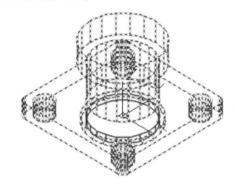

第14步 将上面选择的对象并集后，调用【差集】命令，选择并集后的对象为"要从中减去的实体、曲面或面域对象"，然后选择小圆柱体为减去对象，如下图所示。

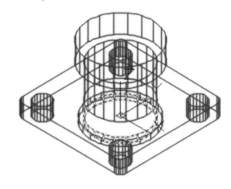

第15步 单击【常用】选项卡【修改】面板的【三维旋转】按钮，如下图所示。

第16步 选择如下图所示的对象为旋转对象，捕捉坐标原点为基点，然后捕捉 x 轴为旋转轴。

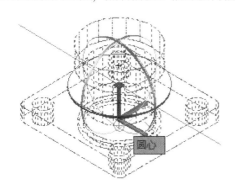

第17步 将所选的对象绕轴旋转 90°，消隐后结果如下图所示。

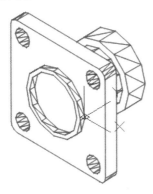

第18步 重复【三维旋转】命令，重新将图形对象绕 x 轴旋转-90°，如下图所示。

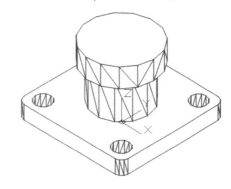

第19步 调用【圆柱体】命令，以（0,0,-30）为底面圆心，绘制一个半径为18、高度为100的圆柱体，如下图所示。

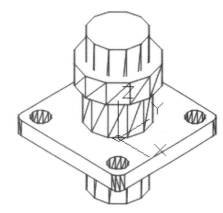

第20步 调用【差集】命令，将上一步创建的圆柱体从整个图形中减去，然后将图形移到合适的位置，消隐后结果如下图所示。

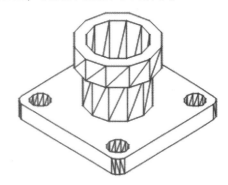

　　AutoCAD 中除了直接使用三维命令创建三维对象外，还可以通过拉伸、放样、旋转、扫掠等命令将二维对象生成三维模型，具体操作如表 10-2 所示。

表 10-2 由二维对象生成三维模型

建模命令	操作过程	生成结果	命令调用方法
拉伸	（1）调用【拉伸】命令 （2）选择拉伸对象 （3）指定拉伸高度 也可以指定倾斜角度或通过路径创建三维模型	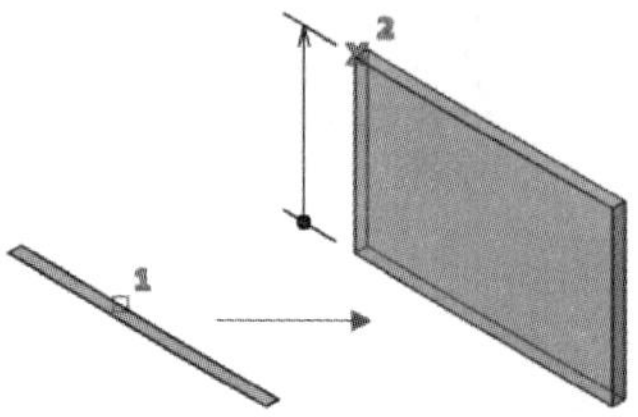	（1）单击【常用】选项卡【建模】面板的【拉伸】按钮 （2）执行【绘图】→【建模】→【拉伸】命令 （3）在命令行中输入"EXTRUD/EXT"命令并按空格键
放样	（1）调用【放样】命令 （2）选择放样的横截面（至少两个）。也可以通过导向和指定路径创建放样	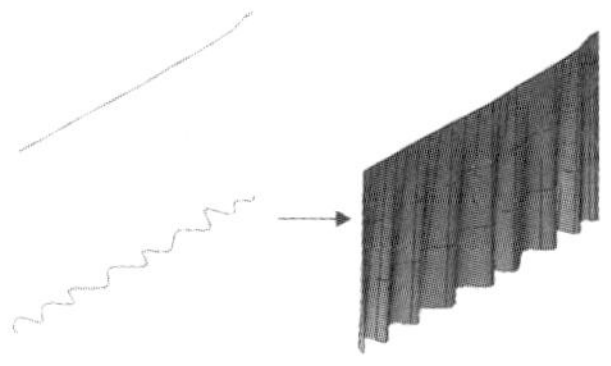	（1）单击【常用】选项卡【建模】面板的【放样】按钮 （2）执行【绘图】→【建模】→【放样】命令 （3）在命令行中输入"LOFT"命令并按空格键
旋转	（1）调用【旋转】命令 （2）选择旋转对象 （3）选择旋转轴 （4）指定旋转角度	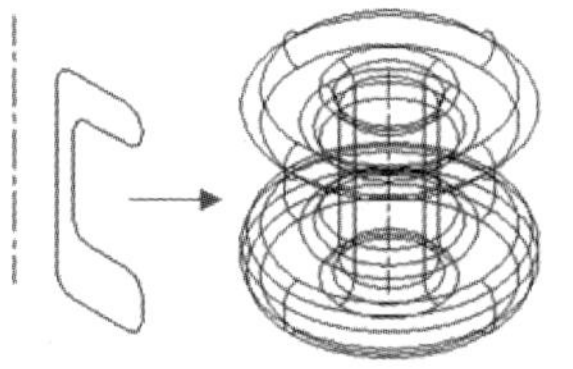	（1）单击【常用】选项卡【建模】面板的【旋转】按钮 （2）执行【绘图】→【建模】→【旋转】命令 （3）在命令行中输入"REV-OLVE/REV"命令并按空格键
扫掠	（1）调用【扫掠】命令 （2）选择扫掠对象 （3）指定扫掠路径	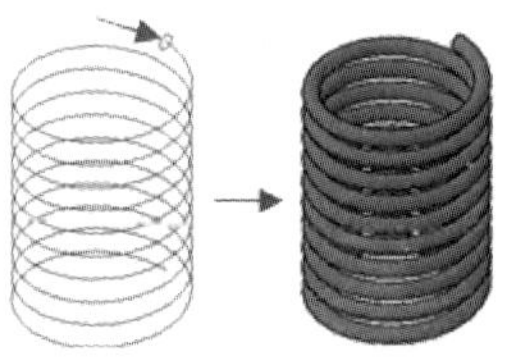	（1）单击【常用】选项卡【建模】面板的【扫掠】按钮 （2）执行【绘图】→【建模】→【扫掠】命令 （3）在命令行中输入"SWEEP"命令并按空格键

| 提示 |

　　由二维对象生成三维模型时，选择的对象如果是封闭的单个对象或面域，则生成的三维对象为实体，如果选择的是不封闭的对象或虽然封闭但为多个独立的对象，生成的三维对象为线框。

10.3.4 绘制密封圈和密封环

　　绘制密封圈和密封环主要用到【圆】命令、【面域】命令、【差集】命令、【拉伸】命令、【球体】命令、【三维多段线】命令、【旋转】命令等，绘制密封圈和密封环的具体操作步骤如下。

1. 绘制密封圈 1

第1步 单击【常用】选项卡【图层】面板的【图层】下拉按钮，在弹出的下拉列表中将【密封圈】图层置为当前图层，如下图所示。

第2步 在命令行输入"C"并按空格键调用【圆】命令，以坐标系原点为圆心，绘制两个半径分别为"12.5"和"20"的圆，如下图所示。

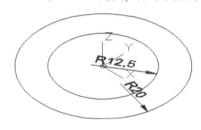

第3步 单击【常用】选项卡【绘图】面板的【面域】按钮，如下图所示。

第4步 选择两个圆，将它们创建成面域，命令如下。

```
命令：_REGION
选择对象：找到 2 个
//选择两个圆
选择对象：
已提取 2 个环。
已创建 2 个面域。
```

第5步 调用【差集】命令，选择大圆为"要从中减去实体、曲面或面域"的对象，小圆为减去的对象。进行差集运算后两个圆合并成一个整体，如下图所示。

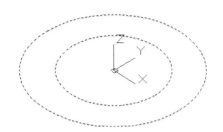

| **提示** |

　　只有将两个圆创建成面域后才可以进行差集运算。

第6步 单击【常用】选项卡【建模】面板的【拉伸】按钮，选择差集后的对象为拉伸对象并输入拉伸高度"8"，如下图所示。

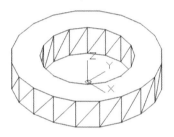

第7步 单击【常用】选项卡【建模】面板的【球体】按钮，如下图所示。

| **提示** |

　　除了通过面板调用【球体】命令外，还可以通过以下方法调用【球体】命令。

　　（1）执行【绘图】→【建模】→【球体】命令。

　　（2）在命令行中输入"SPHERE"命令并按空格键。

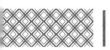
第8步 输入圆心值（0,0,20），然后输入球体半径"20"，结果如下图所示。

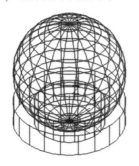

第9步 单击【常用】选项卡【修改】面板的【三维镜像】按钮，如下图所示。

提示

除了通过面板调用【三维镜像】命令外，还可以通过以下方法调用【三维镜像】命令。

（1）执行【修改】→【三维操作】→【三维镜像】命令。

（2）在命令行中输入"3DMIRROR"命令并按空格键。

第10步 选择球体为镜像对象，然后选择通过三点创建镜像平面，命令如下。

```
命令：_3DMIRROR
选择对象：找到 1 个
//选择球体
选择对象：
指定镜像平面（三点）的第一个点或
[对象(O)/最近的(L)/Z 轴(Z)/视图(V)/
XY 平面(XY)/YZ 平面(YZ)/ZX 平面
(ZX)/三点(3)] <三点>：↙
在镜像平面上指定第一点：0,0,4
在镜像平面上指定第二点：1,0,4
在镜像平面上指定第三点：0,1,4
是否删除源对象？[是(Y)/否(N)] <否>：
↙
```

第11步 球体沿指定的平面镜像，如下图所示。

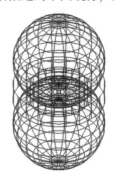

第12步 调用【差集】命令，将两个球体从环体中减去，将创建好的密封圈移到合适的位置，消隐后结果如下图所示。

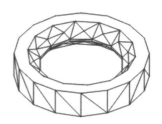

2. 绘制密封圈2

第1步 调用【圆柱体】命令，以原点为圆心，绘制一个底面半径为12、高为4的圆柱体，如下图所示。

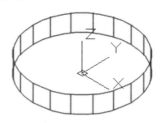

第2步 重复【圆柱体】命令，以原点为圆心，绘制一个底面半径为14、高为4的圆柱体，如下图所示。

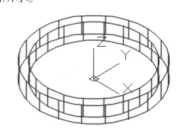

第3步 调用【差集】命令，将小圆柱体从大圆柱体中减去，然后将绘制的密封圈移动到合适的位置，消隐后结果如下图所示。

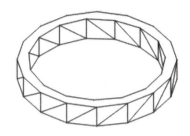

3. 绘制密封圈 3

第1步 单击【常用】选项卡【绘图】面板的【三维多段线】按钮，如下图所示。

┌─┤ 提示 ├┈┈┈┈┈┈┈┈┈┈
│
│　　除了通过面板调用【三维多段线】命令外，还可以通过以下方法调用【三维多段线】命令。
│　　（1）执行【绘图】→【三维多段线】命令。
│　　（2）在命令行中输入"3DPOLY/3P"命令并按空格键。
└─────────────────

第2步 根据命令行提示输入三维多段线的各点坐标，命令如下。

```
命令： 3DPOLY
指定多段线的起点：14,0,0
指定直线的端点或 [放弃(U)]：16,0,0
```

指定直线的端点或　[放弃(U)]：16,0,8
指定直线的端点或　[闭合(C)/放弃(U)]：12,0,8
指定直线的端点或　[闭合(C)/放弃(U)]：12,0,4
指定直线的端点或　[闭合(C)/放弃(U)]：C

第3步 三维多段线绘制完成后如下图所示。

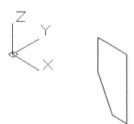

第4步 单击【常用】选项卡【建模】面板中的【旋转】按钮，然后选择三维多段线为旋转对象，选择 z 轴为旋转轴，旋转角度设置为 360°，结果如下图所示。

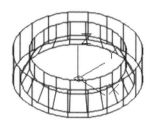

第5步 将创建的密封圈移动到合适的位置，消隐后结果如下图所示。

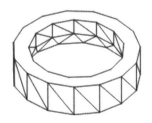

10.3.5 绘制球体

球体的绘制过程主要用到【球体】【圆柱体】【长方体】坐标旋转和【差集】命令。
绘制球体的具体操作步骤如下。

第1步 单击【常用】选项卡【图层】面板的【图层】下拉按钮，在弹出的下拉列表中将【球体】图层置为当前图层，如下图所示。

第2步 调用【球体】命令，以原点为球心，绘制一个底面半径为 20 的球体，如下图所示。

第3步 在命令行输入"UCS"，将坐标系绕 *x* 轴旋转 90°，命令行提示如下。

```
命令：UCS    ↙
当前 UCS 名称：*世界*
指定 UCS 的原点或 [面(F)/命名(NA)/
对象(OB)/上一个(P)/视图(V)/世界(W)/
X/Y/Z/Z轴(ZA)] <世界>：X ↙
指定绕 X 轴的旋转角度 <90>：↙
```

第4步 调用【圆柱体】命令，绘制一个底面圆心为（0,0,-20），半径为 14、高为 40 的圆柱体，如下图所示。

第5步 在命令行输入"UCS"，当命令行提示指定 UCS 的原点时，按【Enter】键，重新回到世界坐标系，命令行提示如下。

```
命令：UCS
当前 UCS 名称：*没有名称*
指定 UCS 的原点或 [面(F)/命名(NA)/
对象(OB)/上一个(P)/视图(V)/世界(W)/
X/Y/Z/Z轴(ZA)] <世界>：↙
```

第6步 调用【长方体】命令，分别以（-15,-5,15）和（15,5,20）为角点绘制一个长方体，如下图所示。

第7步 调用【差集】命令，将圆柱体和长方体从球体中减去，消隐后结果如下图所示。

10.3.6 绘制阀杆

阀杆的绘制过程主要用到【圆柱体】【长方体】【三维镜像】【差集】【三维多段线】及【三维旋转】命令。

绘制阀杆的具体操作步骤如下。

第1步 单击【常用】选项卡【图层】面板的【图层】下拉按钮，在弹出的下拉列表中将【阀杆】图层置为当前图层，如下图所示。

第2步 调用【圆柱体】命令，以原点为底面圆心，绘制一个底面半径为 12、高为 50 的圆柱体，如下图所示。

第3步 调用【长方体】命令，以（-20,-5,0）和（20,-15,6）为两个角点绘制长方体，如下图所示。

第4步 调用【三维镜像】命令，选择长方体为镜像对象，如下图所示。

第5步 根据命令行提示进行如下操作。

指定镜像平面(三点)的第一个点或
[对象(O)/最近的(L)/Z 轴(Z)/视图(V)/
XY 平面(XY)/YZ 平面(YZ)/ZX 平面
(ZX)/三点(3)] <三点>: ZX
指定 ZX 平面上的点 <0,0,0>:   ↙
是否删除源对象？[是(Y)/否(N)] <否>:
↙

第6步 镜像完成后结果如下图所示。

第7步 调用【差集】命令，将两个长方体从圆柱体中减去，消隐后结果如下图所示。

第8步 单击【常用】选项卡【绘图】面板的【三维多段线】按钮，根据命令行提示输入三维多段线的各点坐标。

命令： 3DPOLY
指定多段线的起点：12,0,12
指定直线的端点或 [放弃(U)]: 14,0,12
指定直线的端点或 [放弃(U)]: 14,0,16
指定直线的端点或 [闭合(C)/放弃(U)]:
12,0,20
指定直线的端点或 [闭合(C)/放弃(U)]:
C

第9步 三维多段线绘制完成后如下图所示。

第10步 单击【常用】选项卡【建模】面板的【旋转】按钮 ，然后选择创建的三维多段线为旋转对象，以 z 轴为旋转轴，旋转角度为360°，如下图所示。

10.3.7 绘制扳手

扳手既可以通过【球体】命令、【剖切】命令、【长方体】命令、【圆柱体】命令绘制，也可以通过【多段线】命令、【旋转】命令、【长方体】命令、【圆柱体】命令绘制。

绘制扳手的方法如下。

方法1

第1步 单击【常用】选项卡【图层】面板的【图层】下拉按钮，在弹出的下拉列表中将【扳手】图层置为当前图层，如下图所示。

第11步 单击【常用】选项卡【实体编辑】面板的【并集】按钮 ，将三维多段体和圆柱体合并在一起，然后将合并后的对象移动到合适的位置，消隐后结果如下图所示。

第2步 单击【常用】选项卡【建模】面板的【球体】按钮 ，以（0,0,5）为球心，绘制一个半径为14的球体，如下图所示。

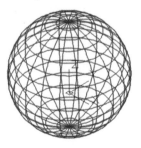

第3步 单击【常用】选项卡【实体编辑】面板的【剖切】按钮 ，如下图所示。

第4步 根据命令行提示进行如下操作。

```
命令：_SLICE
选择要剖切的对象：找到 1 个
//选择球体
选择要剖切的对象：✓
指定切面的起点或 [平面对象(O)/曲面
(S)/Z 轴(Z)/视图(V)/XY(XY)/
YZ(YZ)/ZX(ZX)/三点(3)]<三点>：XY
指定 XY 平面上的点 <0,0,0>：✓
在所需的侧面上指定点或 [保留两个侧面
(B)] <保留两个侧面>：
//在上半球体处单击
```

第5步 剖切后结果如下图所示。

第6步 重复【剖切】命令，根据命令行提示进行如下操作。

```
命令：_SLICE
选择要剖切的对象：找到 1 个
//选择半球体
选择要剖切的对象：✓
指定切面的起点或 [平面对象(O)/曲面
(S)/Z 轴(Z)/视图(V)/XY(XY)/
YZ(YZ)/ZX(ZX)/三点(3)] <三点>：XY
指定 XY 平面上的点 <0,0,0>：0,0,10
在所需的侧面上指定点或 [保留两个侧面
(B)]<保留两个侧面>：
//在半球体的下方单击
```

第7步 剖切后结果如下图所示。

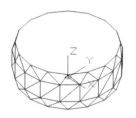

第8步 单击【常用】选项卡【建模】面板的【长方体】按钮，以（-9,-9,0）和（9,9,10）为两个角点绘制长方体，如下图所示。

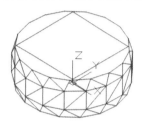

第9步 单击【常用】选项卡【实体编辑】面板的【实体，差集】按钮，将长方体从图形中减去，消隐后如下图所示。

第10步 在命令行输入【UCS】并按空格键，将坐标系绕 y 轴旋转-90°，命令提示如下。

```
命令：UCS
✓
当前 UCS 名称：*世界*
指定 UCS 的原点或 [面(F)/命名(NA)/
对象(OB)/上一个(P)/视图(V)/世界(W)/
X/Y/Z/Z 轴(ZA)] <世界>:Y
指定绕 X 轴的旋转角度 <90>: -90
```

第11步 坐标系旋转后如下图所示。

第 12 步 单击【常用】选项卡【建模】面板的【圆柱体】按钮 ，以（5,0,10）为底面圆心，绘制一个底面半径为 4、高度为 150 的圆柱体，如下图所示。

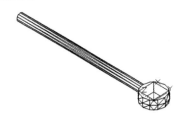

第 13 步 单击【实体】选项卡【修改】面板的【三维旋转】按钮 ，根据命令行提示进行如下操作。

```
命令：_3DROTATE
UCS 当前的正角方向：ANGDIR=逆时针
ANGBASE=0
选择对象：找到 1 个        //选择圆柱体
选择对象：↙
指定基点：5,0,10
拾取旋转轴：          //捕捉Y轴
指定角的起点或输入角度：-15
```

第 14 步 旋转后结果如下图所示。

第 15 步 单击【常用】选项卡【实体编辑】面板的【实体，并集】按钮 ，将圆柱体和鼓形图形合并，然后将图形移动到合适位置，消隐后结果如下图所示。

方法 2

用方法 2 绘制时，继续使用方法 1 中选中后的坐标系，其具体操作如下。

第 1 步 单击绘图窗口左上角的【视图】控件，在弹出的快捷菜单中选择【右视】选项，如下图所示。

第 2 步 切换到右视图后坐标系如下图所示。

第 3 步 单击【常用】选项卡【绘图】面板的【圆心、半径】按钮 ，以（5,0）为圆心，绘制一个半径为 14 的圆，如下图所示。

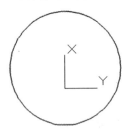

第 4 步 单击【常用】选项卡【绘图】面板的【直线】按钮 ，根据命令行提示绘制 3 条直线，命令如下。

```
命令：_LINE
指定第一个点：0,20
指定下一点或 [放弃(U)]：0,0
指定下一点或 [放弃(U)]：10,0
指定下一点或 [放弃(U)]：@0,20
指定下一点或 [放弃(U)]：      ↙
```

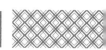

第5步 直线绘制完成后如下图所示。

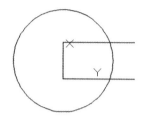

第6步 单击【常用】选项卡【修改】面板的【修剪】按钮，将不需要的直线和圆弧修剪掉，如下图所示。

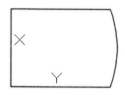

第7步 单击【常用】选项卡【绘图】面板的【面域】按钮，将修剪后的图形创建成面域，如下图所示。

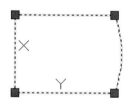

10.3.8 绘制阀体

阀体是阀体装配图的主要部件之一，它的绘制主要会用到【长方体】【多段线】【拉伸】【圆角边】【并集】【圆柱体】【阵列】【差集】【抽壳】等命令。

绘制阀体的具体操作步骤如下。

第1步 单击【常用】选项卡【图层】面板的【图层】下拉按钮，在弹出的下拉列表中将【阀体】图层置为当前图层，如下图所示。

第8步 单击绘图窗口左上角的【视图】控件，在弹出的快捷菜单中选择【东南等轴测】选项，如下图所示。

第9步 单击【常用】选项卡【建模】面板的【旋转】按钮，选择创建的面域为旋转对象，以 x 轴为旋转轴，旋转角度为360°。消隐后结果如下图所示。

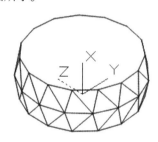

第2步 在命令行输入"UCS"，然后按【Enter】键，将坐标系重新设置为世界坐标系，命令行提示如下。

```
当前 UCS 名称：*没有名称*
指定 UCS 的原点或 [面(F)/命名(NA)/
对象(OB)/上一个(P)/视图(V)/世界(W)/
X/Y/Z/Z轴(ZA)] <世界>：    ↙
```

第3步 单击【常用】选项卡【建模】面板的【长方体】按钮，以（-20,-40,-40）和（-10,40,40）为两个角点绘制长方体，如下图所示。

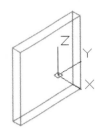

第4步 重复【长方体】命令，以（-20,-28,-28）和（30,28,28）为两个角点绘制长方体，如下图所示。

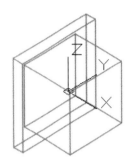

第5步 单击【常用】选项卡【绘图】面板的【多段线】按钮，根据命令行提示进行如下操作。

```
命令：_PLINE
指定起点：fro 基点：
//捕捉中点
<偏移>：@0,-20
当前线宽为 0.0000
指定下一个点或 [圆弧(A)/半宽(H)/长度
(L)/放弃(U)/宽度(W)]：@20,0
指定下一点或 [圆弧(A)/闭合(C)/半宽
(H)/长度(L)/放弃(U)/宽度(W)]：A
指定圆弧的端点(按住 Ctrl 键以切换方
向)或[角度(A)/圆心(CE)/闭合(CL)/方
向(D)/半宽(H)/直线(L)/半径(R)/第二
个点(S)/放弃(U)/宽度(W)]：CE
指定圆弧的圆心：@0,20
指定圆弧的端点(按住 Ctrl 键以切换方
向)或 [角度(A)/长度(L)]：A
指定夹角(按住 Ctrl 键以切换方向)：
180
指定圆弧的端点(按住 Ctrl 键以切换方
向)或[角度(A)/圆心(CE)/闭合(CL)/方
向(D)/半宽(H)/直线(L)/半径(R)/第二
个点(S)/放弃(U)/宽度(W)]：L
指定下一点或 [圆弧(A)/闭合(C)/半宽
(H)/长度(L)/放弃(U)/宽度(W)]：
@-20,0
```

```
指定下一点或 [圆弧(A)/闭合(C)/半宽
(H)/长度(L)/放弃(U)/宽度(W)]：C
```

第6步 多段线绘制完成后如下图所示。

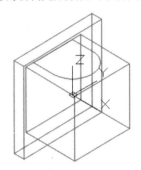

第7步 单击【常用】选项卡【建模】面板的【拉伸】按钮，选择第6步绘制的多段线为拉伸对象，拉伸高度为"27"，如下图所示。

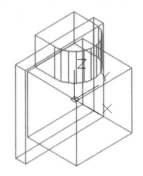

第8步 单击【实体】选项卡【实体编辑】面板的【圆角边】按钮，选择长方体的四条棱边为圆角边对象，如下图所示。

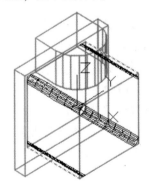

第9步 在命令行输入"R"，并指定圆角半径为5，结果如下图所示。

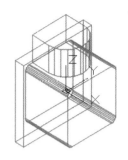

第10步 重复第8步和第9步，对另一个长方体的四个棱边进行半径为5的圆角，如下图所示。

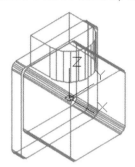

第11步 单击【常用】选项卡【实体编辑】面板的【实体，并集】按钮，将长方体和多段体合并，消隐后结果如下图所示。

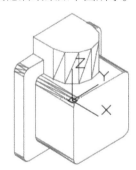

第12步 在命令行输入"UCS"并按空格键，将坐标系绕y轴旋转-90°，命令提示如下。

```
命令：UCS
↙
当前 UCS 名称：*世界*
指定 UCS 的原点或 [面(F)/命名(NA)/
对象(OB)/上一个(P)/视图(V)/世界(W)/
X/Y/Z/Z轴(ZA)] <世界>:Y
指定绕 X 轴的旋转角度 <90>: -90
```

第13步 坐标系旋转后结果如下图所示。

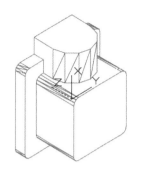

第14步 单击绘图窗口左上角的【视图】控件，在弹出的快捷菜单中选择【右视】选项，如下图所示。

第15步 切换到右视图后如下图所示。

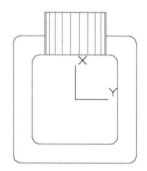

第16步 单击【实体】选项卡【绘图】面板的【圆心，半径】按钮，以坐标（32,32）为圆心，绘制一个半径为4的圆，如下图所示。

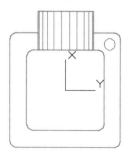

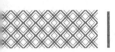
第17步 单击【常用】选项卡【修改】面板的【矩形阵列】按钮 品，选择圆为阵列对象，将阵列行数和列数都设置为"2"，间距都设置为"-64"，如下图所示，并将【特性】选项板的"关联"关闭。

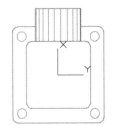

第18步 单击【关闭阵列】按钮，结果如下图所示。

第19步 单击绘图窗口左上角的【视图】控件，在弹出的快捷菜单中选择【东南等轴测】选项，如下图所示。

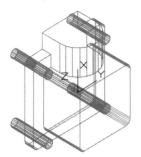

第20步 单击【常用】选项卡【建模】面板的【拉伸】按钮，选择 4 个圆为拉伸对象，将它们沿 z 轴方向拉伸"40"，如下图所示。

第21步 单击【常用】选项卡【实体编辑】面板的【实体，差集】按钮，将拉伸后的 4 个圆柱体从图形中减去，消隐后如下图所示。

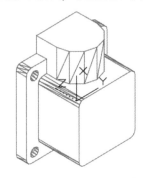

第22步 单击【常用】选项卡【建模】面板的【圆柱体】按钮，以（0,0,-30）为底面圆心，绘制一个底面半径为 20、高度为 20 的圆柱体，如下图所示。

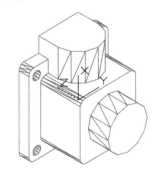

第23步 重复【圆柱体】命令，以（0,0,-50）为底面圆心，绘制一个底面半径为 25、高度为 14 的圆柱体，如下图所示。

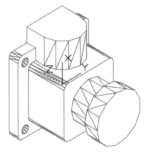

第24步 单击【常用】选项卡【实体编辑】面板的【抽壳】按钮，如下图所示。

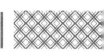

第25步 选择最后绘制的圆柱体为抽壳对象，并选择最前面的底面为删除对象，如下图所示。

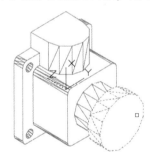

第26步 设置抽壳的偏移距离为 5，结果如下图所示。

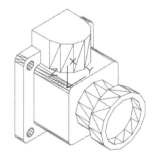

第27步 单击【常用】选项卡【实体编辑】面板

的【实体，并集】按钮 ，将抽壳后的图形合并。调用【圆柱体】命令，以 (0,0,−60) 为底面圆心，绘制一个底面半径为 15、高度为 100 的圆柱体，如下图所示。

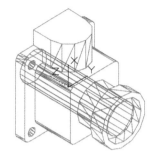

第28步 在命令行输入"UCS"，然后按【Enter】键，将坐标系重新设置为世界坐标系，命令行提示如下。

```
当前 UCS 名称：*没有名称*
指定 UCS 的原点或 [面(F)/命名(NA)/
对象(OB)/上一个(P)/视图(V)/世界(W)/
X/Y/Z/Z轴(ZA)] <世界>：  ↙
```

第29步 单击【常用】选项卡【建模】面板的【圆柱体】按钮　，捕捉如下图所示的圆心作为底面圆心。

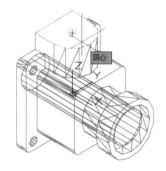

第30步 输入底面半径 12 和拉伸高度 27，结果如下图所示。

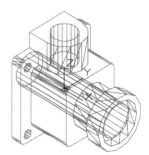

第31步 单击【常用】选项卡【实体编辑】面板的【实体，差集】按钮，将最后绘制的两个圆柱体从图形中减去，然后将图形移动到合适的位置，消隐后结果如右图所示。

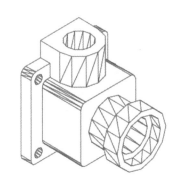

10.3.9 绘制螺栓螺母

螺栓螺母可以将阀体各零件连接起来，螺栓的头部和螺母既可以用棱锥体绘制，也可以通过正六边形拉伸成型。这里绘制螺栓的头部时采用棱锥体绘制，螺母采用正六边形拉伸成型。

绘制螺栓螺母的具体操作步骤如下。

第1步 单击【常用】选项卡【图层】面板的【图层】下拉按钮，在弹出的下拉列表中将【螺栓螺母】图层置为当前图层，如下图所示。

第2步 单击【常用】选项卡【建模】面板的【棱锥体】按钮，如下图所示。

| 提示 |

除了通过面板调用【棱锥体】命令外，还可以通过以下方法调用【棱锥体】命令。

· 执行【绘图】→【建模】→【棱锥体】命令。

· 单击【实体】选项卡→【图元】面板→【棱锥体】按钮。

· 在命令行中输入"PYRAMID/PYR"命令并按空格键。

第3步 根据命令行提示进行如下操作。

```
命令: _PYRAMID
4个侧面　外切
指定底面的中心点或 [边(E)/侧面(S)]:
S
输入侧面数 <4>: 6
指定底面的中心点或 [边(E)/侧面(S)]:
0,0,0
指定底面半径或 [内接(I)] <12.0000>:
9
指定高度或 [两点(2P)/轴端点(A)/顶面
半径(T)] <-27.0000>: T
指定顶面半径 <0.0000>: 9
指定高度或 [两点(2P)/轴端点(A)]
<-27.0000>: 7.5
```

第4步 棱锥体绘制完成后如下图所示。

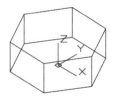

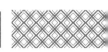

第5步 单击【常用】选项卡【建模】面板的【圆柱体】按钮 ，以（0,0,7.5）为底面圆心，绘制一个半径为6、高为25的圆柱体，如下图所示。

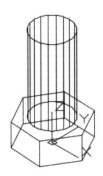

第6步 单击【实体】选项卡【实体编辑】面板的【倒角边】按钮 ，如下图所示。

提示

除了通过面板调用【倒角边】命令外，还可以通过以下方法调用【倒角边】命令。

· 执行【修改】→【实体编辑】→【倒角边】命令。

· 在命令行中输入"CHAMFEREDGE"命令并按空格键。

第7步 将两个倒角距离都设置为1，然后选择如下图所示的边为倒角对象。

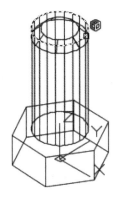

第8步 倒角结果如下图所示。

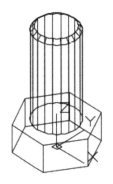

第9步 单击【常用】选项卡【实体编辑】面板的【实体，并集】按钮 ，将棱锥体和圆柱体合并在一起，然后将合并后的对象移动到合适的位置，消隐后结果如下图所示。

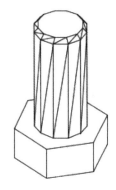

第10步 根据命令行提示进行如下操作。

```
命令： _POLYGON
输入侧面数 <4>: 6
指定正多边形的中心点或 [边(E)]: 0,0
输入选项 [内接于圆(I)/外切于圆(C)]
<I>: C
指定圆的半径: 9
```

第11步 多边形绘制完成后如下图所示。

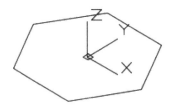

第12步 单击【常用】选项卡【建模】面板的【拉伸】按钮 ，选择正六边形，将它沿z轴方向拉伸，高为10，如下图所示。

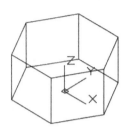

第13步 单击【常用】选项卡【建模】面板的【圆柱体】按钮 ，以（0,0,0）为底面圆心，绘制一个半径为6、高为10的圆柱体，如下图所示。

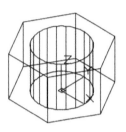

第14步 单击【常用】选项卡【实体编辑】面板的【实体，差集】按钮 ，将圆柱体从棱柱体中减去，消隐后结果如下图所示。

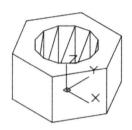

10.3.10 装配

所有零件绘制完毕后，可以通过【移动】【旋转】【三维对齐】命令将图形装配起来。装配的具体操作步骤如下。

第1步 单击【常用】选项卡【修改】面板的【三维旋转】按钮，选择法兰母体为旋转对象，将它绕 y 轴旋转 90°，如下图所示。

第2步 重复【三维旋转】命令，将阀体接头、密封圈3及螺栓螺母也绕 y 轴旋转 90°，如下图所示。

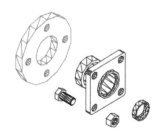

第3步 单击【常用】选项卡【修改】面板的【移动】按钮 ，将各对象移动到安装位置，如下图所示。

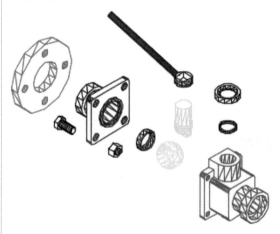

| 提示 |

该步操作主要是为了让读者观察各零件之间的安装关系，图中各零件的位置不一定在同一平面上，要将各零件真正装配在一起，还需要用【三维对齐】命令来实现。

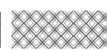

第4步 单击【常用】选项卡【修改】面板的【三维对齐】按钮，如下图所示。

| 提示 | ┊┊┊┊┊┊┊

　　除了通过面板调用【三维对齐】命令外，还可以通过以下方法调用【三维对齐】命令。

　　·执行【修改】→【三维操作】→【三维对齐】命令。

　　·在命令行中输入"3DALIGN/3AL"命令并按空格键。

第5步 选择阀杆为对齐对象，如下图所示。

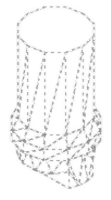

第6步 捕捉如下图所示的端点为基点。

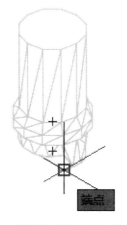

第7步 捕捉如下图所示的端点为第二点。

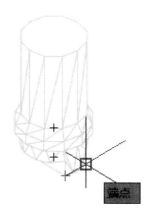

| 提示 | ┊┊┊┊┊┊┊

　　捕捉第二点后，当命令行提示指定第三点时，按【Enter】键结束源对象点的捕捉，开始捕捉第一目标点。

第8步 捕捉如下图所示的端点为第一目标点。

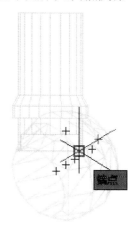

第9步 捕捉如下图所示的端点为第二目标点。

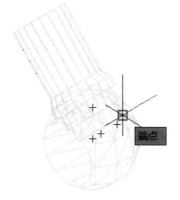

第10步 对齐后结果如下图所示。

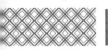
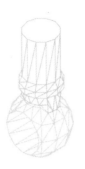

第 11 步 重复【对齐】【移动】【旋转】命令，将所有零件组合在一起，结果如下图所示。

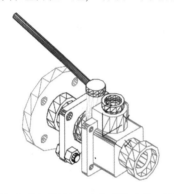

第 12 步 单击【实体】选项卡【修改】面板的【矩形阵列】按钮　，选择螺栓和螺母为阵列对象，将阵列的列数设置为"1"（列数设置为 1 时不显示），行数和级别设置为"2"，介于和总计都设置为"64"，如下图所示，并将【特性】选项板的"关联"关闭。

	行数：	2		级别：	2
	介于：	64		介于：	64
	总计：	64		总计：	64
	行 ▾			层级	

第 13 步 单击【关闭阵列】按钮,结果如下图所示。

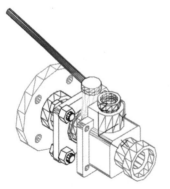

第 14 步 单击绘图窗口左上角的【视图】控件，在弹出的快捷菜单中选择【右视】选项，如下图所示。

第 15 步 切换到右视图后如下图所示。

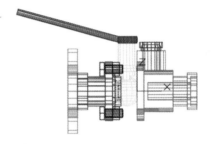

第 16 步 单击【常用】选项卡【修改】面板的【复制】按钮　，选择法兰母体为复制对象，并捕捉如下图所示的圆心为复制的基点。

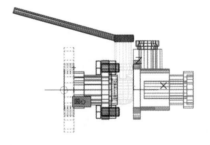

第 17 步 捕捉如下图所示的圆心为复制的第二点。

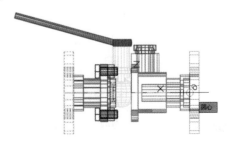

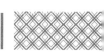

第18步 单击绘图窗口左上角的【视图】控件，在弹出的快捷菜单中选择【东南等轴测】选项，如下图所示。

第20步 切换视觉样式后如下图所示。

第19步 单击绘图窗口左上角的【视觉样式】控件，在弹出的快捷菜单中选择【真实】选项，如下图所示。

绘制升旗台三维图

升旗台是一个复杂的整体，主要用到【长方体】【圆柱体】【球体】【阵列】【三维多段线】【楔体】【拉伸】及布尔运算等命令。

绘制升旗台三维图的具体操作步骤如表 10-3 所示。

表 10-3　绘制升旗台三维图

步骤	绘制对象	绘制步骤及结果	备注
1	绘制升旗台的底座	绘制 4 个长方体：长方体的角点分别为（−25,−25,0）、（@50,50,10）、（−23.5,−20.5,10），（@3,12,8）、（−20.5,−23.5,10），（@12,3,8）、（−23.5,−23.5,10），（@3,3,15） （图）	视图为【西南等轴测】，将 "ISOLINES" 设置为 16

续表

步骤	绘制对象	绘制步骤及结果	备注
		绘制围栏上的球体：以（−22,−22,26.5）为中心点，绘制一个半径为 1.5 的球体，如下图所示 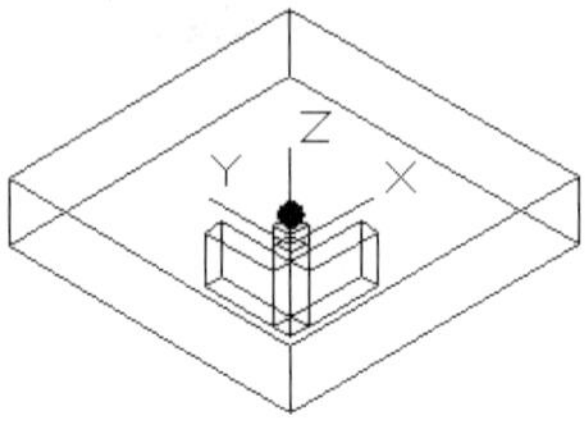 	
		通过【复制】命令，将球体和石柱复制到相应的位置，如下图所示 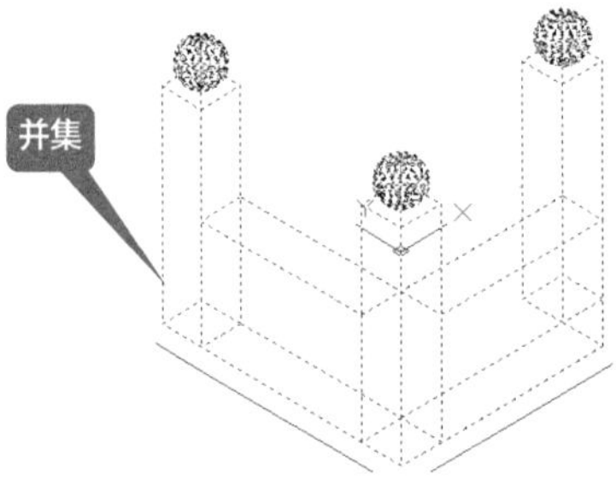	复制后将除底座外的图形并集
		通过【环形阵列】命令，对并集后的实体进行阵列，如下图所示 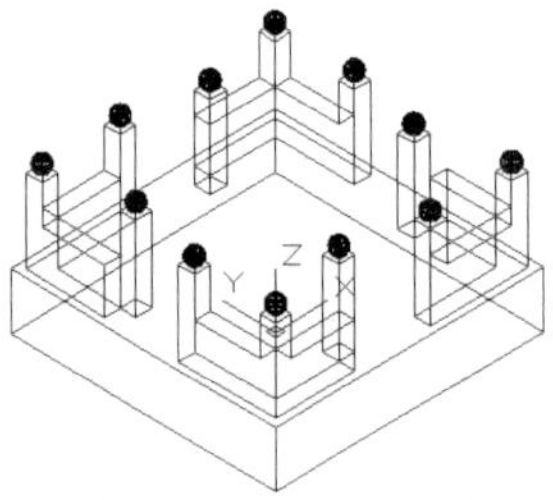	
2	绘制升旗台的楼梯	通过【多段线】命令绘制楼梯的横截面。多段线的起点为（0,−25,−4）。根据提示分别输入点 (@−10,0)、（@0,−3）、(@2,0)、(@0,−3)、(@2,0)、(@0,−3)、(@2,0)、(@0,−3)、(@2,0)、(@0,−3)、(@2,0)，最后输入"C"，结果如下图所示 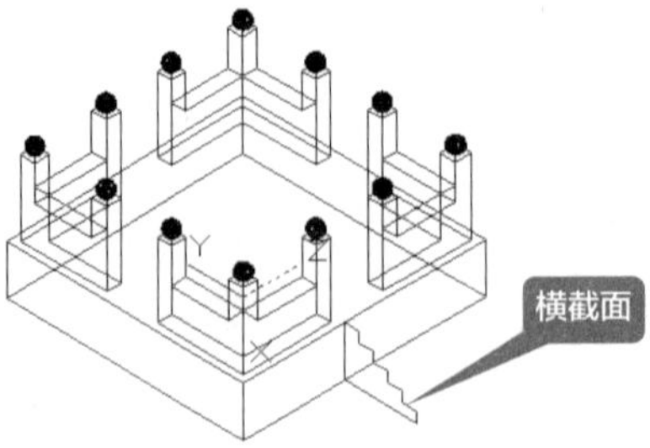 	绘制横截面前，在命令行输入"UCS"，将坐标系绕 y 轴旋转 90°

续表

步骤	绘制对象	绘制步骤及结果	备注
		通过【拉伸】命令，将上步绘制的横截面拉伸8，如下图所示	
		通过【楔体】命令，以（25,−4,0）、（@15,−1.5,10）为角点绘制一个楔体。然后以（25,0）、（@40,0）为镜像线的第一点、第二点将楔体镜像到另一侧，如下图所示	绘制横截面前，在命令行中输入"UCS"，直接按【Enter】键，先返回世界坐标系，然后将坐标系沿 z 轴方向旋转 −90°
		将横截面和楔体进行并集，然后通过【环形阵列】命令对齐阵列，结果如下图所示	
3	绘制升旗台的旗杆	使用【圆锥体】命令，以（0,0,10）为底面中心，绘制一个底面半径为5，顶面半径为3.3，高度为10的圆台体，如下图所示	绘图前，在命令行输入"UCS"，将坐标系切换到世界坐标系

步骤	绘制对象	绘制步骤及结果	备注
		使用【圆柱体】命令，以（0,0,20）为底面中心，绘制一个底面半径为1，高度为100的旗杆，如下图所示 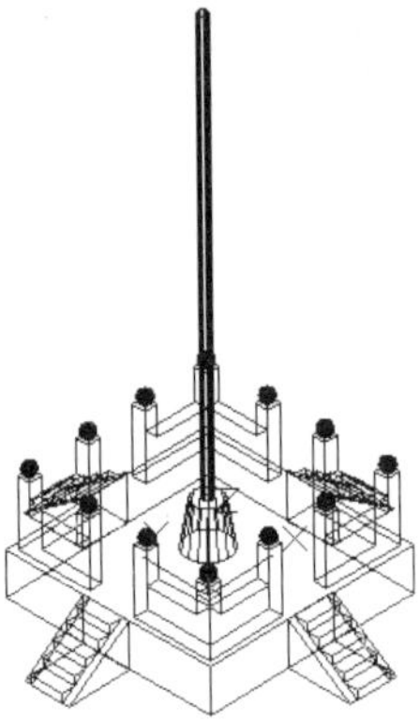	
		使用【球体】命令，以（0,0,120.5）为球心，绘制一个半径为1.5的球体，如下图所示 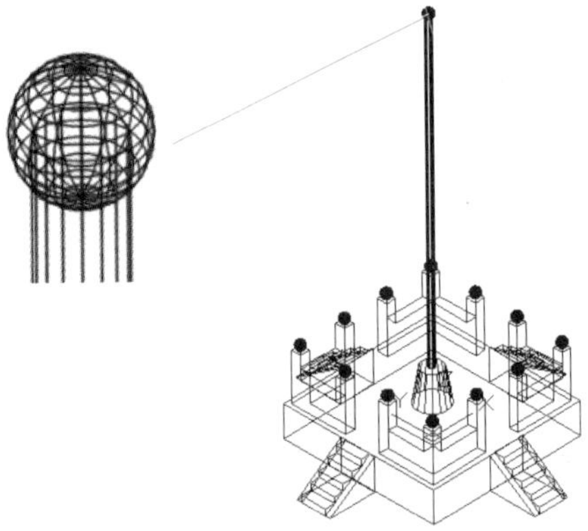	
		使用【圆环体】命令，分别以（1.6,0,70）、（1.6,0,100）、（1.6,0,40）为中心，绘制一个半径为0.5，圆管半径为0.1的圆环体，如下图所示 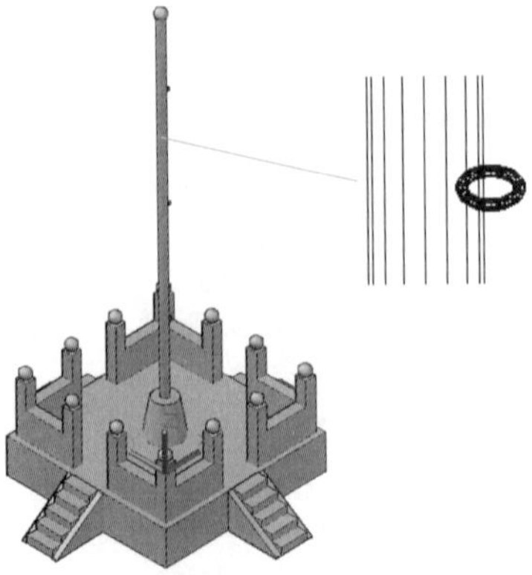	绘制完成后将所有实体合并在一起，并将视觉样式切换为"灰度"

1. 为什么坐标系会自动变动

在三维绘图中的视图之间切换时，经常会出现坐标系变动的情况，在"西南等轴测"下的视图如下图（a）所示，当把视图切换到"前视"视图，再切换回"西南等轴测"时，发现坐标系发生了变化，如下图（b）所示。

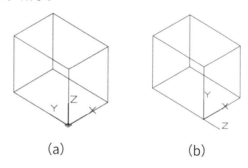

出现这种情况是因为【恢复正交 UCS】设置的问题，当设置为【是】时，就会出现坐标变动；当设置为【否】时，则可避免。

单击绘图窗口左上角的【视图】控件，然后选择【视图管理器】选项，在弹出的【视图管理器】对话框中将【预设视图】下的任何一个视图的【恢复正交 UCS】更改为【否】即可，如下图所示。

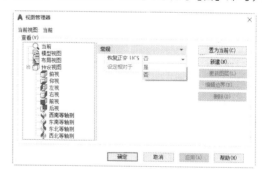

2. 给三维实体添加尺寸标注

在 AutoCAD 中没有直接为三维实体添加标注的命令，所以需要通过改变坐标系的方法来对三维实体进行尺寸标注。

第1步 打开"素材 \CH10\ 标注三维实体 .dwg"文件，如下图所示。

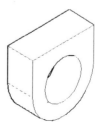

第2步 在命令行输入"UCS"，拖动鼠标将坐标系转换到圆心的位置，如下图所示。

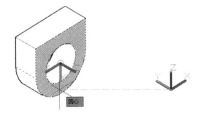

第3步 拖动鼠标指引 x 轴方向，如下图所示。

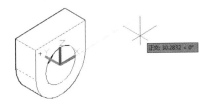

第4步 拖动鼠标指引 y 轴方向，如下图所示。

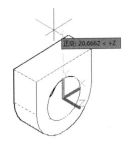

第5步 让 xy 平面与实体的前侧面平齐，如下图所示。

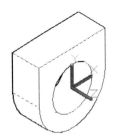

┌─| 提示 |┄┄┄┄┄┄┄┄┄┄┄┄┄

　　移动 UCS 坐标系前，首先应将对象捕捉和正交模式打开。

第6步 调用直径标注命令，然后选择前侧面的圆为标注对象，拖动鼠标在合适的位置放置尺寸线，结果如下图所示。

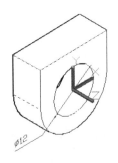

第7步 调用半径标注命令，然后选择前侧面的大圆弧为标注对象，拖动鼠标在合适的位置放置尺寸线，结果如下图所示。

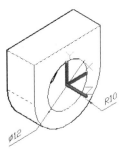

第8步 重复第2步～第4步，将 xy 平面切换到与顶面平齐的位置，然后调用线性标注命令，为顶面添加尺寸标注，结果如下图所示。

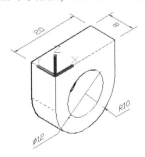

第9步 重复第2步～第4步，将 xy 平面切换到与竖直面平齐的位置，然后调用线性标注命令进行尺寸标注，结果如下图所示。

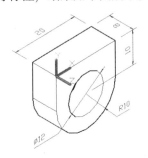

第11章

渲染

本章导读

　　AutoCAD 提供了强大的三维图形的效果显示功能，可以帮助用户对三维图形进行消隐、着色和渲染，从而生成具有真实感的物体。使用 AutoCAD 提供的【渲染】命令可以渲染场景中的三维模型，并且在渲染前可以赋予其材质、设置灯光、添加场景和背景，从而生成具有真实感的物体。另外，还可以将渲染结果保存成位图格式，以便在 Photoshop 或 ACDSee 等软件中进行编辑或查看。

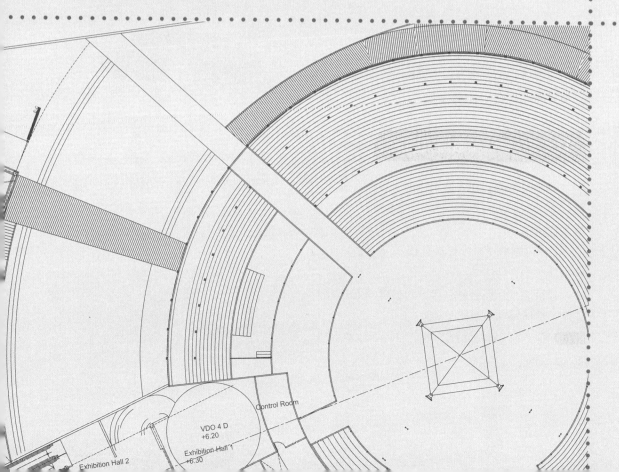

11.1 渲染的基本概念

在 AutoCAD 中，三维模型对象可以对事物进行整体上的有效表达，使其更加直观，结构更加明朗，但是在视觉效果上却与真实物体存在很大差距。AutoCAD 中的渲染功能可以有效地弥补这一缺陷，使三维模型对象表现得更加完美，更加真实。

11.1.1 渲染的功能

AutoCAD 的渲染模块基于一个名为Acrender. arx 的文件，该文件在使用【渲染】命令时自动加载。AutoCAD 的渲染模块具有如下功能。

（1）支持 3 种类型的光源：聚光源、点光源和平行光源，另外还支持色彩并能产生阴影效果。

（2）支持透明和反射材质。

（3）可以在曲面上加上位图图像来辅助创建真实感的渲染。

（4）可以加上人物、树木和其他类型的位图图像进行渲染。

（5）可以完全控制渲染的背景。

（6）可以对远距离对象进行明暗处理，以增强距离感。

渲染相对于其他视觉样式有更直观的表达，下面 3 张图分别是某模型的线框图、消隐处理的图像及渲染处理后的图像。

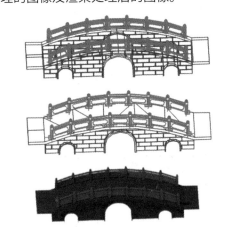

11.1.2 默认参数渲染图形

调用【渲染】命令通常有以下两种方法。

（1）在命令行输入 "RENDER/RR" 命令并按空格键。

（2）单击【可视化】选项卡【渲染】面板的【渲染】按钮☐。

下面将使用系统默认参数对书桌模型进行渲染，具体操作步骤如下。

第1步 打开 "素材 \CH11\ 书桌 .dwg" 文件，如下图所示。

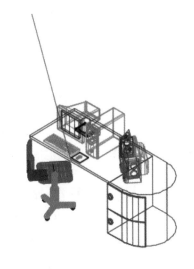

第2步 在命令行输入"RR"命令并按空格键，结果如下图所示。

11.2 重点：光源

AutoCAD 提供了 3 种光源单位：标准（常规）、国际（国际标准）和美制。

11.2.1 点光源

法线点光源不以某个对象为目标，而是照亮它周围的所有对象。

目标点光源可以定向到对象。也可以通过将点光源的目标特性从【否】更改为【是】，从点光源创建目标点光源。

在标准光源工作流中可以手动设定点光源，使其强度随距离线性衰减（与距离的平方或反比）或者不衰减。默认情况下，衰减设定为【无】。

用户可以根据需要新建适合"点光源"。

调用【新建点光源】命令通常有以下 3 种方法。

（1）单击【可视化】选项卡【光源】面板的【创建光源】下拉列表中的【点】按钮。

（2）执行【视图】→【渲染】→【光源】→【新建点光源】命令。

（3）在命令行中输入"POINTLIGHT"命令并按空格键。

创建点光源的方法如下。

第1步 打开"素材 \CH11\ 书桌 .dwg"文件。单击【可视化】选项卡【光源】面板【创建光源】下拉列表中的【点】按钮，如下图所示。

第2步 系统弹出【光源 - 视口光源模式】对话框，如下图所示。

第3步 选择【关闭默认光源（建议）】选项，然后在命令行提示下指定新建点光源的位置及

阴影设置，命令行提示如下。

```
命令：_POINTLIGHT
指定源位置 <0,0,0>：
//捕捉直线的端点
输入要更改的选项 [名称(N)/强度因子
(I)/状态(S)/光度(P)/阴影(W)/衰减
(A)/过滤颜色(C)/退出(X)] <退出>：W
输入 [关(O)/锐化(S)/已映射柔和(F)/已
采样柔和(A)] <锐化>：F
输入贴图尺寸
[64/128/256/512/1024/2048/4096]
<256>：              ↙
输入柔和度 (1-10) <1>：5
输入要更改的选项 [名称(N)/强度因子
(I)/状态(S)/光度(P)/阴影(W)/衰减
```

(A)/过滤颜色(C)/退出(X)] <退出>：
↙

第4步 结果如下图所示。

11.2.2 平行光

调用【新建平行光】命令通常有以下3种方法。

（1）单击【可视化】选项卡【光源】面板【创建光源】下拉列表中的【平行光】按钮。

（2）执行【视图】→【渲染】→【光源】→【新建平行光】命令。

（3）在命令行中输入"DISTANTLIGHT"命令并按空格键。

创建平行光的具体操作步骤如下。

第1步 打开"素材\CH11\书桌.dwg"文件。执行【视图】→【渲染】→【光源】→【新建平行光】命令，如下图所示。

第2步 在绘图区域捕捉如下图所示的端点以指定光源来向。

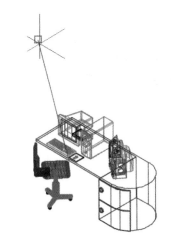

第3步 在绘图区域拖动鼠标捕捉如下图所示的端点，以指定光源去向。

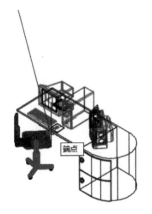

11.2.3 聚光灯

聚光灯（如闪光灯、剧场中的跟踪聚光灯或前灯）可以发射定向锥形光，可以控制光源的方向和圆锥体的尺寸。像点光源一样，聚光灯也可以手动设定为强度随距离衰减，但是聚光灯的强度始终根据相对于聚光灯的目标矢量的角度衰减，此衰减由聚光灯的聚光角度和照射角度控制。可以用聚光灯亮显模型中的特定特征和区域。

调用【新建聚光灯】命令通常有以下 3 种方法。

（1）单击【可视化】选项卡【光源】面板【创建光源】下拉列表中的【聚光灯】按钮。

（2）执行【视图】→【渲染】→【光源】→【新建聚光灯】命令。

（3）在命令行中输入"SPOTLIGHT"命令并按空格键。

创建聚光灯的具体操作步骤如下。

第1步 打开"素材 \CH11\ 书桌 .dwg"文件。单击【可视化】选项卡【光源】面板【创建光源】下拉列表中的【聚光灯】按钮，如下图所示。

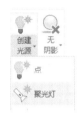

第2步 当提示指定源位置时，捕捉直线的端点，如下图所示。

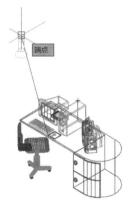

第3步 当提示指定目标位置时，捕捉直线的中点，如下图所示。

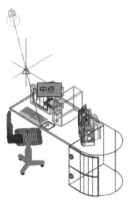

第4步 输入"I"，并设置强度因子为 0.15，命令行提示如下。

输入要更改的选项 [名称(N)/强度因子(I)/状态(S)/光度(P)/聚光角(H)/照射角(F)/阴影(W)/衰减(A)/过滤颜色(C)/退出(X)] <退出>：I ↙
输入强度（0.00 - 最大浮点数）<1>：0.15 ↙
输入要更改的选项 [名称(N)/强度因子(I)/状态(S)/光度(P)/聚光角(H)/照射角(F)/阴影(W)/衰减(A)/过滤颜色(C)/退出(X)] <退出>： ↙

第5步 聚光灯设置完成后，结果如下图所示。

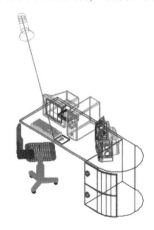

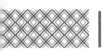
光域网灯光（光域）是光源的光强度分布的三维表示。光域网灯光可用于表示各向异性（非统一）光分布，此分布来源于现实中的光源制造商提供的数据。与聚光灯和点光源相比，光域网灯光提供了更加精确的渲染光源表示。

调用【光域网灯光】命令通常有以下两种方法。

（1）单击【可视化】选项卡【光源】面板【创建光源】下拉列表中的【光域网灯光】按钮。

（2）在命令行中输入"WEBLIGHT"命令并按空格键。

新建光域网灯光的具体操作步骤如下。

第1步 打开"素材 \CH11\ 书桌 .dwg"文件。单击【可视化】选项卡【光源】面板【创建光源】下拉列表中的【光域网灯光】按钮，如下图所示。

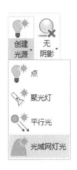

第2步 当提示指定源位置时，捕捉直线的端点，如下图所示。

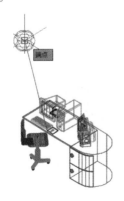

第3步 当提示指定目标位置时，捕捉直线的中点，如下图所示。

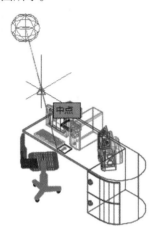

第4步 输入"I"，并设置强度因子为 0.3，命令如下。

```
输入要更改的选项 [名称(N)/强度因子
(I)/状态(S)/光度(P)/光域网(B)/阴影
(W)/过滤颜色(C)/退出(X)] <退出>: I
输入强度 (0.00 - 最大浮点数) <1>:
0.3
输入要更改的选项 [名称(N)/强度因子
(I)/状态(S)/光度(P)/光域网(B)/阴影
(W)/过滤颜色(C)/退出(X)] <退出>:
↙
```

第5步 光域网灯光设置完成后，结果如下图所示。

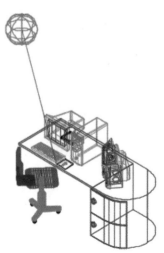

11.3　重点：材质

材质能够详细描述对象如何反射或透射灯光，可使场景更具真实感。

11.3.1　材质浏览器

用户可以使用【材质浏览器】来导航和管理材质。调用【材质浏览器】面板通常有以下3种方法。

（1）单击【可视化】选项卡【材质】面板中的【材质浏览器】按钮。

（2）在命令行中输入"MATBROWSEROPEN/MAT"命令并按空格键。

（3）执行【视图】→【渲染】→【材质浏览器】命令。

下面对【材质浏览器】面板的相关功能进行详细介绍。

执行【视图】→【渲染】→【材质浏览器】命令，系统弹出【材质浏览器】面板，如下图所示。

【在文档中创建新材质】：在图形中

创建新材质，单击该下拉按钮，弹出如下图所示的材质列表。

【文档材质：全部】：描述图形中所有应用材质。单击该按钮后如下图所示。

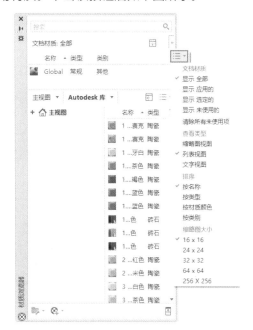

【Autodesk 库】：包含了 Autodesk 提供的所有材质，单击该下拉列表后，如下图所示。

【管理】：单击该下拉按钮，如下图所示。

11.3.2 材质编辑器

材质编辑器可以编辑在【材质浏览器】中选定的材质。

调用【材质编辑器】面板通常有以下 3 种方法。

（1）单击【可视化】选项卡【材质】面板右下角的　按钮。

（2）执行【视图】→【渲染】→【材质编辑器】命令。

（3）在命令行中输入"MATEDITOROPEN"命令并按空格键。

下面将对【材质编辑器】面板的相关功能进行详细介绍。

执行【视图】→【渲染】→【材质编辑器】命令，系统弹出【材质编辑器】面板，选择【外观】选项卡，如下图（a）所示；选择【信息】选项卡，如下图（b）所示。

（a）

（b）

【材质预览】：预览选定的材质。

【选项】下拉菜单：提供用于更改缩略图预览的形状和渲染质量的选项。

【名称】：指定材质的名称。

【打开 / 关闭材质浏览器】按钮：打开或关闭材质浏览器。

【创建材质】按钮：创建或复制材质。

【信息】：指定材质的常规说明。

【关于】：显示材质的类型、版本和位置。

11.3.3　附着材质

下面将通过【材质浏览器】面板为三维模型附着材质，具体操作步骤如下。

第1步 打开"素材 \CH11\ 书桌 .dwg"文件。然后单击【可视化】选项卡【材质】面板中的【材质浏览器】按钮，弹出【材质浏览器】面板，如下图所示。

第2步 在【Autodesk 库】中的【漆木】材质上右击，在弹出的快捷菜单中依次选择【添加到】→【文档材质】选项，如下图所示。

第3步 在【文档材质: 全部】选项区域单击【漆木】材质的编辑按钮，如下图所示。

第4步 系统弹出【材质编辑器】面板，如下图所示。

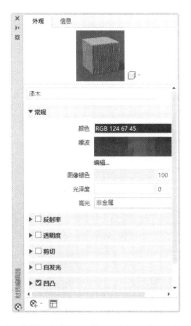

第5步 在【材质编辑器】面板取消选中【凹凸】复选框，并在【常规】栏中对【图像褪色】及【光泽度】的参数进行调整，如下图所示。

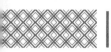

第6步 在【文档材质：全部】选项区域右击【漆木】材质，在弹出的快捷菜单中选择【选择要应用到的对象】选项，如下图所示。

第7步 在绘图区域选择书桌模型，如下图所示。

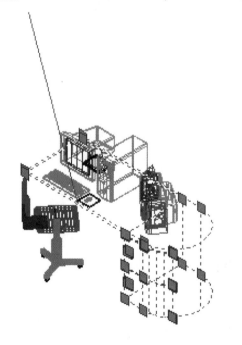

第8步 将【材质浏览器】面板关闭，单击【可视化】选项卡【渲染】面板中的【渲染预设】下拉按钮，在弹出的下拉列表中选择【高】选项，如下图所示。

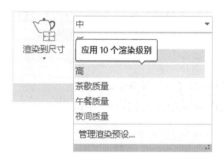

第9步 单击【可视化】选项卡【渲染】面板中的【渲染位置】下拉按钮，在弹出的下拉列表中选择【视口】选项，如下图所示。

第10步 单击【可视化】选项卡【渲染】面板中的【渲染】按钮 ，结果如下图所示。

11.4 渲染机械零件模型

本节将为机械零件三维模型附着材质及添加灯光后进行渲染，具体操作步骤如下。

1. 添加材质

第1步 打开"素材\CH11\机械零件模型.dwg"文件，如下图所示。

第2步 执行【视图】→【渲染】→【材质浏览器】命令，弹出【材质浏览器】面板，如下图所示。

第3步 在【Autodesk 库】中选择【缎光·褐色金属漆】选项，单击【将材质添加到文档中】按钮，如下图所示。

第4步 在【文档材质：全部】选项区域双击【缎光·褐色金属漆】选项，系统自动打开【材质编辑器】面板，如下图所示。

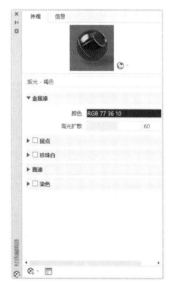

第5步 在【材质编辑器】面板选中【珍珠白】复选框，并将其数量设置为"5"，如下图所示。

第6步 将【材质编辑器】面板关闭后，【材质
浏览器】面板显示如下图所示。

第7步 在【材质浏览器】面板【文档材质: 全部】
中选择刚创建的材质，如下图所示。

第8步 将选择的材质移至绘图区域的模型上
面，如下图所示。

第9步 重复第 7 步和第 8 步，将绘图区域中的
模型全部进行材质附着，然后将【材质浏览器】
面板关闭，结果如下图所示。

2. 为机械零件模型添加灯光

第1步 执行【视图】→【渲染】→【光源】→【新
建点光源】命令，弹出【光源·视口光源模式】
对话框，如下图所示。

第2步 单击【关闭默认光源（建议）】选项，
系统自动进入创建点光源状态，在绘图区域单
击如下图所示的位置作为点光源位置。

第3步 在命令行中自动弹出相应点光源选项，对其进行如下设置。

> 输入要更改的选项 [名称(N)/强度因子
> (I)/状态(S)/光度(P)/阴影(W)/衰减
> (A)/过滤颜色(C)/退出(X)] <退出>: I
> 输入强度 (0.00 - 最大浮点数) <1>:
> 0.2
> 输入要更改的选项 [名称(N)/强度因子
> (I)/状态(S)/光度(P)/阴影(W)/衰减
> (A)/过滤颜色(C)/退出(X)] <退出>:

第4步 绘图区域显示结果如下图所示。

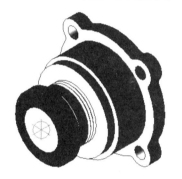

第5步 执行【修改】→【三维操作】→【三维移动】命令，对刚创建的点光源进行移动，命令行提示如下。

> 命令: _3DMOVE
> 选择对象: 选择刚才创建的点光源
> 选择对象:
> 指定基点或 [位移(D)] <位移>: 在绘图区域任意单击指定一点
> 指定第二个点或 <使用第一个点作为位移>:
> @-70,360

第6步 绘图区域显示结果如下图所示。

第7步 参考第 1 步～第 4 步的操作，创建另外

一个点光源，参数不变，绘图区域显示结果如下图所示。

第8步 执行【修改】→【三维操作】→【三维移动】命令，对创建的第二个点光源进行移动，命令行提示如下。

> 命令: _3DMOVE
> 选择对象: 选择创建的第二个点光源
> 选择对象:
> 指定基点或 [位移(D)] <位移>: 在绘图区域任意单击指定一点
> 指定第二个点或 <使用第一个点作为位移>:
> @72,-280,200

第9步 绘图区域显示结果如下图所示。

3. 为机械零件模型进行渲染

第1步 单击【可视化】选项卡【渲染】面板的【渲染到尺寸】按钮   ，如下图所示。

第2步 系统自动对模型进行渲染，结果如下图所示。

渲染雨伞

渲染雨伞的具体操作步骤如表 11-1 所示。

表 11-1　渲染雨伞的具体操作步骤

步骤	创建方法	结果	备注
1	设置材质	文档材质: 全部　名称 类型 类别　P...色 常规 塑料　带...色 常规 织物: 皮革	将伞柄材质设置为塑料（PVC–白色），伞面材质设置为织物（带卵石花纹的紫红色）
2	添加平行光光源 1		
3	添加平行光光源 2		

续表

步骤	创建方法	结果	备注
4	渲染		

1. 设置渲染的背景色

在 AutoCAD 中默认以黑色为背景对模型进行渲染，用户可以根据实际需求对其进行更改，具体操作步骤如下。

第1步 打开"素材 \CH11\ 设置渲染的背景颜色 .dwg"文件，如下图所示。

第2步 单击【可视化】选项卡【渲染】面板中的按钮，系统自动对当前窗口中的模型进行渲染，结果如下图所示。

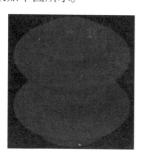

第3步 将渲染窗口关闭，在命令行输入"BACKGROUND"命令并按空格键，弹出【背景】对话框，【类型】选择【纯色】，如下图所示。

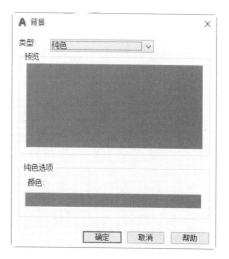

第4步 单击【纯色选项】区域的颜色按钮，弹出【选择颜色】对话框，如下图所示。

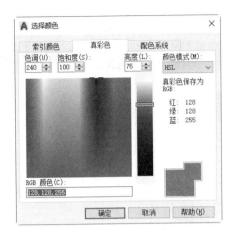

第5步 将颜色设置为白色，如下图所示。

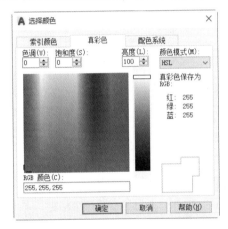

第6步 在【选择颜色】对话框单击【确定】按钮，返回【背景】对话框，如下图所示。

第7步 在【背景】对话框单击【确定】按钮，然后在命令行输入"RR"并按空格键，结果如下图所示。

2. 渲染时计算机假死的解决方法

　　某些情况下计算机在进行渲染时，会出现类似死机的现象，画面卡住不动，系统提示"无响应"。渲染是非常消耗计算机资源的，如果计算机配置过低，需要渲染的文件所占的存储空间较大，便会出现这种情况。在这时候，在不降低渲染效果的前提下，通常会采取两种方法进行处理，第一种方法是耐心等待渲染完成，不要急于进行其他操作，毕竟操作越多，计算机越反应不过来。第二种方法是保存好当前文件的所有重要数据，退出软件，对计算机进行垃圾清理，同时也可以关闭某些暂时用不到的软件，减轻计算机的工作压力，然后重新进行渲染。除这两种方法外，提高计算机配置才是最重要的。

第
4
篇

行业应用篇

第 12 章
摇杆绘制

本章导读

摇杆属于叉架类零件，一般分为支承部分、工作部分和连接安装部分。

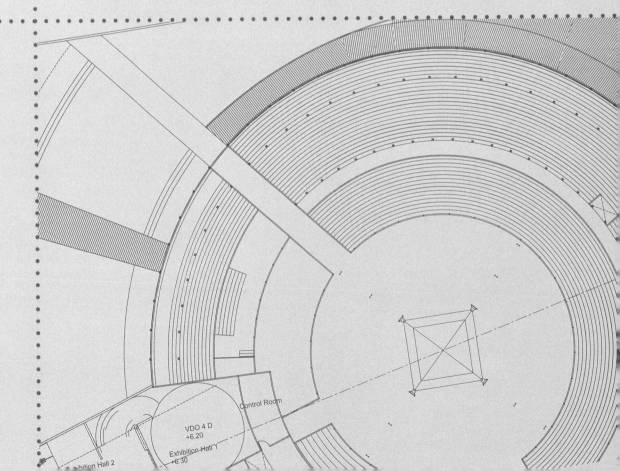

摇杆效果图

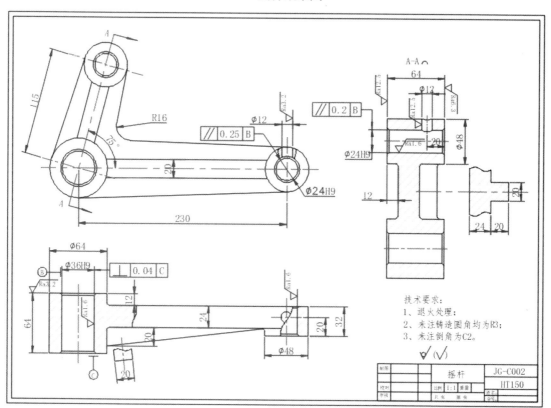

12.1 摇杆零件图简介

摇杆有很多种类，但结构基本相同，常有凸台、凹坑、销孔、筋板及倾斜结构等。下面分别对摇杆零件图的表达方法及绘图思路进行介绍。

12.1.1 摇杆零件图的表达方法

摇杆零件图一般采用一个水平放置的主视图，1~2 个基本视图，再加上局部剖视图表达零件上的凹坑、凸台，或者筋板断面图。

1. 主视图

主视图主要考虑外形特征和工作位置，重点表达外形。按形状特征原则选择主视图，且一般水平放置，本例的主视图如下图所示。

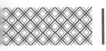
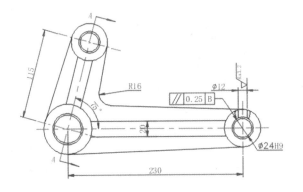

2. 1~2 个基本视图

一般情况下，仅主视图不能把零件的结构表达清楚，一般还需 1~2 个基本视图，例如，本例左视图采用斜剖视反映两个孔，如下图所示。

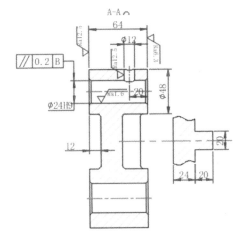

俯视图采用剖视表达孔，用重合断面图表达水平位置筋板断面形状，如下图所示。

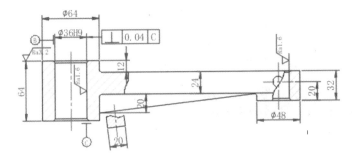

3. 局部结构表达

零件上的凹坑、凸台等常用剖视图、局部剖视图表达；筋板、杆体则常用断面图表示其断面形状，用斜视图表示零件上的倾斜结构。例如，本例通过移出断面图表示竖向筋板形状，如右图所示。

12.1.2 摇杆的绘制思路

绘制摇杆零件图的思路是先设置绘图环境，然后绘制摇杆主视图、剖视图和局剖视图并添加注释。具体绘制思路如表 12-1 所示。

表 12-1 摇杆的绘制思路

序号	绘图方法	结果	备注
1	设置绘图环境，如图层、文字样式、标注样式、多重引线样式、草图设置等		
2	综合利用圆、直线、旋转、拉长、偏移、复制、镜像、圆角、修剪、样条曲线、图案填充等命令绘制摇杆主视图		用局部剖视图表达孔的形状
3	综合利用射线、直线、几何约束、样条曲线、偏移、修剪、图案填充等命令绘制摇杆俯视图		1. 射线的调用及绘制方法 2. 通过中心线命令创建中心线的特性 3. 注意约束的应用 4. 局部剖视图对孔的表达
4	综合利用构造线、直线、几何约束、圆弧、样条曲线、偏移、修剪、图案填充等命令绘制摇杆的 A–A 剖视图		1. 编写剖视图的表达方法 2. 圆柱体上孔的剖视表达 3. 断面图的表达

12.2 绘制摇杆

摇杆主要使用主视图、剖视图和局剖视图来进行表达，下面将对摇杆的绘制进行介绍。

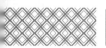

12.2.1 设置绘图环境

在绘制图形之前，首先要设置绘图环境，如图层、文字样式、标注样式、草图设置等。

1. 设置图层

第1步 新建一个dwg文件，执行【格式】→【图层】菜单命令，系统弹出【图层特性管理器】对话框，如下图所示。

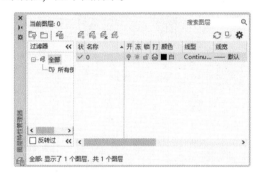

第2步 依次创建如下图所示的图层。

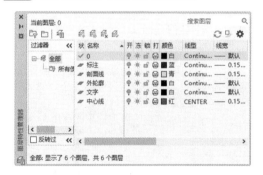

2. 设置文字样式

第1步 执行【格式】→【文字样式】菜单命令，弹出【文字样式】对话框，新建一个名称为"机械样式"的文字样式，如下图所示。

第2步 在【文字样式】对话框中将"机械样式"的字体设置为"仿宋"，单击【应用】按钮，并将其置为当前，如下图所示。

第3步 新建一个名称为"图块文字"的文字样式，如下图所示。

第4步 在【文字样式】对话框中勾选【注释性】和【使文字方向与布局匹配】复选框，其他设置不变，然后单击【应用】按钮，如下图所示。

> **提示**
>
> 当勾选了【使文字方向与布局匹配】复选框后，插入图块时，文字不会因为插入的角度的变化而变化。

3. 设置标注样式

第1步 执行【格式】→【标注样式】菜单命令，弹出【标注样式管理器】对话框，新建一个名称为"机械标注样式"的标注样式，如下图所示。

第2步 单击【继续】按钮，弹出【新建标注样式：机械标注样式】对话框，选择【文字】选项卡，进行如下图所示的参数设置。

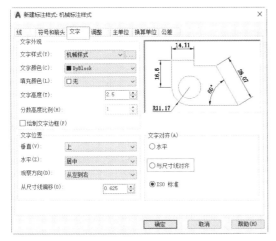

第3步 选择【调整】选项卡，将【使用全局比例】

设置为 3，如下图所示，其他设置不变。

4. 草图设置

执行【工具】→【绘图设置】菜单命令，弹出【草图设置】对话框，选择【对象捕捉】选项卡，进行相关参数设置，如下图所示。

12.2.2 绘制主视图

下面将综合利用圆、直线、旋转、拉长、偏移、复制、镜像、圆角、修剪、样条曲线、图案填充等命令绘制摇杆主视图，具体操作步骤如下。

第1步 将"外轮廓"图层置为当前图层，单击【默认】选项卡【绘图】面板的【圆心、半径】按钮 ⊙，以原点为圆心，绘制两个半径分别为 32 和 18 的同心圆，如下图所示。

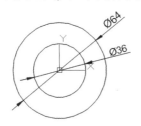

第2步 重复【圆心、半径】命令，绘制两个半径分别为 24 和 12 的同心圆，圆心在（230,0）处，如下图所示。

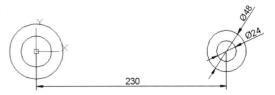

第3步 将【中心线】图层置为当前图层，单击【默认】选项卡【绘图】面板的【直线】按钮 ╱，根据命令行提示进行如下操作。

```
命令：_LINE
指定第一个点：-42,0
指定下一点或 [放弃(U)]：@306,0
指定下一点或[退出(E)/放弃(U)]：
//按空格键结束直线命令
命令：_LINE
```

指定第一个点:230,34
指定下一点或 [放弃(U)]: @0,-68
指定下一点或[退出(E)/放弃(U)]:
//按空格键结束直线命令

结果如下图所示。

第4步 单击【默认】选项卡【修改】面板的【旋转】按钮 ⟳，根据命令行提示进行如下操作。

命令：_ROTATE
UCS 当前的正角方向：ANGDIR=逆时针
ANGBASE=0
选择对象：找到 1 个
//旋转中心线
选择对象：
//按【Enter】键结束旋转
指定基点：
//捕捉原点为基点
指定旋转角度，或 [复制(C)/参照(R)]
<0>: C
旋转一组选定对象。
指定旋转角度，或 [复制(C)/参照(R)]
<0>: 75

结果如下图所示。

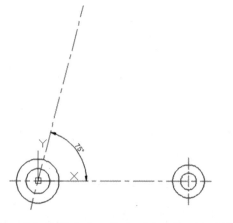

第5步 重复旋转命令，将水平中心线以复制的形式旋转345°，结果如下图所示。

第6步 单击【默认】选项卡【修改】面板的【拉长】按钮 ⟋，将75°中心线缩短为191，命令行提示如下。

命令：_LENGTHEN
选择要测量的对象或 [增量(DE)/百分比(P)/总计(T)/动态(DY)] <总计(T)>: T
指定总长度或 [角度(A)] <1.0000>:
191
选择要修改的对象或 [放弃(U)]:
//单击75°中心线
选择要修改的对象或 [放弃(U)]:
//按空格键结束命令

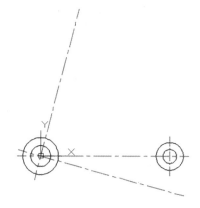

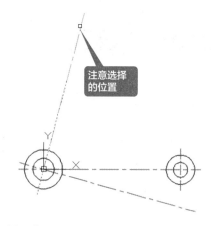

注意选择的位置

结果如下图所示。

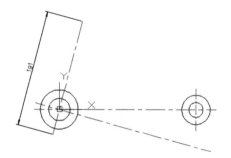

第7步 重复第6步,将345°的中心线缩短为84,结果如下图所示。

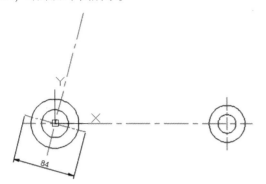

第8步 单击【默认】选项卡【修改】面板的【偏移】按钮⟟,将345°中心线向上偏移115,结果如下图所示。

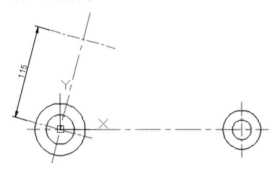

第9步 单击【默认】选项卡【修改】面板的【复制】按钮⟟,将半径为24和12的同心圆复制到两条中心线的交点处,如下图所示。

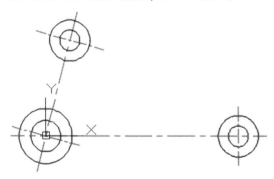

第10步 将【轮廓线】图层置为当前图层,单击【默认】选项卡【绘图】面板的【直线】按钮,然后按住【Shift】键并单击鼠标右键,在弹出的快捷菜单中选择【切点】,如下图所示。

第11步 选择如下图所示的切点。

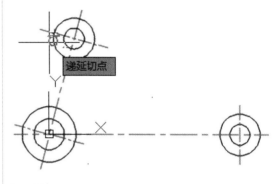

第12步 重复第10步~第11步,指定如下图所示的切点为直线的另一端点,如下图所示。

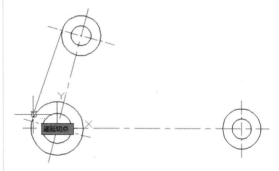

第13步 结果如下图所示。

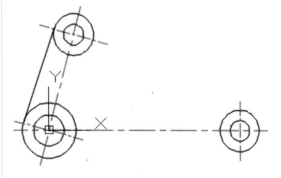

第14步 重复第10步~第12步,绘制另一条与

两圆相切的直线，结果如下图所示。

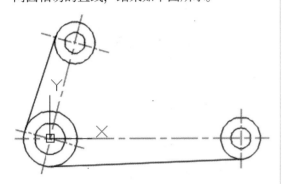

第15步 单击【默认】选项卡【修改】面板的【镜像】按钮▲，选择第14步绘制的直线为镜像对象，然后捕捉水平中心线的两个端点为镜像线上的两点，镜像后结果如下图所示。

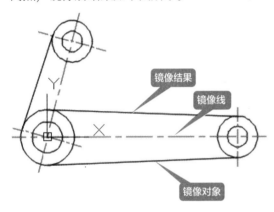

镜像结果
镜像线
镜像对象

第16步 重复镜像命令，将第13步绘制的直线以75°倾斜中心线为镜像线进行镜像，结果如下图所示。

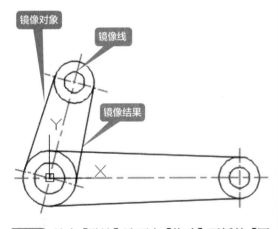

镜像对象
镜像线
镜像结果

第17步 单击【默认】选项卡【修改】面板的【圆角】按钮，对镜像后的两条相交直线进行圆

角，圆角半径为16，结果如下图所示。

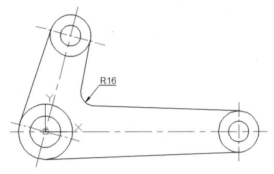

R16

第18步 单击【默认】选项卡【修改】面板的【偏移】按钮　，根据命令行提示进行如下操作。

```
命令: _OFFSET
当前设置: 删除源=否  图层=源  OFF-
SETGAPTYPE=0
指定偏移距离或 [通过(T)/删除(E)/图层
(L)] <通过>: L
输入偏移对象的图层选项 [当前(C)/源
(S)] <源>: C
指定偏移距离或 [通过(T)/删除(E)/图层
(L)] <通过>: 10
```

　　将水平中心线和75°中心线分别向两侧偏移，结果如下图所示。

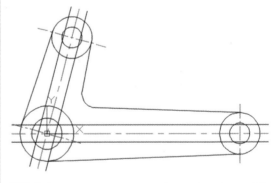

第19步 单击【默认】选项卡【修改】面板的【修剪】按钮　，根据命令行提示，进行如下操作。

```
命令: TRIM
当前设置: 投影=UCS,边=无,模式=快速
选择要修剪的对象,或按住 Shift 键选择
要延伸的对象或[剪切边(T)/窗交(C)/模式
(O)/投影(P)/删除(R)]: T
选择剪切边
选择对象或 <全部选择>:  找到 1 个
选择对象:  找到 1 个,总计 2 个
```

选择对象：找到 1 个，总计 3 个
//选择如下图所示的3个圆为剪切边
选择对象：
//按空格键结束剪切边选择

结果如下图所示。

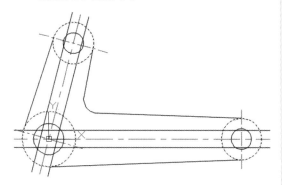

第 20 步 对偏移后的直线进行修剪，结果如下图所示。

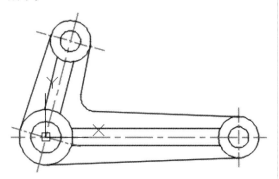

第 21 步 重复偏移命令，将竖直中心线分别向两侧偏移 6，结果如下图所示。

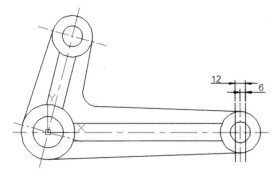

第 22 步 重复修剪命令，对偏移后的直线进行修剪，结果如下图所示。

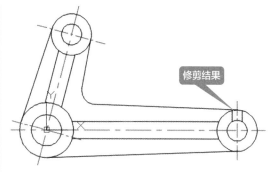

第 23 步 单击【默认】选项卡【绘图】面板的【样条曲线拟合】按钮，绘制两条样条曲线作为局部剖的边界线，结果如下图所示。

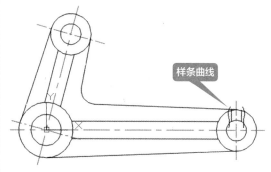

第 24 步 调用偏移命令，偏移距离设置为 2，绘制倒角圆，结果如下图所示。

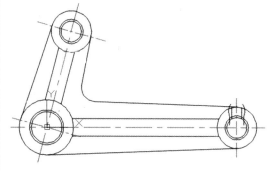

第 25 步 调用修剪命令，对样条曲线和直线进行修剪，结果如下图所示。

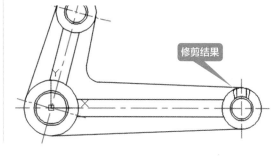

第26步 单击【默认】选项卡【绘图】面板的【图案填充】按钮▨，在弹出的【图案填充创建】选项卡选择填充图案"ANSI31"，单击【特性】面板的下拉按钮，然后选择"剖面线"图层，如下图所示。

第27步 单击【拾取点】按钮，选择需要填充的区域，最后单击【关闭图案填充创建】按钮，结果如下图所示。

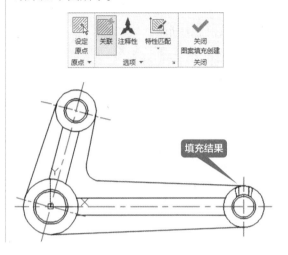

12.2.3 绘制俯视图

下面将综合利用射线、直线、几何约束、样条曲线、偏移、修剪、图案填充等命令绘制摇杆俯视图，具体操作步骤如下。

第1步 单击【默认】选项卡【绘图】面板的【射线】按钮✎，如下图所示。

> **提示**
>
> 　　除了通过面板调用射线命令外，还可以通过以下方法调用射线命令。
> 　　·执行【绘图】→【射线】菜单命令。
> 　　·在命令行输入【RAY】并按空格键。

第2步 捕捉如下图所示的交点为射线的起点。

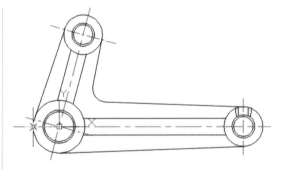

第3步 向下拖动鼠标，并在合适的位置单击，结果如下图所示。

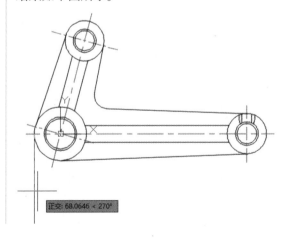

第4步 重复第1步~第3步，继续绘制射线，结果如下图所示。

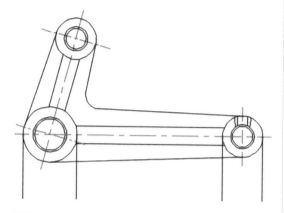

第5步 单击【默认】选项卡【绘图】面板的【直线】按钮　，绘制一条水平直线，结果如下图所示。

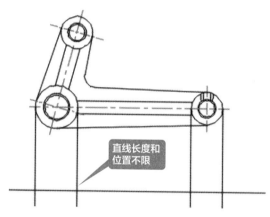

直线长度和位置不限

第6步 单击【默认】选项卡【修改】面板的【偏移】按钮　，将第5步绘制的直线依次向下偏移12、36、44和64，结果如下图所示。

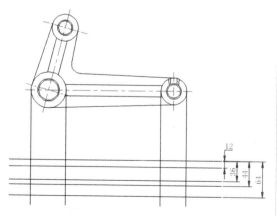

第7步 单击【默认】选项卡【修改】面板的【修剪】按钮　，对图形进行修剪，结果如下图所示。

| 提示 |

　　修剪的对象比较多，如果怕一次全部修剪完会出错，可以分几次进行修剪。

第8步 调用射线命令，绘制中心孔在俯视图上的投影，结果如下图所示。

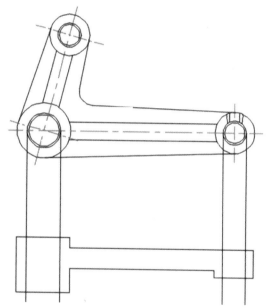

第9步 调用修剪命令，对图形进行修剪，结果如下图所示。

第10步 调用偏移命令，将偏移距离设置为2，绘制倒角圆，结果如下图所示。

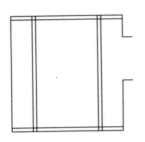

第11步 调用直线命令，将倒角处连接起来，结果如下图所示。

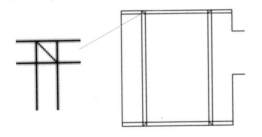

第12步 调用修剪命令，对图形进行修剪，如下图所示。

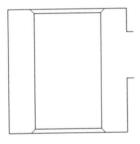

第13步 重复第10步~第12步，结果如下图所示。

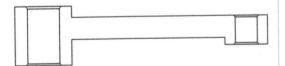

第14步 单击【注释】选项卡【中心线】面板的【中心线】按钮━━，选择"中心孔"的两条边线，结果如下图所示。

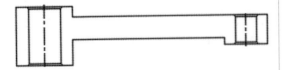

第15步 选中创建的两条中心线，利用夹点编辑命令，将其拉伸到合适的长度。再次选中两条中心线，然后单击【默认】选项卡【图层】面板的【图层】下拉按钮，选择"中心线"图层，

结果如下图所示。

| 提示 |

　　通过【中心线】命令创建的中心线是"块"，不能直接进行拉伸、偏移、修剪、圆角等操作，如果要进行这些操作，首先应将"中心线"图块进行分解。

第16步 调用偏移命令，将水平直线向上偏移20，结果如下图所示。

第17步 将偏移后的直线放置到"中心线"图层，并通过夹点编辑命令对其长度进行编辑，结果如下图所示。

第18步 调用【圆心、半径】绘图命令，绘制一个半径为6的圆孔，如下图所示。

第19步 单击【默认】选项卡【绘图】面板的【样条曲线拟合】按钮 ，绘制两条样条曲线作为局部剖的边界线，结果如下图所示。

第20步 调用修剪命令，对局部剖的边界进行修剪，结果如下图所示。

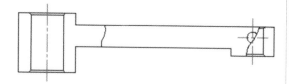

第21步 单击【默认】选项卡【修改】面板的【延伸】按钮━━|，将板厚轮廓线延伸到局部剖边界线，结果如下图所示。

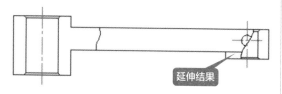

第22步 调用偏移命令，将如下图所示的直线向下偏移 20，结果如下图所示。

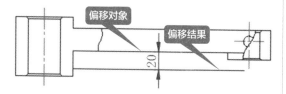

第23步 调用直线命令，绘制斜肋板在俯视图中投影的边界，结果如下图所示。

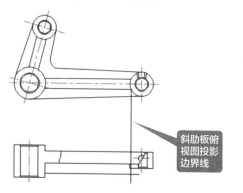

第24步 重复直线命令，绘制斜肋板在俯视图的投影，结果如下图所示。

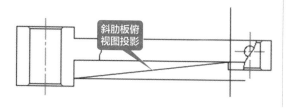

第25步 将辅助线删除，并对图形进行修正，结果如下图所示。

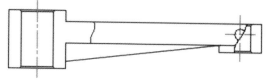

第26步 调用圆角命令，绘制半径为 3 的铸造圆角，结果如下图所示。

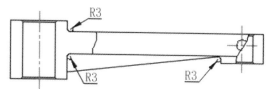

第27步 单击【默认】选项卡【绘图】面板的【图案填充】按钮 ，对图形进行图案填充，结果如下图所示。

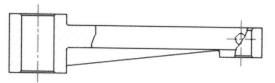

第28步 调用直线命令，在合适的位置任意绘制两条直线，结果如下图所示。

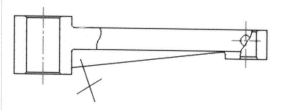

第29步 单击【参数】选项卡【几何】面板的【垂直】按钮╲，然后选择第一个对象,如下图所示。

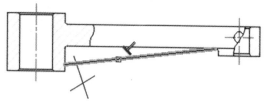

第30步 选择如下图所示的直线为第二个对象。

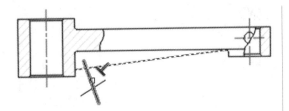

第31步 结果如下图所示。

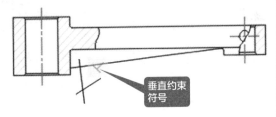

第32步 单击【参数】选项卡【几何】面板的【平行】按钮 ，然后选择第一个对象，如下图所示。

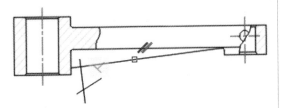

第33步 选择如下图所示的直线为第二个对象。

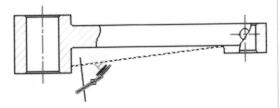

第34步 结果如下图所示。

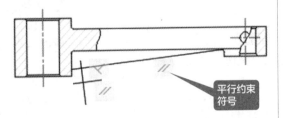

第35步 单击【参数】选项卡【几何】面板的【全部隐藏】按钮 ，然后调用偏移命令，将如下图所示的直线分别向两侧偏移10，结果如下图所示。

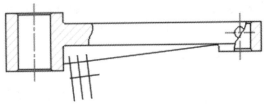

第36步 调用样条曲线命令，绘制一条样条曲线作为断面图的边界线，结果如下图所示。

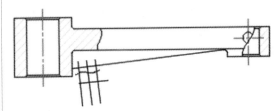

第37步 调用修剪命令，对断面图进行修剪，结果如下图所示。

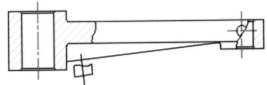

第38步 选中断面图的中心线，将其放置到"中心线"图层，结果如下图所示。

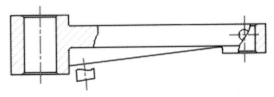

提示

　　选中中心线，然后按【Ctrl+1】组合键，在弹出的【特性】选项板中可以对中心线的线性比例进行修改。

第39步 单击【默认】选项卡【绘图】面板的【图案填充】按钮 ，对图形进行图案填充，结果如下图所示。

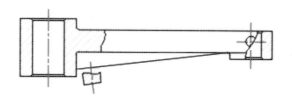

12.2.4 绘制 A-A 剖视图

下面将综合利用构造线、直线、几何约束、圆弧、样条曲线、偏移、修剪、图案填充等命令，绘制摇杆的 A-A 剖视图，具体操作步骤如下。

第1步 单击【默认】选项卡【绘图】面板的【构造线】按钮，根据命令行提示进行如下操作。

```
命令: _XLINE
指定点或 [水平(H)/垂直(V)/角度(A)/二
等分(B)/偏移(O)]: A
输入构造线的角度 (0) 或 [参照(R)]:
345
指定通过点:
//单击A点
//依次单击B~H点
```

结果如下图所示。

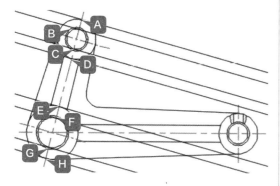

第2步 调用直线命令，在合适的位置任意绘制一条直线，结果如下图所示。

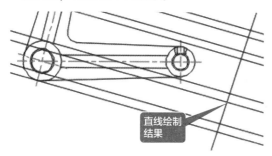

第3步 单击【参数】选项卡【几何】面板的【垂直】按钮 ，选择任一构造线为第一个对象，然后选择第 2 步绘制的直线为第二个对象，结果如下图所示。

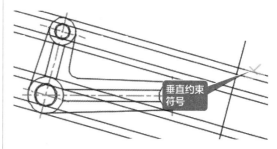

第4步 单击【参数】选项卡【几何】面板的【全部隐藏】按钮 ，然后调用偏移命令，将直线向右侧偏移 64，结果如下图所示。

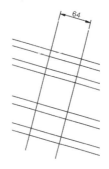

第5步 调用修剪命令，对图形进行修剪，结果如下图所示。

第6步 调用偏移命令，将最左侧斜线向右侧分别偏移 12、36、56，结果如下图所示。

第7步 调用修剪命令，根据命令行提示选择剪切边。

```
命令： TRIM
当前设置： 投影=UCS,边=无,模式=快速
选择要修剪的对象，或按住 Shift 键选择
要延伸的对象或[剪切边(T)/窗交(C)/模式
(O)/投影(P)/删除(R)]： T
当前设置： 投影=UCS,边=无,模式=快速
选择剪切边
选择对象或 <全部选择>： 找到 1 个
……
//依次选择剪切边
选择对象：
//按空格键结束剪切边选择
```

结果如下图所示。

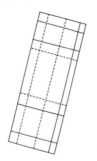

第8步 对图形进行修剪，结果如下图所示。

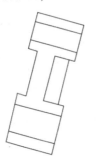

第9步 调用偏移命令，将主视图倾斜中心线向右侧偏移 6，结果如下图所示。

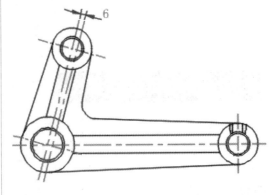

第10步 调用构造线命令，经过如下图所示的A、B 两点，绘制两条倾斜角度为 345 的构造线，结果如下图所示。

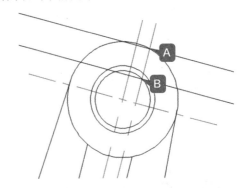

第11步 调用偏移命令，将 A-A 剖视图最右侧直线分别向左偏移 14、20、26,结果如下图所示。

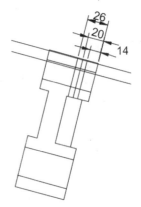

第12步 单击【默认】选项卡【绘图】面板的【圆弧】选项中的【三点】按钮，结果如下图所示。

圆弧

第13步 选中两条构造线和偏移距离为 20 的直线，然后按【Delete】键将其删除，如下图所示。

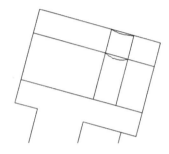

第14步 调用修剪命令，对"鱼眼孔"进行修剪，如下图所示。

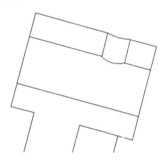

第15步 单击【注释】选项卡【中心线】面板的【中心线】按钮 ，选择"鱼眼孔"的两条边线，结果如下图所示。

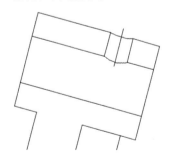

第16步 选中刚创建的中心线，然后按【Ctrl+1】组合键，在弹出的【特性】选项板上将【线型比例】改为 0.5，如下图所示。

第17步 修改结果如下图所示。

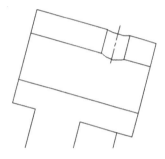

第18步 重复中心线命令，继续创建中心线，结果如下图所示。

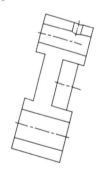

第19步 选中如下图所示的中心线，然后通过夹点拉伸命令拉长中心线的长度，如下图所示。

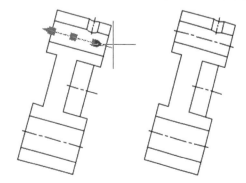

第 20 步 将另一条中心线也进行拉伸，结果如下图所示。

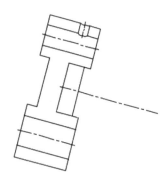

第 21 步 选中 4 条中心线，将其放置到"中心线"图层，结果如下图所示。

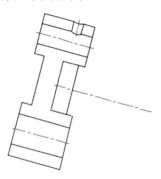

第 22 步 调用偏移命令，设置偏移距离为 2，对如下图所示的直线进行偏移。

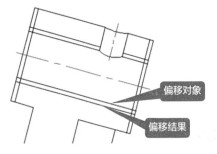

偏移对象

偏移结果

第 23 步 调用直线命令，绘制倒角圆的投影线，结果如下图所示。

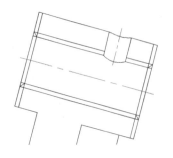

第 24 步 调用修剪命令，对倒角圆的投影进行修剪，结果如下图所示。

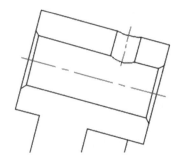

第 25 步 重复第 22 步 ~ 第 24 步，绘制图形下半部分的倒角圆投影，结果如下图所示。

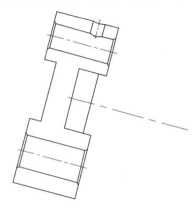

第 26 步 调用偏移命令，命令行提示如下。

```
命令：_OFFSET
当前设置：删除源=否    图层=源    OFF-
SETGAPTYPE=0
指定偏移距离或 [通过(T)/删除(E)/图层
(L)] <通过>：
//按空格键接受默认值
选择要偏移的对象，或 [退出(E)/放弃
(U)] <退出>：
//选择筋板的外轮廓线为偏移对象
指定通过点或 [退出(E)/多个(M)/放弃
(U)] <退出>：
//在合适的位置单击
选择要偏移的对象，或 [退出(E)/放弃
(U)] <退出>：
//按空格键结束偏移命令
```

结果如下图所示。

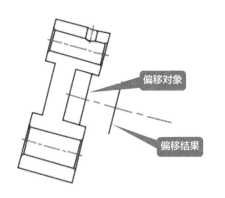

偏移对象

偏移结果

第 27 步 重复偏移命令，将第 26 步偏移后的直线向右侧再分别偏移 24 和 44，结果如下图所示。

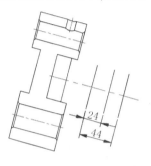

第 28 步 单击【默认】选项卡【修改】面板的【分解】按钮，将中心线进行分解，分解前后对比如下图所示。

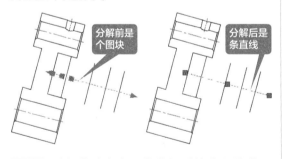

分解前是个图块

分解后是条直线

第 29 步 重复偏移命令，将分解后的中心线分别向两侧各偏移 10，并将偏移后的结果放到当前图层，结果如下图所示。

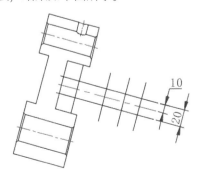

第 30 步 调用样条曲线命令，绘制两条样条曲线作为断面图的边界线，结果如下图所示。

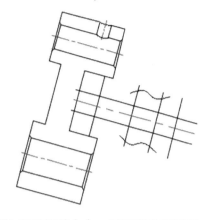

第 31 步 调用修剪命令，对图形进行修剪，结果如下图所示。

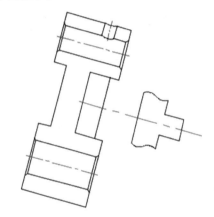

第 32 步 单击【默认】选项卡【修改】面板的【旋转】按钮，将 A-A 剖视图旋转 15°，结果如下图所示。

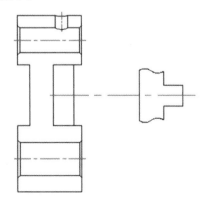

第 33 步 调用圆角命令，绘制半径为 3 的铸造圆角，结果如下图所示。

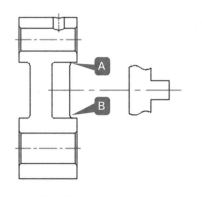

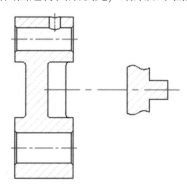

第34步 调用图案填充命令，分别对 A-A 剖视图和断面图进行图案填充，结果如下图所示。

| 提示 |

在创建 A、B 两处圆角时，先将创建圆角命令设置为创建圆角后不修剪，然后再通过修剪命令对创建圆角后的 A、B 两处进行修剪。

12.2.5 创建粗糙度符号图块和基准符号图块

粗糙度符号有多种，可以先创建一个，然后在其基础上创建其他粗糙度符号，最后将它们做成图块，以便后面插入使用。创建粗糙度符号图块和基准符号图块的具体操作步骤如下。

1. 创建粗糙度符号 1

第1步 将"标注"图层设置为当前图层，然后调用【矩形】命令，绘制一个 14×32 的矩形，结果如下图所示。

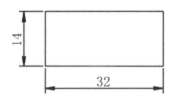

第2步 调用【分解】命令，将第 1 步绘制的矩形分解，然后调用【偏移】命令，将水平直线向下偏移 7，结果如下图所示。

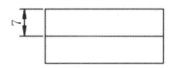

第3步 调用直线命令，然后根据命令行提示，进行如下操作。

```
命令：_LINE
指定第一个点：
//捕捉A点
指定下一点或 [放弃(U)]：<-60
角度替代：300
指定下一点或 [放弃(U)]：
//单击B点
指定下一点或 [放弃(U)]：
//按空格键结束命令
```

结果如下图所示。

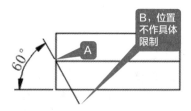

第4步 重复直线命令，绘制一条与水平直线成 60°夹角的直线，结果如下图所示。

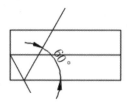

第5步 调用【修剪】命令，对图形进行修剪，

结果如下图所示。

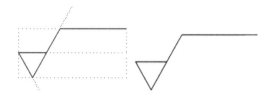

第6步 单击【默认】选项卡【块】面板的【定义属性】按钮，在弹出的【属性定义】对话框中进行如下图所示的设置。

第7步 单击【确定】按钮，将创建的属性放置到合适的位置，结果如下图所示。

第8步 单击【默认】选项卡【块】面板的【创建】按钮，在弹出的【块定义】对话框中进行如下图所示的设置，设置完成后单击【确定】按钮即可。

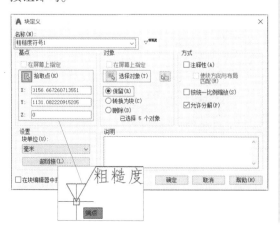

2. **创建粗糙度符号 2**

第1步 单击【默认】选项卡【绘图】面板的【圆】选项中的【相切、相切、相切】按钮，绘制一个与三条边相切的圆，结果如下图所示。

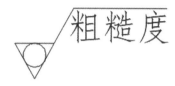

第2步 对"粗糙度 2"进行修改，删除多余的注释说明，结果如下图所示。

第3步 调用创建块命令，在弹出的【块定义】对话框中进行如下图所示的设置。设置完成后单击【确定】按钮即可。

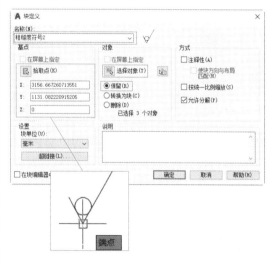

3. **创建粗糙度符号 3**

第1步 调用删除命令，对"创建粗糙度符号 2"保留的粗糙度符号进行修改，结果如下图所示。

第2步 调用创建块命令，在弹出的【块定义】对话框中进行如下图所示的设置，设置完成后单击【确定】按钮即可。

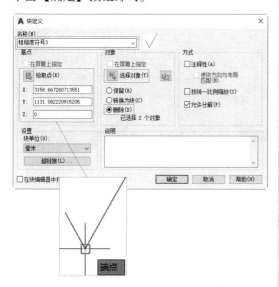

4. 创建粗糙度符号4

第1步 调用【圆心、半径】绘制圆命令，在合适的位置绘制一个半径为5的圆，结果如下图所示。

第2步 调用直线命令，过圆心绘制两条直线，长度如下图所示。

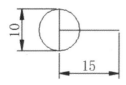

第3步 单击【默认】选项卡【修改】面板的【移动】按钮✥，将两条直线向左侧移动20。

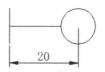

第4步 调用定义属性命令，在弹出的【属性定义】对话框中进行如下图所示的设置。

第5步 单击【确定】按钮，将创建的属性放置到合适的位置，结果如下图所示。

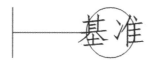

第6步 调用创建块命令，在弹出的【块定义】对话框中进行如下图所示的设置，设置完成后单击【确定】按钮即可。

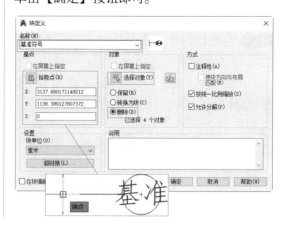

12.2.6 完善图形

一幅完整的图形除了基本形状外，还要有标注、剖切符号、技术要求及粗糙度和图框等。下面就通过尺寸标注、文字及插入图块等命令来对图形进行完善。

1. 添加尺寸和形位公差

第1步 将"标注"图层设置为当前图层，使用标注命令为各视图添加标注对象，如下图所示。

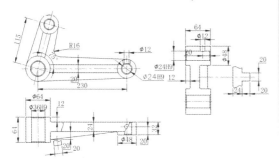

第2步 执行【插入】菜单→【块选项板】菜单命令，在弹出的【块】选项板中右击"基准符号"，在弹出的快捷菜单中选择"插入"选项，如下图所示。

第3步 在图中指定插入位置，在弹出的【编辑属性】对话框中输入基准符号"B"，如下图所示。单击【确定】按钮后，即可将基准 B 插入相应的位置。

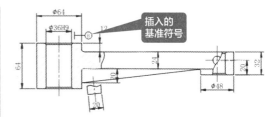

第4步 插入一个基准后，命令行会提示继续插入基准，根据命令行提示输入"R"，然后设置旋转角度为 270。指定插入点后，在弹出的【编辑属性】对话框中输入基准符号"C"，如下图所示，单击【确定】按钮后即可将基准 C 插入相应的位置。

结果如下图所示。

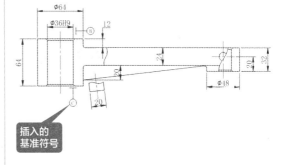

第5步 插入基准 C 后，按【Esc】键退出图块插入命令。单击【注释】选项卡【标注】面板的【公差】按钮，单击【符号】，选择"垂直度"符号，然后输入公差和基准的值，如下图所示。

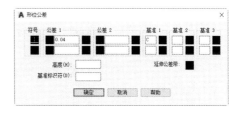

第6步 单击【确定】按钮，然后将垂直度形位

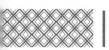

公差插入图形相应位置，如下图所示。

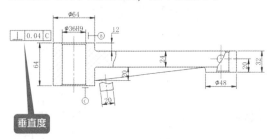

垂直度

第7步 单击【默认】选项卡【绘图】面板的【多段线】按钮 ，根据命令行提示，进行如下操作。

```
命令: _PLINE
指定起点:
//捕捉形位公差框右侧中点
当前线宽为 0.0000
指定下一个点或 [圆弧(A)/半宽(H)/长度
(L)/放弃(U)/宽度(W)]:
//在合适的长度位置单击
指定下一点或 [圆弧(A)/闭合(C)/半宽
(H)/长度(L)/放弃(U)/宽度(W)]: W
指定起点宽度 <0.0000>: 1.5
指定端点宽度 <1.5000>: 0
指定下一点或 [圆弧(A)/闭合(C)/半宽
(H)/长度(L)/放弃(U)/宽度(W)]:
//捕捉与尺寸线垂直相交的位置
指定下一点或 [圆弧(A)/闭合(C)/半宽
(H)/长度(L)/放弃(U)/宽度(W)]:
//按空格键结束命令
```

结果如下图所示。

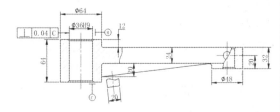

第8步 重复第5步～第7步，给主视图添加平行度形位公差，结果如下图所示。

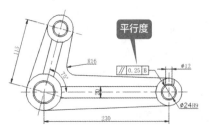

平行度

第9步 重复第5步～第7步，给A-A剖视图添加平行度形位公差，结果如下图所示。

平行度

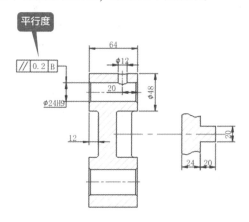

2. 添加粗糙度和剖切符号

第1步 调用【块选项板】命令，在弹出的【块】选项板中右击"粗糙度符号1"，然后选择【插入】，根据命令行提示进行如下操作。

```
指定插入点或 [基点(B)/比例(S)/旋转
(R)]: R
指定旋转角度 <0>: 90
指定插入点或 [基点(B)/比例(S)/旋转
(R)]:
//捕捉如下图所示的中点
```

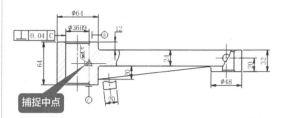

捕捉中点

第2步 在弹出的【编辑属性】对话框中输入粗糙度的值 Ra1.6，如下图所示。

第3步 单击确定按钮后，结果如下图所示。

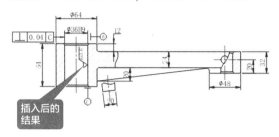

第4步 根据插入的位置，调整粗糙度符号的角度，继续插入粗糙度符号，结果如下图所示。

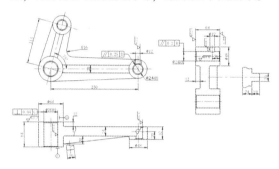

┤提示├∷∷∷∷∷

　　所有粗糙度符号的插入都是在一次命令下完成的，如果粗糙度符号和标注的尺寸重合，可以对标注的尺寸进行调整。

第5步 调用多段线命令，根据命令行提示，进行如下操作。

```
命令: _PLINE
指定起点:          //捕捉中心线的端点
当前线宽为 0.0000
指定下一个点或 [圆弧(A)/半宽(H)/长度
(L)/放弃(U)/宽度(W)]:
//拖动鼠标，在合适的位置单击
指定下一点或 [圆弧(A)/闭合(C)/半宽
(H)/长度(L)/放弃(U)/宽度(W)]: W
指定起点宽度 <0.0000>: 1.5
指定端点宽度 <1.5000>: 0
指定下一点或 [圆弧(A)/闭合(C)/半宽
(H)/长度(L)/放弃(U)/宽度(W)]:
//在合适的位置单击，指定箭头的长度
指定下一点或 [圆弧(A)/闭合(C)/半宽
(H)/长度(L)/放弃(U)/宽度(W)]:
//按空格键结束命令
```

结果如下图所示。

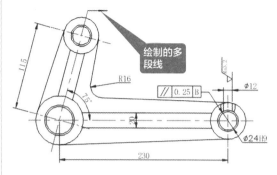

第6步 调用旋转命令，将第5步绘制的多段线绕中心线端点旋转345°，结果如下图所示。

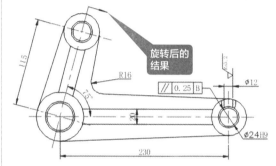

第7步 调用复制命令，将旋转后的多段线复制到中心线的另一端，结果如下图所示。

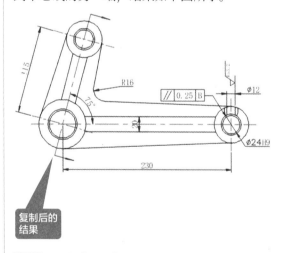

第8步 单击【默认】选项卡【注释】面板的【单行文字】按钮A，将文字的高度设置为7，旋转角度设置为345，输入文字后结果如下图所示。

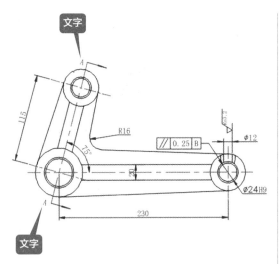

指定起点宽度 <0.0000>: 0.5
指定端点宽度 <0.5000>: 0
指定圆弧的端点(按住Ctrl键以切换方向)
或[角度(A)/ ……/第二个点(S)/放弃
(U)/宽度(W)]: CE
指定圆弧的圆心:
//捕捉圆心
指定圆弧的端点(按住Ctrl键以切换方向)
或 [角度(A)/长度(L)]: @-3,0
指定圆弧的端点(按住Ctrl键以切换方向)
或[角度(A)/ ……)/第二个点(S)/放弃
(U)/宽度(W)]:
//按空格键结束命令

结果如下图所示。

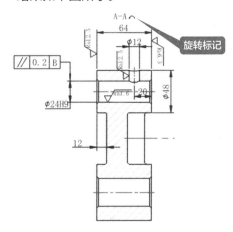

第9步 重复文字命令，给 A-A 剖视图添加剖视标记，结果如下图所示。

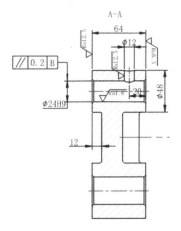

第10步 调用多段线命令，绘制剖视图的旋转标记，根据命令行提示，进行如下操作。

```
命令: _PLINE
指定起点:
//在合适的位置单击指定起点
当前线宽为 0.0000
指定下一个点或 [圆弧(A)/半宽(H)/长度
(L)/放弃(U)/宽度(W)]: A
指定圆弧的端点(按住Ctrl键以切换方向)
或[角度(A)/……/宽度(W)]: ce
指定圆弧的圆心: @-3,0
指定圆弧的端点(按住Ctrl键以切换方向)
或 [角度(A)/长度(L)]: A
指定夹角(按住Ctrl键以切换方向): 150
指定圆弧的端点(按住Ctrl键以切换方向)
或[角度(A)/ ……/第二个点(S)/放弃
(U)/宽度(W)]: W
```

3. 添加技术要求并插入图框

第1步 将"文字"图层设置为当前图层，单击【默认】选项卡【注释】面板的【多行文字】按钮 **A**，书写技术要求，结果如下图所示。

技术要求：
1. 退火处理；
2. 未注铸造圆角均为R3；
3. 未注倒角为C2。

第2步 调用【块选项板】命令，在弹出的【块】选项板中，将"粗糙度2"和"粗糙度3"分别拖到技术要求下方，结果如下图所示。

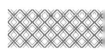

技术要求：

1. 退火处理；

2. 未注铸造圆角均为R3；

3. 未注倒角为C2。

√ (√)

第3步 调用【块选项板】命令，在弹出的【块】选项板上单击【库】选项卡，然后单击 按钮，如下图所示。

第4步 在弹出的【为块库选择文件夹或文件】对话框中选择"素材 \CH12\ 图框"，如下图所示。

第5步 返回【块】选项板的【库】选项卡，右击"图框"，在弹出的快捷菜单中选择"插入"选项，在适当的位置指定插入点，如下图所示。

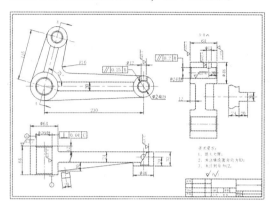

第6步 调用单行文字命令，输入图形名称、图号及材料等，结果如下图所示。

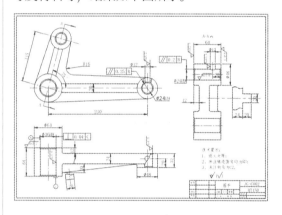

第 13 章

别墅式户型设计立面图

本章导读

别墅式户型的独特之处在于，户型的结构设计不再采用传统的方式，在视觉上更为奢华，功能更为强大，可以使活动空间与私密空间动静分离。

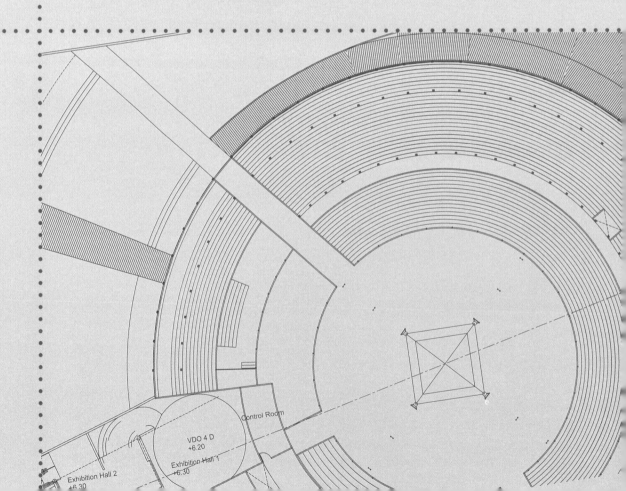

13.1　别墅式户型设计基础

下面将分别从别墅式户型设计的分类、原则及别墅式户型立面图的绘制思路等方面对别墅式户型设计的基础知识进行介绍。

13.1.1　别墅式户型设计的分类

作为长期居住或临时休假的场所，精致的小户型别墅和独立的庄园式别墅特点并不相同。

1.　独立别墅

独立别墅是私密性极强的单体别墅，独门独院，花园等都是私人的、独立的，是历史最悠久的一种别墅。

2.　联排别墅

联排别墅由几幢单户别墅并排组成，通常一排住宅的二层至四层连接在一起，共用外墙，墙内的住宅为独立的门户，地下一般会设计一层作为车库使用。

3.　双拼别墅

双拼别墅是由两个单元的别墅拼联而成的单栋别墅，介于独立别墅和联排别墅之间。比起联排别墅，双拼别墅降低了社区密度，增加了住宅的采光面，同时也拥有更为宽阔的室外空间。

4.　叠加式别墅

叠加式别墅介于别墅和公寓之间，类似复式户型的升级版，由多层别墅式复式住宅上下叠加而成。与联排别墅相比，叠加式别墅独立面造型更为丰富。

5.　空中别墅

空中别墅一般是指建立在高层楼顶端的、具有别墅形态的跃式住宅，符合别墅的基本要求，又称为空中阁楼，是一种把繁华都市生活推向极致的建筑类型。

13.1.2　别墅式户型设计原则

别墅式户型的设计不能简单地追求外观的华丽，更应该注重内在的品质。

1.　以人为本

别墅不管建设得如何富丽堂皇，最终是为了让人居住，所以在进行别墅设计时应充分考虑人居住时的需求。在满足物理需求的同时，可以通过材质、灯光及采光等处理来满足人的心理需求。

2. 风格协调

别墅设计应当充分考虑居住人的专业背景、艺术修养等，注重细节上的处理，使别墅的整体风格与构建出来的氛围完美搭配，增加居住时的愉悦感。

3. 注重内涵，气氛协调

别墅不应该是各种名贵材料的简单堆积，在保证奢华的同时，应充分体现人文内涵，如有收藏价值的艺术品的合理摆放，不仅可以增加空间的艺术氛围，还具有保值及增值空间。

4. 与现代科技相结合

别墅自身具备视觉及功能上的优势，与现代科技（如智能家居等）相结合，可以为居住人提供更便捷、更安全的生活服务。

5. 空间的合理划分

各功能区间应合理划分，在保证各功能区间可以交流、互动的同时，又要保证各区间相互独立、安全、私密。例如，休息区与主要公共活动区应最大限度地保证互不干扰。

6. 环保

别墅设计应当充分考虑环保性。环保不仅要体现在材质的选择上，更应该考虑绿色能源的利用，如室内外空间的通风、采光、采暖等。

7. 隔音

别墅的功能集居住与公共活动于一身，隔音功能便显得尤为重要，因此材质的选择和结构的设计应合理搭配。

13.1.3 别墅式户型立面图的绘制思路

绘制别墅式户型立面图的思路是先设置绘图环境，然后绘制墙体立面图、门、窗并完善图形。具体绘制思路如表 13-1 所示。

表 13-1 别墅式户型立面图的绘制思路

序号	绘图方法	结果	备注
1	设置绘图环境，如图层、标注样式、多重引线样式等	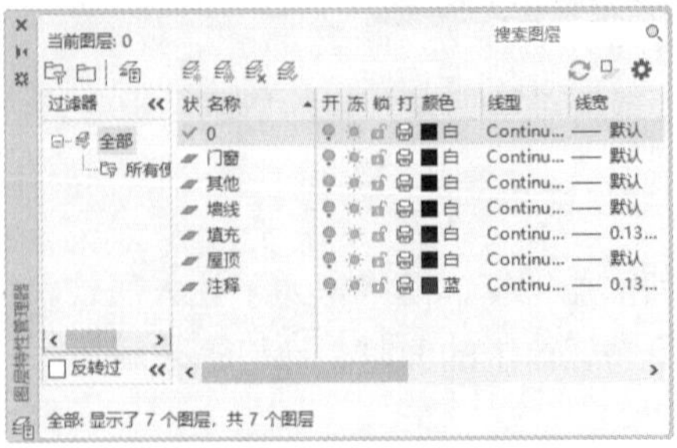	

续表

序号	绘图方法	结果	备注
2	综合利用构造线、偏移、移动、修剪、复制、射线、矩形等命令绘制别墅式户型墙体立面图		注意坐标点的灵活运用
3	综合利用矩形、修剪、直线等命令绘制门		门周围的构造部分的绘制顺序可以根据需要适当调整
4	综合利用复制、修剪、射线、镜像、直线、偏移、圆等命令绘制窗		窗绘制的先后顺序可以根据需要适当调整
5	综合利用图案填充、多段线、移动、线性标注、多重引线标注、多行文字等命令完善图形	暗黄色面砖 浅黄色漆料 暗红色油漆 灰色石材 3300 3300 300 南立面图	有兴趣的读者可以进行更加详细的标注

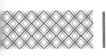

 13.2 绘制别墅式户型设计立面图

别墅式户型设计立面图主要由墙体、门、窗及其他细节部分构成，下面将对绘制过程进行介绍。

13.2.1 设置绘图环境

在绘制图形之前，首先要设置绘图环境，如图层、标注样式、多重引线样式等。

1. 设置图层

第1步 新建一个 dwg 文件，执行【格式】→【图层】菜单命令，系统弹出【图层特性管理器】对话框，如下图所示。

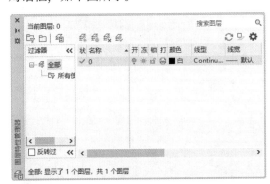

第2步 依次创建如下图所示的图层。

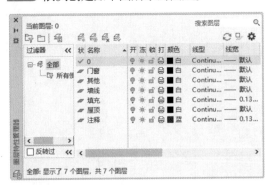

2. 设置标注样式

第1步 执行【格式】→【标注样式】菜单命令，弹出【标注样式管理器】对话框，新建一个名称为"建筑标注样式"的标注样式，如下图所示。

第2步 单击【继续】按钮，弹出【新建标注样式：建筑标注样式】对话框，选择【线】选项卡，进行如下图所示的参数设置。

第3步 选择【符号和箭头】选项卡，进行如下图所示的参数设置。

第4步 选择【调整】选项卡，进行如下图所示的参数设置。

第5步 单击【确定】按钮，返回【标注样式管理器】对话框，将"建筑标注样式"置为当前，如下图所示。

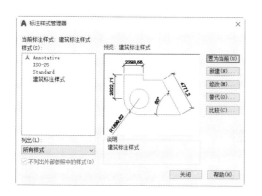

3. 设置多重引线样式

第1步 执行【格式】→【多重引线样式】菜单命令，弹出【多重引线样式管理器】对话框，新建一个名称为"建筑多重引线样式"的多重引线样式，如下图所示。

第2步 单击【继续】按钮，弹出【修改多重引样样式：建筑多重引线样式】对话框，选择【引线格式】选项卡，进行如下图所示的参数设置。

```
箭头
符号(S):    小点
大小(Z):    400
```

第3步 选择【内容】选项卡，进行如下图所示的参数设置。

第4步 单击【确定】按钮，返回【多重引线式管理器】对话框，将"建筑多重引线样式"置为当前，如下图所示。

13.2.2 绘制墙体立面图

墙体立面图的绘制主要包括屋顶、墙线等，具体操作步骤如下。

1. 绘制屋顶部分

第1步 将"屋顶"图层置为当前图层，执行【绘图】→【构造线】菜单命令，根据命令行提示进行如下操作。

```
命令：_XLINE
指定点或 [水平(H)/垂直(V)/角度(A)/二
等分(B)/偏移(O)]：A
输入构造线的角度 (0) 或 [参照(R)]：
```

```
27
指定通过点：-600,7495
指定通过点：
//按【Enter】键结束构造线命令
```

结果如下图所示。

第2步 执行【修改】→【偏移】菜单命令，偏移距离设置为"100"，将第1步绘制的构造

线向外侧偏移，结果如下图所示。

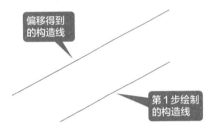

第3步 继续调用【偏移】命令，偏移距离设置为50，将第2步得到的构造线向外侧偏移，结果如下图所示。

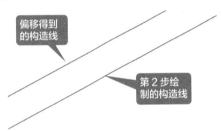

第4步 重复第1步 的操作，构造线的角度设置为117，其他参数不变，结果如下图所示。

第5步 执行【修改】→【偏移】菜单命令，偏移距离设置为60，将第4步绘制的构造线向外侧偏移，结果如下图所示。

第6步 执行【修改】→【修剪】菜单命令，对前面绘制的构造线进行修剪操作，结果如下图所示。

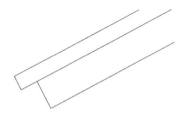

第7步 执行【修改】→【镜像】菜单命令，选择全部对象为需要镜像的对象，在任意竖直方向指定两个点作为镜像线，并保留源对象，结果如下图所示。

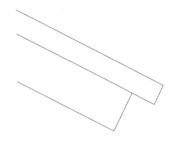

第8步 执行【修改】→【移动】菜单命令，选择第7步镜像得到的对象作为需要移动的对象，捕捉如下图所示的端点作为移动的基点。

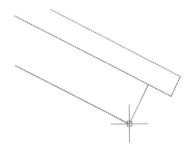

第9步 在命令行提示下指定7940,9155作为移动的第二个点，结果如下图所示。

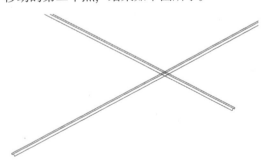

第10步 执行【修改】→【修剪】菜单命令，对相交的线条进行修剪操作，结果如下图所示。

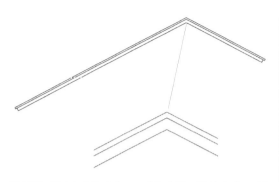

第 11 步 执行【修改】→【复制】菜单命令，选择如下图所示的对象作为需要复制的对象，按【Enter】键确认。

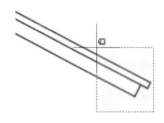

第 12 步 在绘图区域任意指定一点作为复制的基点，在命令行提示下输入"@3700，-860"，按两次【Enter】键，结果如下图所示。

复制结果

第 13 步 执行【绘图】→【构造线】菜单命令，根据命令行提示进行如下操作。

```
命令：_XLINE
指定点或 [水平(H)/垂直(V)/角度(A)/二
等分(B)/偏移(O)]：V
指定通过点：4700,0
指定通过点：
//按【Enter】键结束构造线命令
```

结果如下图所示。

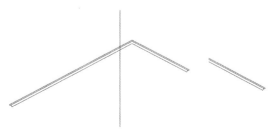

第 14 步 执行【修改】→【延伸】菜单命令，对第 12 步中得到的对象进行延伸操作，结果如下图所示。

第 15 步 执行【修改】→【修剪】菜单命令，对构造线进行修剪操作，结果如下图所示。

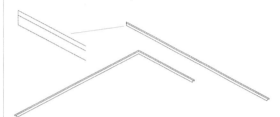

第 16 步 执行【修改】→【复制】菜单命令，选择如下图所示的对象作为需要复制的对象，按【Enter】键确认。

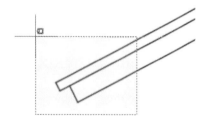

第 17 步 在绘图区域任意指定一点作为复制的基点，在命令行提示下输入"@-300，-4140"，按两次【Enter】键，结果如下图所示。

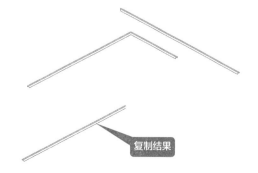

复制结果

2. 绘制墙线部分

第1步 将"墙线"图层置为当前图层，选择【绘图】→【射线】菜单命令，根据命令行提示进行如下操作。

```
命令： _RAY 指定起点： 0,0
指定通过点： 0,10
指定通过点：
//按【Enter】键结束射线命令
命令： _RAY 指定起点： 7440,0
指定通过点： @0,10
指定通过点：
//按【Enter】键结束射线命令
命令： _RAY 指定起点： 11040,0
指定通过点： @0,10
指定通过点：
//按【Enter】键结束射线命令
```

结果如下图所示。

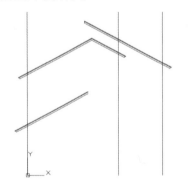

第2步 执行【修改】→【修剪】菜单命令，对多余线条进行修剪操作，结果如下图所示。

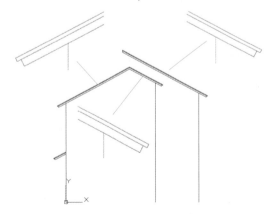

第3步 执行【绘图】→【矩形】菜单命令，根据命令行提示进行如下操作。

```
命令： _RECTANG
指定第一个角点或 [倒角(C)/标高(E)/圆
角(F)/厚度(T)/宽度(W)]： 0,780
指定另一个角点或 [面积(A)/尺寸(D)/旋
转(R)]： @-460,120
```

结果如下图所示。

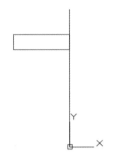

第4步 执行【绘图】→【射线】菜单命令，根据命令行提示进行如下操作。

```
命令： _RAY 指定起点： -400,900
指定通过点： @0,10
指定通过点：
//按【Enter】键结束射线命令
```

结果如下图所示。

第5步 执行【修改】→【修剪】菜单命令，对射线进行修剪操作，结果如下图所示。

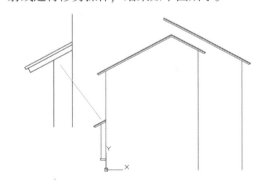

第6步 执行【绘图】→【直线】菜单命令，根据命令行提示进行如下操作。

```
命令: _LINE
指定第一个点: -400,2050
指定下一点或 [放弃(U)]: @400,0
指定下一点或 [放弃(U)]:
//按【Enter】键结束直线命令
命令: _LINE
指定第一个点: -400,3200
指定下一点或 [放弃(U)]: @400,0
指定下一点或 [放弃(U)]:
//按【Enter】键结束直线命令
```

结果如下图所示。

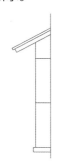

第7步 执行【绘图】→【射线】菜单命令，捕捉如下图所示的端点作为射线的起点。

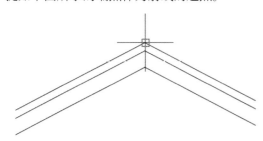

第8步 在命令行提示下输入"@0,10"，按两次【Enter】键，结果如下图所示。

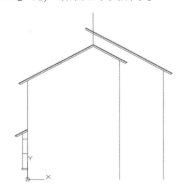

第9步 执行【修改】→【修剪】菜单命令，对射线进行修剪操作，结果如下图所示。

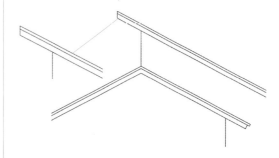

3. 绘制其他部分

第1步 将"其他"图层置为当前图层，选择【绘图】→【矩形】菜单命令，根据命令行提示进行如下操作。

```
命令: _RECTANG
指定第一个角点或 [倒角(C)/标高(E)/圆角(F)/厚度(T)/宽度(W)]: 855,9400
指定另一个角点或 [面积(A)/尺寸(D)/旋转(R)]: @2700,100
命令: _RECTANG
指定第一个角点或 [倒角(C)/标高(E)/圆角(F)/厚度(T)/宽度(W)]:10185,10195
指定另一个角点或 [面积(A)/尺寸(D)/旋转(R)]: @-2700,100
```

结果如下图所示。

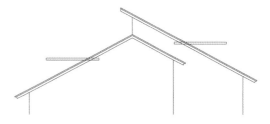

第2步 执行【修改】→【修剪】菜单命令，对矩形进行修剪操作，结果如下图所示。

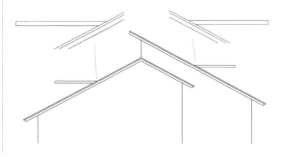

第3步 执行【绘图】→【射线】菜单命令，根据命令行提示进行如下操作。

```
命令：_RAY 指定起点：1055,9400
指定通过点：@0,-10
指定通过点：
//按【Enter】键结束射线命令
命令：_RAY 指定起点：9985,10195
指定通过点：@0,-10
指定通过点：
//按【Enter】键结束射线命令
```

结果如下图所示。

第4步 执行【修改】→【修剪】菜单命令，对射线进行修剪操作，结果如下图所示。

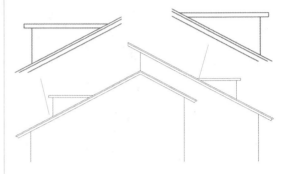

13.2.3 绘制门

门图形主要包括门周围的构造、门等，绘制门的具体操作步骤如下。

1. 绘制门周围的构造部分

第1步 将"其他"图层置为当前图层，选择【绘图】→【矩形】菜单命令，根据命令行提示进行如下操作。

```
命令：_RECTANG
指定第一个角点或 [倒角(C)/标高(E)/圆
角(F)/厚度(T)/宽度(W)]：0,0
指定另一个角点或 [面积(A)/尺寸(D)/旋
转(R)]：4200,600
命令：_RECTANG
指定第一个角点或 [倒角(C)/标高(E)/圆
角(F)/厚度(T)/宽度(W)]：0,600
指定另一个角点或 [面积(A)/尺寸(D)/旋
转(R)]：@4150,180
命令：_RECTANG
指定第一个角点或 [倒角(C)/标高(E)/圆
角(F)/厚度(T)/宽度(W)]：0,780
指定另一个角点或 [面积(A)/尺寸(D)/旋
转(R)]：@4540,120
```

结果如下图所示。

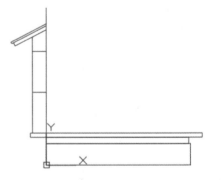

第2步 继续调用【矩形】命令，根据命令行提示进行如下操作。

```
命令：_RECTANG
指定第一个角点或 [倒角(C)/标高(E)/圆
角(F)/厚度(T)/宽度(W)]：7140,780
指定另一个角点或 [面积(A)/尺寸(D)/旋
转(R)]：@3960,120
命令：_RECTANG
指定第一个角点或 [倒角(C)/标高(E)/圆
角(F)/厚度(T)/宽度(W)]：7140,6780
指定另一个角点或 [面积(A)/尺寸(D)/旋
转(R)]：@3960,120
```

结果如下图所示。

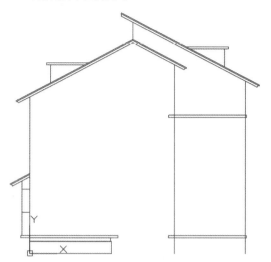

第3步 执行【修改】→【修剪】菜单命令，对第 2 步绘制的矩形和直线相交的部分进行修剪操作，结果如下图所示。

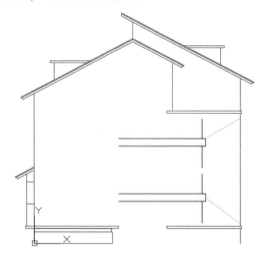

第4步 执行【绘图】→【矩形】菜单命令，根据命令行提示进行如下操作。

```
命令：_RECTANG
指定第一个角点或 [倒角(C)/标高(E)/圆
角(F)/厚度(T)/宽度(W)]：4200,0
指定另一个角点或 [面积(A)/尺寸(D)/旋
转(R)]：@200,300
命令：_RECTANG
指定第一个角点或 [倒角(C)/标高(E)/圆
角(F)/厚度(T)/宽度(W)]：4200,300
指定另一个角点或 [面积(A)/尺寸(D)/旋
转(R)]：@200,300
```

```
命令：_RECTANG
指定第一个角点或 [倒角(C)/标高(E)/圆
角(F)/厚度(T)/宽度(W)]：4400,0
指定另一个角点或 [面积(A)/尺寸(D)/旋
转(R)]：@2800,150
命令：_RECTANG
指定第一个角点或 [倒角(C)/标高(E)/圆
角(F)/厚度(T)/宽度(W)]：4400,150
指定另一个角点或 [面积(A)/尺寸(D)/旋
转(R)]：@2800,150
命令：_RECTANG
指定第一个角点或 [倒角(C)/标高(E)/圆
角(F)/厚度(T)/宽度(W)]：7200,0
指定另一个角点或 [面积(A)/尺寸(D)/旋
转(R)]：@200,300
命令：_RECTANG
指定第一个角点或 [倒角(C)/标高(E)/圆
角(F)/厚度(T)/宽度(W)]：7200,300
指定另一个角点或 [面积(A)/尺寸(D)/旋
转(R)]：@200,300
```

结果如下图所示。

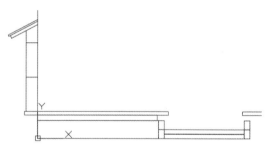

第5步 执行【绘图】→【直线】菜单命令，根据命令行提示进行如下操作。

```
命令：_LINE
指定第一个点：4490,300
指定下一点或 [放弃(U)]：@0,480
指定下一点或 [放弃(U)]：
//按【Enter】键结束直线命令
命令：_LINE
指定第一个点：7200,600
指定下一点或 [放弃(U)]：@0,180
指定下一点或 [放弃(U)]：
//按【Enter】键结束直线命令
命令：_LINE
指定第一个点：7400,0
指定下一点或 [放弃(U)]：@3640,0
指定下一点或 [放弃(U)]：
//按【Enter】键结束直线命令
```

结果如下图所示。

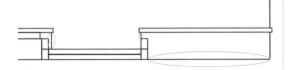

第6步 执行【绘图】→【矩形】菜单命令，根据命令行提示进行如下操作。

```
命令：_RECTANG
指定第一个角点或 [倒角(C)/标高(E)/圆
角(F)/厚度(T)/宽度(W)]：4200,900
指定另一个角点或 [面积(A)/尺寸(D)/旋
转(R)]：@240,2300
命令：_RECTANG
指定第一个角点或 [倒角(C)/标高(E)/圆
角(F)/厚度(T)/宽度(W)]：3840,3200
指定另一个角点或 [面积(A)/尺寸(D)/旋
转(R)]：@3720,100
命令：_RECTANG
指定第一个角点或 [倒角(C)/标高(E)/圆
角(F)/厚度(T)/宽度(W)]：3940,3300
指定另一个角点或 [面积(A)/尺寸(D)/旋
转(R)]：@3520,200
命令：_RECTANG
指定第一个角点或 [倒角(C)/标高(E)/圆
角(F)/厚度(T)/宽度(W)]：3840,3500
指定另一个角点或 [面积(A)/尺寸(D)/旋
转(R)]：@3720,100
```

结果如下图所示。

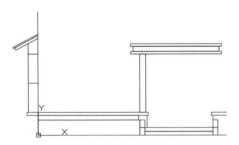

第7步 执行【绘图】→【直线】菜单命令，根据命令行提示进行如下操作。

```
命令：_LINE
指定第一个点：7200,900
指定下一点或 [放弃(U)]：@0,2300
指定下一点或 [放弃(U)]：
//按【Enter】键结束直线命令
```

```
命令：_LINE
指定第一个点：7200,3600
指定下一点或 [放弃(U)]：@0,3180
指定下一点或 [放弃(U)]：
//按【Enter】键结束直线命令
```

结果如下图所示。

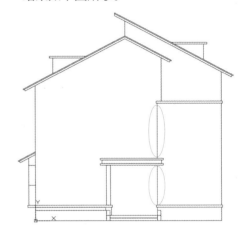

2. 绘制门

第1步 将"门窗"图层置为当前图层，选择【绘图】→【矩形】菜单命令，根据命令行提示进行如下操作。

```
命令：_RECTANG
指定第一个角点或 [倒角(C)/标高(E)/圆
角(F)/厚度(T)/宽度(W)]：4740,300
指定另一个角点或 [面积(A)/尺寸(D)/旋
转(R)]：@2200,2300
命令：_RECTANG
指定第一个角点或 [倒角(C)/标高(E)/圆
角(F)/厚度(T)/宽度(W)]：4840,300
指定另一个角点或 [面积(A)/尺寸(D)/旋
转(R)]：@2000,2200
```

结果如下图所示。

第2步 执行【绘图】→【直线】菜单命令，根据命令行提示进行如下操作。

```
命令: _LINE
指定第一个点: 5840,300
指定下一点或 [放弃(U)]: @0,2200
指定下一点或 [放弃(U)]:
//按【Enter】键结束直线命令
```

结果如下图所示。

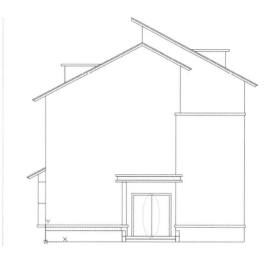

13.2.4　绘制窗

为便于表达，窗图形将分为四部分进行绘制，具体操作步骤如下。

1.　绘制窗1

第1步 执行【修改】→【复制】菜单命令，选择如下图所示的对象作为复制的对象，按【Enter】键确认。

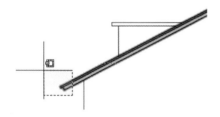

第2步 在绘图区域任意指定一点作为复制的第一点，在命令行提示下输入"@1100，-1055"，按两次【Enter】键，结果如下图所示。

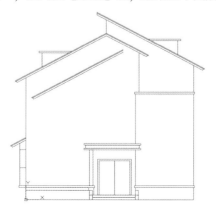

第3步 执行【修改】→【镜像】菜单命令，根据命令行提示进行如下操作。

```
命令: _MIRROR
选择对象:
//选择第1步~第2步复制得到的图形
选择对象:
//按【Enter】键确认
指定镜像线的第一点: 2200,10
指定镜像线的第二点: 2200,30
要删除源对象吗? [是(Y)/否(N)] <否>:
//按【Enter】键确认
```

结果如下图所示。

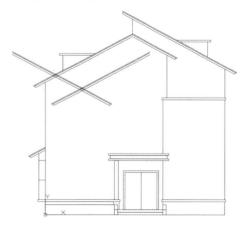

第4步 执行【修改】→【修剪】菜单命令，对第1步~第3步得到的图形相交的部分进行修剪操作，结果如下图所示。

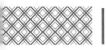

第5步 执行【绘图】→【射线】菜单命令，根据命令行提示进行如下操作。

```
命令：_RAY 指定起点：900,900
指定通过点：@0,10
指定通过点：
//按【Enter】键结束射线命令
命令：_RAY 指定起点：3500,900
指定通过点：@0,10
指定通过点：
//按【Enter】键结束射线命令
```

结果如下图所示。

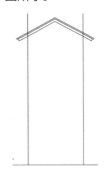

第6步 执行【修改】→【修剪】菜单命令，对第4步～第5步得到的图形相交的部分进行修剪操作，结果如下图所示。

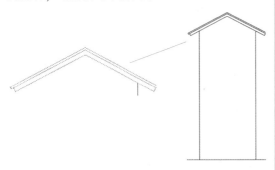

第7步 执行【绘图】→【直线】菜单命令，根据命令行提示进行如下操作。

```
命令：_LINE
指定第一个点：1400,900
指定下一点或 [放弃(U)]：@0,5700
指定下一点或 [放弃(U)]：
//按【Enter】键结束直线命令
```

结果如下图所示。

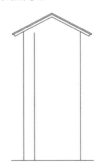

第8步 执行【修改】→【偏移】菜单命令，将刚才绘制的直线段依次向右侧偏移两次，偏移距离为800，结果如下图所示。

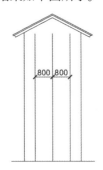

第9步 执行【绘图】→【直线】菜单命令，根据命令行提示进行如下操作。

```
命令：_LINE
指定第一个点：900,2050
指定下一点或 [放弃(U)]：@2600,0
指定下一点或 [放弃(U)]：
//按【Enter】键结束直线命令
```

结果如下图所示。

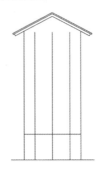

第10步 执行【修改】→【偏移】菜单命令，将刚才绘制的直线段进行偏移操作，偏移距离如下图所示。

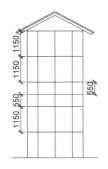

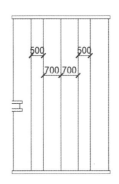

第11步 执行【修改】→【修剪】菜单命令，将部分相交的直线段进行修剪，结果如下图所示。

第3步 执行【绘图】→【直线】菜单命令，根据命令行提示进行如下操作。

```
命令: _LINE
指定第一个点: 7920,2050
指定下一点或 [放弃(U)]: @2400,0
指定下一点或 [放弃(U)]:
//按【Enter】键结束直线命令
```

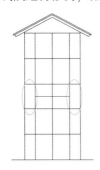

结果如下图所示。

2. 绘制窗 2

第1步 执行【绘图】→【直线】菜单命令，根据命令行提示进行如下操作。

```
命令: _LINE
指定第一个点: 7920,900
指定下一点或 [放弃(U)]: @0,5880
指定下一点或 [放弃(U)]:
//按【Enter】键结束直线命令
```

结果如下图所示。

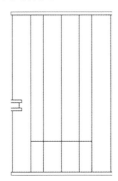

第4步 执行【修改】→【偏移】菜单命令，将刚才绘制的直线段进行偏移操作，偏移距离如下图所示。

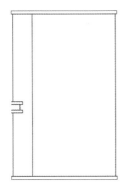

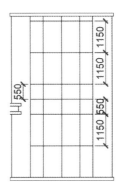

第2步 执行【修改】→【偏移】菜单命令，将刚才绘制的直线段进行偏移操作，偏移距离如下图所示。

第5步 执行【修改】→【修剪】菜单命令，将部分相交的直线段进行修剪，结果如下图所示。

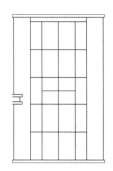

3. 绘制窗 3

第1步 执行【绘图】→【矩形】菜单命令，根据命令行提示进行如下操作。

```
命令：_RECTANG
指定第一个角点或 [倒角(C)/标高(E)/圆角(F)/厚度(T)/宽度(W)]: 5320,6100
指定另一个角点或 [面积(A)/尺寸(D)/旋转(R)]: @1880,100
命令：_RECTANG
指定第一个角点或 [倒角(C)/标高(E)/圆角(F)/厚度(T)/宽度(W)]: 5720,4200
指定另一个角点或 [面积(A)/尺寸(D)/旋转(R)]: @1400,1700
命令：_RECTANG
指定第一个角点或 [倒角(C)/标高(E)/圆角(F)/厚度(T)/宽度(W)]: 5820,4300
指定另一个角点或 [面积(A)/尺寸(D)/旋转(R)]: @1200,1500
```

结果如下图所示。

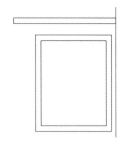

第2步 执行【绘图】→【直线】菜单命令，根据命令行提示进行如下操作。

```
命令：_LINE
指定第一个点: 6420,4300
指定下一点或 [放弃(U)]: @0,1500
指定下一点或 [放弃(U)]:
//按【Enter】键结束直线命令
```

结果如下图所示。

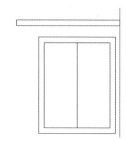

4. 绘制窗 4

执行【绘图】→【圆】→【圆心、半径】菜单命令，根据命令行提示进行如下操作。

```
命令：_CIRCLE
指定圆的圆心或 [三点(3P)/两点(2P)/切点、切点、半径(T)]: 5300,9245
指定圆的半径或 [直径(D)]: 640
命令：_CIRCLE
指定圆的圆心或 [三点(3P)/两点(2P)/切点、切点、半径(T)]: 5300,9245
指定圆的半径或 [直径(D)]
<640.0000>: 540
```

结果如下图所示。

13.2.5 完善图形

完善图形主要包括创建图案填充、绘制地平线、添加注释等，具体操作步骤如下。

1. 创建图案填充

第1步 将"填充"图层置为当前图层，执行【绘图】→【图案填充】菜单命令，填充图案选择"AR-BRSTD"，填充角度设置为0，填充比例设置为3，填充颜色设置为141。选择适当的区域进行图案填充操作，结果如下图所示。

第2步 继续调用【图案填充】命令，填充图案选择"ANSI31"，填充角度设置为315，填充比例设置为30，填充颜色设置为30。选择适当的区域进行图案填充操作，结果如下图所示。

第4步 继续调用【图案填充】命令，填充图案选择"LINE"，填充角度设置为0，填充比例设置为50，填充颜色设置为254。选择适当的区域进行图案填充操作，结果如下图所示。

2. 绘制地平线

第1步 将"其他"图层置为当前图层，选择【绘图】→【多段线】菜单命令，根据命令行提示进行如下操作。

第3步 继续调用【图案填充】命令，填充图案选择"AR-BRSTD"，填充角度设置为0，填充比例设置为3，填充颜色设置为42。选择适当的区域进行图案填充操作，结果如下图所示。

```
命令：PLINE
指定起点：-3000,0
当前线宽为 0.0000
指定下一个点或 [圆弧(A)/半宽(H)/长度
(L)/放弃(U)/宽度(W)]：W
指定起点宽度 <0.0000>：100
指定端点宽度 <100.0000>：100
指定下一个点或 [圆弧(A)/半宽(H)/长度
(L)/放弃(U)/宽度(W)]：@17040,0
指定下一点或 [圆弧(A)/闭合(C)/半宽
(H)/长度(L)/放弃(U)/宽度(W)]：
//按【Enter】键结束多段线命令
```

结果如下图所示。

第2步 执行【修改】→【移动】菜单命令，将所有图形对象移动至适当位置，使其与坐标系距离稍微远一点，结果如下图所示。

3. 添加注释

第1步 将"注释"图层置为当前图层，选择【标注】→【线性】菜单命令，在适当的位置创建线性标注对象，如下图所示。

第2步 可以根据需要对线性标注对象的尺寸界

线进行适当的调整，结果如下图所示。

第3步 执行【标注】→【多重引线】菜单命令，在适当的位置创建多重引线标注对象，结果如下图所示。

暗黄色面砖
浅黄色漆料
暗红色油漆
灰色石材

第4步 执行【绘图】→【文字】→【多行文字】菜单命令，在适当的位置创建多行文字对象，添加图名。文字高度设置为400，可以为其执行添加下划线、加粗等操作，结果如下图所示。

暗黄色面砖
浅黄色漆料
暗红色油漆
灰色石材

南立面图